数据库安全

陈 越　寇红召　费晓飞　卢贤玲　编著

国防工业出版社

·北京·

内容简介

本书全面介绍了在网络数据共享环境下,保证数据完整性、可用性、机密性和隐私性的数据库安全理论和技术。内容涉及数据库访问控制、XML 与 Web 服务安全、数据库加密技术、数据库审计、推理控制与隐通道分析、数据仓库和 OLAP 系统安全、数据库水印技术、可信记录保持技术、入侵容忍与数据库可生存性和数据隐私保护等。全书基本上反映了近年来数据库安全研究的最新研究成果,提供了详尽的参考文献,并力图指出进一步的研究方向。

本书既可作为计算机科学与技术、信息安全等专业的本科生、研究生课程的教材,也可供广大数据库安全工程技术和管理人员参考。

图书在版编目(CIP)数据

数据库安全 / 陈越等编著. —北京:国防工业出版社,2011.7
ISBN 978-7-118-07450-5

I.① 数... Ⅱ.① 陈... Ⅲ.① 数据库系统—安全技术
Ⅳ.①TP311.13

中国版本图书馆 CIP 数据核字(2011)第 107772 号

※

*国防工业出版社*出版发行
(北京市海淀区紫竹院南路 23 号　邮政编码 100048)
北京奥鑫印刷厂印刷
新华书店经售
*
开本 787×1092　1/16　印张 13¾　字数 308 千字
2011 年 7 月第 1 版第 1 次印刷　印数 1—4000 册　定价 32.00 元

(本书如有印装错误,我社负责调换)

国防书店:(010)68428422　　发行邮购:(010)68414474
发行传真:(010)68411535　　发行业务:(010)68472764

前　言

随着计算机技术的突飞猛进,数据库作为信息技术中不可或缺的一部分也日显重要。数据库已经融入到日常生活的诸多方面,应用也日益广泛,不仅在传统的商业领域、事务处理领域发挥着重要作用,而且在非传统领域,如商务智能、统计分析、移动通信等领域也正在发挥越来越重要的作用。与此同时数据库技术与网络技术、多媒体技术也逐渐出现融合的趋势。

一方面数据库系统在网络上承担着向用户提供开放式的数据处理服务,另一方面数据库系统也面临着开放式环境所带来的对数据完整性、可用性、机密性、隐私性的各种威胁,如数据不完整、不一致、关键数据丢失、系统意外停止服务、非法与恶意使用数据库等都会对数据库及其支持的上层应用带来灾难性的后果。因此,保证数据库的安全在当前信息技术中占有十分重要的地位和作用。本书就数据库安全方面的理论做出了较为全面翔实的介绍,同时紧跟数据库技术发展前沿,深入浅出地讨论了数据库安全保护的技术与方法。

数据库技术飞速发展,最新科研成果不断涌现,原有的相关图书在内容上不够全面,有些部分也未将最新的研究成果包含其中,为满足从事数据库基础软件研究与开发、数据库应用开发和数据库安全研究的科技工作者的需要,编写了本书。本书的编著是在作者多年从事数据库安全教学和科研的基础上完成的,旨在全面介绍数据库安全的理论、技术和方法,既包含了传统数据库安全的基本内容,也包含了数据库安全领域的最新研究成果。

本书内容主要包括数据库访问控制、XML 与 Web 的安全、数据库加密技术、数据库审计、推理控制与隐通道分析、数据仓库和 OLAP 系统中的安全问题、数据库水印技术、可信记录保持技术、入侵容忍与数据库的可生存性以及数据的隐私保护等。

本书第 1、7、8、10 章由陈越编写,第 2、9、11 章由寇红召编写,第 4 章由费晓飞编写,第 3、5、6 章由卢贤玲编写,全书由陈越负责策划,陈越和费晓飞进行了统稿和校对。编写过程中研究生甄鸿鹄、马慧娟、韩磊磊、邵婧、张英杰等同学也参与了资料搜集整理、专题课题研究等与编写本书相关的工作。本书编写参考了大量的相关文献,在此对这些文献的作者表示感谢,编者仅列出了主要的参考文献,如有纰漏之处敬请谅解。

由于数据库安全涉及的范围很广,其研究也在不断进展中,本书难免存在遗漏和不足之处,敬请读者批评指正。

目　录

第1章 绪 论

随着信息技术的发展,基于网络的分布式信息系统已在政府、企事业单位、军事等部门广泛应用。作为信息管理的主要工具,数据库技术是信息系统的核心和基础,已成为计算机、网络领域最重要的技术之一。数据是组织、机构最重要的战略和运营资产,对个人来说,也是极有价值的信息资源,对数据机密性、完整性、可用性、隐私性造成的破坏以及数据的非法使用不但会影响到单个用户或单个系统,还可能对整个组织、机构造成灾难性的后果;随着信息系统体系结构的不断发展以及新的应用需求的不断出现,数据库技术与网络、面向对象、Web、普适计算、网格、P2P、联机分析处理技术、数据挖掘等技术不断融合,摆脱了单一数据库系统的局限,呈现出开放式、网络化、分布式、智能化等新特征,在这种开放式环境下,数据库系统面临的安全威胁和风险也迅速增大,数据库安全的研究领域迅速扩大,对数据安全的要求不断提升,这些新的领域和新的要求已经超出了现有技术所能解决的范围,数据库安全问题面临诸多挑战;同时,加强数据库的安全性也有利于增强信息系统用户对数据管理基础平台和信息服务的信心,推动信息技术及其应用的健康发展。因此,数据库安全在当前信息技术中占有十分重要的地位和作用,也是众多学者和研究人员研究的热点之一。

本章首先讨论了数据库技术的发展和研究热点问题,介绍了数据库安全的基本概念、风险和需求;简述了数据库安全的策略、模型与机制;介绍了数据库安全的研究新进展。

1.1 数据库技术发展及其研究热点

1.1.1 数据库技术的发展

数据模型是数据库系统的核心和基础。因此,对数据库技术发展阶段的划分应该以数据模型的发展演变作为主要依据和标志。总休说来,数据库技术从开始到现在一共经历了三个发展阶段:第一代是网状、层次数据库系统,第二代是关系数据库系统,第三代是以面向对象数据模型为主要特征的数据库系统。

第一代包括网状和层次数据库系统,是因为它们的数据模型虽然分别为层次和网状模型,但实质上层次模型只是网状模型的特例而已。这两者都是格式化数据模型,都是在20世纪60年代后期研究和开发的,不论是体系结构、数据库语言,还是数据的存储管理,都具有共同特征。

第二代数据库系统支持关系数据模型。关系模型不仅具有简单、清晰的优点,而且有关系代数作为语言模型,有关系数据理论作为理论基础。因此关系数据库具有形式基础好、数据独立性强、数据库语言非过程化等特点,这些特点是数据库技术发展到了第二代的显著标志。目前使用的大多数数据库产品属于关系数据库产品。

第三代数据库系统(面向对象数据库系统)是为了满足新的数据库应用需要而产生的新一代数据库系统。它把面向对象的方法和数据库技术结合起来,可以使数据库系统的分析、设计最大程度地与人们对客观世界的认识相一致。虽然面向对象数据库的研究已经进行了若干年,但目前数据库产品均是在关系数据库编程开发方法中加入了某些面向对象的特征,其本质的数据模型仍是关系数据模型。

鉴于上述情况,本书主要以基于关系数据模型的数据库安全问题作为研究对象。

关系数据库管理系统管理用关系模型组织的数据集合,它主要具有数据结构化、共享性、独立性等特点。数据库管理系统提供了以下三类基本功能。

(1) 数据定义。数据库管理系统提供定义数据类型和数据存储形式的功能。每个记录的每个字段中的信息为一个数据。因记录的信息不同,其数据类型也应不同。通过定义数据类型,可以在一定程度上保证数据的完整性。

(2) 数据操作。数据库管理系统提供多种处理数据的方式。例如:在一张表中查找信息或者在几个相关的表或文件中进行复杂的查找;使用相应的命令更新一个字段或多个记录的内容;用一个命令对数据进行统计,甚至可以使用数据库管理系统工具进行编程,以实现更加复杂的功能。

(3) 数据控制。数据库管理系统对数据提供一定的访问控制功能,从而保证在多个用户共享数据时,只有被授权的用户才能查看或修改数据,某些数据库产品还提供了数据加解密功能。

1.1.2 数据库技术的研究热点

1. Web 数据库

随着万维网(World Wide Web, WWW)的迅速扩展,WWW 上可用数据源的数量也在迅速增长。人们正试图把 WWW 上的数据源集成为一个完整的 Web 数据库,使这些数据资源得到充分利用。

Web 技术的蓬勃发展,使人们已不满足只在 Web 浏览器上获得静态信息,人们需要通过它发表意见、查询数据,甚至进行网上购物,这就需要实现 Web 与数据库的互连。数据库技术发展比较成熟,特别适用对大量的数据进行组织管理,Web 技术具有较佳的信息发布途径,将两者结合起来,充分利用大量已有的数据库信息资源,可以使用户在 Web 浏览器上方便地检索和浏览数据库的内容,这对许多软件开发者来说具有极大的吸引力。所以,开发动态的 Web 数据库已成为当今 Web 技术研究的热点。

Web 数据库技术一般采用三层或多层体系结构,前端采用基于客户机的浏览器技术,通过 Web 服务器及中间件访问数据库。目前,Web 数据库技术主要有 CGI、SAPI、JD-BC(Java Database connector)、RAD(Rapid Application Development)和 ASP。

2. XML 支持

由于 XML(eXtended Markup Language——可扩展的标记语言)采用了可存储数据关系和数据属性的层次型树状数据模型,因此,可以将 XML 文档看做是 XML 数据库。

XML 数据库是一种支持对 XML 格式文档进行存储和查询等操作的数据管理系统。在系统中,开发人员可以对数据库中的 XML 文档进行查询、导出和指定格式的序列化。

目前,XML 数据库有三种类型:

（1）XML Enabled Database （XEDB），即能处理 XML 的数据库。其特点是在原有的数据库系统上扩充对 XML 数据的处理功能，使之能适应 XML 数据存储和查询的需要。一般的做法是在数据库系统之上增加 XML 映射层，这可以由数据库供应商提供，也可以由第三方厂商提供。映射层管理 XML 数据的存储和检索，但原始的 XML 元数据和结构可能会丢失，而且数据检索的结果不能保证是原始的 XML 形式。XEDB 的基本存储单位与具体的实现紧密相关。

（2）Native XML Database （NXD），即纯 XML 数据库。其特点是以自然的方式处理 XML 数据，以 XML 文档作为基本的逻辑存储单位，针对 XML 的数据存储和查询特点专门设计适用的数据模型和处理方法。

（3）Hybrid XML Database （HXD），即混合 XML 数据库。根据应用的需求，可以视其为 XEDB 或 NXD 的数据库，典型的例子是 Ozone。用户可以定义自己的标记，用来描述文档的结构。随着 Web 应用的发展，越来越多的应用都将数据表示成 XML 的形式，XML 已成为网上数据交换的标准。所以当前数据库管理系统都扩展了对 XML 的处理，存储 XML 数据，支持 XML 和关系数据之间的相互转换。

由于 XML 数据模型不同于关系模型和对象模型，其灵活性和复杂性导致了许多新问题的出现。在学术界，XML 数据处理技术成为数据库、信息检索及许多其他相关领域研究的热点，涌现了许多研究方向，包括 XML 数据模型、XML 数据的存储和索引、XML 查询处理和优化、XML 数据压缩等。在数据库产品中，IBM 公司在它新推出的 DB2 9 版本中，直接把对 XML 的支持作为其新产品的最大卖点，号称是业内第一个同时支持关系型数据和 XML 数据的混合数据库，无需重新定义 XML 数据的格式，或将其置于数据库大型对象的前提下，IBM DB2 9 允许用户无缝管理普通关系数据和纯 XML 数据。对于传统关系型数据与层次型数据的混合应用已经成为了新一代数据库产品所不可或缺的特点。除了 IBM，Oracle 和微软也同时宣传了它们的产品可以实现高性能 XML 存储与查询，使现有应用更好地与 XML 共存。

3. 数据仓库

数据仓库（Data Warehouse）技术是数据库技术应用和联机事物处理（Online Analysis Processing，OLAP）技术发展深化的结果，是决策支持系统（Decision Support System，DSS）的重要组成部分。其目的是能够更好地存储和处理大规模数据，并能够从这些数据中提取出有用的信息，以供企业更好地决策。数据仓库技术是从数据库技术发展而来的，是面向主题的、集成的、稳定的和随时间变化的数据集合。数据仓库系统（Data Warehouse System，DWS）由三个组成部分，即数据仓库、数据仓库管理系统和数据仓库分析工具。数据仓库用来存放数据。与关系数据库不同的是，在数据仓库中，数据的来源并不局限于单一的数据源，它可以来源于现存的多个数据库。数据仓库中数据的组织也不再是二维表的格式，而是采用多维立方体的结构，这种结构把数据属性分为"维"和"度量"，并增加了旋转、切片和切块、下钻和上卷的操作，以增强对数据仓库的查询功能。数据仓库管理系统用来完成对数据的各种操作，它不仅要完成数据库管理系统的功能，以保持数据的完整性、一致性、安全性、共享性以及分布式处理的能力，而且还支持对数据仓库的操作，包括：支持对多维数据的操作；支持 OLAP；支持异种数据库的互连，并且把来自不同数据源的数据转换成面向主题的格式，以便用户访问和分析，最终做出决策。数据仓库工具是提供给用户使用的界面视图,以保证用户能够轻易地操纵数据仓库。

4. 数据挖掘

随着计算技术和 Internet 技术的发展,数据资源日益丰富。但是数据资源中蕴涵的知识却至今未能得到充分的挖掘和利用,"数据丰富而知识贫乏"的问题十分严重。近年来兴起的数据挖掘(Data Mining)技术为解决这个问题带来了一线曙光。

数据挖掘是一种从大型数据库或数据仓库中发现并提取出隐藏在其中的信息的一种新技术,它同样也是 DSS 的一个重要组成部分。数据挖掘与 OLAP 不同,OLAP 重在分析数据,而数据挖掘则重在自动从数据中提取人们感兴趣的知识,并把提取出来的知识表示成概念、规则、规律和模式。因此,可以说数据挖掘是一种更加智能化的知识发现行为,它涉及的研究领域也非常广阔,包括归纳学习、机器学习、人工智能、统计分析等。

5. 网格数据管理

简单地讲,网格是把整个网络整合成一个虚拟的、巨大的超级计算环境,实现计算资源、存储资源、数据资源、信息资源、知识资源、专家资源的全面共享。网格环境下的数据管理目标是,保证用户在存取数据时无需知道数据的存储类型(如数据库、文档、XML)和位置。目前,数据网格研究的问题之一是,如何在网格环境下存取数据库,提供数据库层次的服务,因为数据库显然应该是网格中十分宝贵而数据资源。数据库网格服务不同于通常的数据库查询,也不同于传统的信息检索,需要将数据库提升为网格服务,把数据库查询技术和信息技术有机结合,提供统一的基于内容的数据库机制和软件。

1.2 信息安全与数据库安全

信息安全对于我国的信息化建设非常重要,制定正确的信息安全战略、构建全面的信息安全保障体系是信息安全工作的重点。信息安全保护的核心是资产,数据正是组成资产的基本元素,在数据库中存储了大量数据,数据生存期长,维护的要求高,涉及信息在不同粒度的安全,即客体具有层次性和多样性。对于信息安全而言,数据库的防护是如同网络安全一样重要的核心地带。数据库系统安全与网络安全、操作系统安全及协议安全一起构成了信息系统安全四个最主要的研究领域。

1.2.1 信息安全技术

国际标准化组织(ISO)对信息安全的定义是:"在技术上和管理上为数据处理系统建立的安全保护,保护计算机硬件、软件和数据不因偶然和恶意的原因而遭到破坏、更改和泄露"。

1. 信息安全属性

信息安全是信息系统安全、信息自身安全和信息行为安全的总和,目的是保护信息和信息系统免遭偶发的或有意的非授权泄露、修改、破坏或丧失处理信息能力,实质是保护信息的安全性,即机密性、完整性、可用性、可控性和不可否认性。

机密性:指信息不泄露给非授权实体并供其利用的特性。

完整性:指信息不能被未经授权的实体改变(不被偶然或蓄意地增加、删除、修改、伪造、乱序、重放等破坏)的特性。

可用性:指信息能够被授权实体访问并按要求使用,信息系统能以人们所接受的质量水平持续运行,为人们提供有效的信息服务的特性。

可控性:指授权实体可以对信息及信息系统实施安全监控,控制信息系统和信息使用的特性。

不可否认性:不可否认性是面向通信双方(人、实体或进程)信息真实同一的安全要求的属性,它包括收、发双方均不可否认。不可否认性可以在出现信息安全纠纷时提供调查依据和手段。

2. 信息安全威胁

信息安全威胁是对信息资产(属于某个组织的有价值的信息或资源)引起不期望事件而造成损害的潜在可能性。基本的安全威胁有信息泄露、完整性破坏、业务拒绝/服务拒绝、非法使用。

信息泄露:信息有意或无意泄露给某个非授权的人或实体。例如:利用电磁泄露或搭线窃听等方式截获信息;非法进入主机复制敏感信息;通过分析信息长度、流通频度、流向和流量析出有用的信息而造成信息的丢失或泄露等。

完整性破坏:数据的一致性/完整性被非授权地增加、删除、修改、伪造、乱序、重放而受到损坏(改变数据的价值和存在)。

业务拒绝/服务拒绝:攻击者通过对系统进行过量的、非法的、根本不能成功的访问尝试使系统崩溃或超载,从而导致对信息或其他资源的合法访问被无条件地阻止或访问不畅。

非法使用:某一资源被某个非授权的人或实体使用,或被授权的人或实体以越权的方式使用。例如:假冒或盗用合法用户身份,非法进入信息系统进行违法操作;合法用户以未授权方式进行操作,等等。

3. 信息安全服务

按国家标准 GB/T 9387.2 - 1995,适合于数据通信环境的安全服务有认证服务、访问控制服务、数据机密性服务、数据完整性服务和不可否认服务等。

认证服务:提供通信对等实体和数据来源的认证。对等实体认证用于两开放系统的同等层中的实体建立连接或数据传输阶段,对对方实体(用户或进程)的合法性、真实性进行确认,以防止假冒。数据源认证服务用于对数据单元的来源提供确认,证明某数据与某实体有着静态不可变关系,但它对数据单元的重复或篡改不提供认证保护。

访问控制服务:用于防止未授权用户非法使用系统资源。这种保护可应用于使用通信资源、读/写或删除信息资源、处理资源的操作等各种类型的对资源的访问。

数据机密性服务:对数据提供保护,防止非授权的泄露。为了防止网络中各个系统之间交换数据被截获或被非法存取而造成泄密,提供密码加密保护。它分为数据保密和通信业务流保密。

数据完整性服务:防止非法实体对数据的修改、插入、删除等。它通过带或不带恢复功能的面向连接方式的数据完整性、选择字段面向连接或无连接方式的数据完整性以及无连接方式数据完整性等服务来满足不同用户、不同场合对数据完整性服务的不同要求。

不可否认服务:也称抗否认服务或抗抵赖服务。其分为两种:①为数据的接收者提供数据的原发证明,以防止发送方在发送数据后否认自己发送过此数据;②为数据的发送者提供数据交付证明,以防止接收方在收到数据后否认收到过此数据或否认它的内容(伪造接收数据)。

4. 信息安全技术体系

信息安全技术是信息安全保障体系的主要支撑环节,没有技术的支撑,所有的信息安全服务都是纸上谈兵。面向应用的信息安全技术主要包括信息安全支撑技术、安全互连与接入控制、网络计算环境安全和应用安全技术。

信息安全支撑技术是基础,一方面,它直接保护信息的安全特性,如通过加密和认证保护信息的机密性、完整性和不可否认性;另一方面,提供对安全互连与接入、计算环境安全和应用安全技术的支持。主要包括信息保密技术、信息认证技术、授权与访问控制技术和安全管理技术。

安全互连与接入控制是网络安全的关键,主要提供局域网间基于公共网络的逻辑安全互连和实现局域网的接入控制与物理隔离。主要包括虚拟专用网技术、防火墙技术和网络隔离技术。

网络计算环境安全是网络安全的起点,主要是保护与平台相连的终端主机和服务器运行过程和运行状态的安全。主要包括操作系统安全、数据库安全、安全扫描技术、入侵检测技术和病毒及防护技术。

应用安全技术是信息化建设的主要目的,信息是依靠应用系统来提供服务的。常用的应用安全有电子邮件安全技术、Web 安全技术和电子商务安全技术。

1.2.2　数据库安全威胁

根据安全威胁的来源及攻击的性质,可将数据库的安全威胁大致分为以下几类:

1. 逻辑的威胁

非授权访问:即用对未获得访问许可的信息的访问。

推理访问数据:是指由授权读取的数据,通过推论得到不应访问的数据。

病毒:病毒可以自我复制,永久地或是通常是不可恢复地破坏自我复制的现场,达到破坏信息系统、取得信息的目的。

特洛伊木马:一些隐藏在公开的程序内部,收集环境的信息,可能是由授权用户安装的,利用用户的合法的权限对数据安全进行攻击。

天窗或隐蔽通道:在合法程序内部的一段程序代码,特定的条件下如特殊的一段输入数据将启动这段程序代码,从而许可此时的攻击可以跳过系统设置的安全稽核机制进入系统,以实现对数据防范的攻击和达到窃取数据的目的。

2. 硬件的威胁

磁盘故障:在计算机运行过程中最常见的问题就是磁盘故障,它会导致重要数据的丢失。

控制器故障:控制器发生故障,会破坏数据的完整性。

电源故障:电源故障分为电源输入故障和系统内部电源故障,由于系统停电是不可预料的,因而不论处在哪种情况下都有可能使数据受到毁损。

存储器故障:介质、设备和其他备份故障。数据存储在可移动介质上以作备份,恢复工作则包括数据的复制。如果服务器出错、被毁,则存储设备或其使用的介质的任何错误都会导致数据的丢失。

芯片和主板的故障:芯片和主板的故障会导致严重的数据毁损。

3. 人为错误的威胁

操作人员或系统用户的错误输入,应用程序的不正确使用,都可能导致系统内部的安全机制的失效,导致非法访问数据的可能,也可能导致系统拒绝提供数据服务。

4. 传输的威胁

目前的数据库应用大多是基于网络环境的。在网络系统中,无论是调用任何指令,还是任何信息的反馈均是通过网络传输实现的,因此对数据库而言,就存在着网络信息传输的威胁。

对网络上信息的监听:对于网上传输的信息,攻击者只需要在网络链路上通过物理或逻辑的手段,就能对数据进行非法的截获与监听,进而得到敏感信息。

对用户身份的仿冒:对用户身份仿冒这一常见的网络攻击方式,能对数据库的信息产生严重的威胁。对网络信息篡改的攻击者可能对网络上的信息进行截获并且对其内容增加、删除或改写,使用户无法获得准确、有用的信息或落入攻击者的陷阱。

对信息的否认:某些用户可能对自己发出或接收到的信息进行恶意的否认。

对信息进行重发:"信息重发"的攻击方式,即攻击者截获网络上的密文信息后并不将其破译,而是再次转发这些数据包,以实现其恶意的目的。

5. 物理环境的威胁

自然的或意外的事故如地震、火灾、水灾等导致硬件的破坏,进而导致数据的丢失和损坏。

1.2.3 数据库安全的定义与需求

关于数据库安全,国内外有不同的定义。国外以 C. P. Pfleeger 在"Security in Computing—Database Security PTR, 1997"中对数据库安全的定义最具有代表性,被国外许多教材、论文和培训所广泛应用。他从以下方面对数据库安全进行了描述:

(1) 物理数据库的完整性:数据库中的数据不被各种自然的或物理的问题而破坏,如电力问题或设备故障等。

(2) 逻辑数据库的完整性:对数据库结构的保护,如对其中一个字段的修改不应该破坏其他字段。

(3) 元素安全性:存储在数据库中的每个元素都是正确的。

(4) 可审计性:可以追踪存取和修改数据库元素的用户。

(5) 访问控制:确保只有授权的用户才能访问数据库,这样不同的用户被限制在不同的访问方式。

(6) 身份验证:不管是审计追踪或者是对某一数据库的访问都要经过严格的身份验证。

(7) 可用性:对授权的用户应该随时能进行应有的数据库访问。

本书在 GB 17859—1999《计算机信息系统安全保护等级划分准则》中的《中华人民共和国公共安全行业标准》GA/T 389—2002"计算机信息系统安全等级保护数据库管理系统技术要求"的基础上,给出了数据库安全更加全面的定义。

数据库安全:保证数据库信息的保密性、完整性、可用性、可控性和隐私性的理论、技术与方法。

数据库的安全需求包括以下几个方面:

(1)保密性。指保护数据库中的数据不被泄露和未授权的获取。

(2)完整性。指保护数据库中的数据不被无意或恶意地插入、破坏和删除;也指数据的正确性、一致性和相容性,即保证合法用户得到与现实世界信息语义和信息产生过程相一致的数据,包括数据库物理完整性、数据库逻辑完整性和数据库数据元素取值的准确性和正确性。

(3)可用性。指确保数据库中的数据不因人为的和自然的原因对授权用户不可用。某些运行关键业务的数据库系统应保证全天候(24×7,即每天24小时,每周7天)的可用性。

(4)可控性。指对数据操作和数据库系统事件的监控属性,也指对违背保密性、完整性、可用性的事件具有监控、记录和事后追查的属性。

(5)隐私性。指在使用基于数据库的信息系统时,保护使用主体的个人隐私(如个人属性、偏好、使用时间等)不被泄露和滥用。隐私性是与保密性和完整性密切相关的,但它涉及与使用数据相关的用户偏好、职责履行、法律遵从证明等其他保护需求,如个人不希望其消费习惯、消费偏好等被泄露,企业希望营造一个用户放心的信息环境、维护企业信誉、避免卷入法律纠纷等。

数据库的安全主要应由数据库管理系统(DataBase Management System,DBMS)来维护,但是操作系统、网络和应用程序与数据库安全的关系也是十分紧密的,因为用户要通过它们来访问数据库,况且和数据库安全密切相关的用户认证等其他技术也是通过它们来实现的。

1.3 数据库安全策略、模型与机制

1.3.1 安全策略

数据库的安全策略是指如何组织、管理、保护和处理敏感信息的原则,它包括以下方面。

1. 最小特权策略

最小特权策略是在让用户可以合法存取或修改数据库的前提下,分配最小的特权,使这些信息恰好可以满足用户的工作需求,其余的权利一律不予分配。这种策略是把信息局限在为了工作确实需要的那些人的范围内,可把信息泄露限制在最小范围内,同时数据库的完整性也能得到保证。

2. 最大共享策略

最大共享策略的目的是让用户最大限度地利用数据库信息。但这并不意味着每个人都能访问所有信息,因为它还有一个保密要求。这里只是在满足保密的前提下,实现最大限度的共享。

3. 粒度适当策略

在数据库中,将数据库中不同的项分成不同的粒度,粒度越小,能够达到的安全级别越高。

4. 开放和封闭系统策略

在一个封闭系统内,只有明确授权的用户才能访问;但在一个开放的系统中,一般都允许访问,除非明确禁止。一个封闭的系统固然更保密,但如果实现共享就有许多前提,因为访问规则限制了它的访问。

5. 按存取类型控制策略

根据授权用户的存取类型,设定存取方案的策略称为按存取类型控制策略。

6. 与内容有关的访问控制策略

通过指定访问规则,最小特权策略可扩展为与数据库项内容有关的控制,该控制称为与内容有关的访问控制。这种控制产生较小的控制粒度,例如干部部门的人员可以看他所管理的人员档案,但不能看不属于他管理的人员档案。

7. 与上下文有关的访问控制策略

上下文有关的访问控制策略涉及项的关系。这种策略包括两个方面:一方面限制用户在一次请求或特定的一组相邻请求中对不同属性的数据进行存取;另一方面可以规定用户对某些不同属性的数据必须一组存取。这种策略是根据上下文的内容严格控制用户的存取区域。

8. 与历史有关的访问控制策略

有些数据本身不会泄密,但是当与其他的数据或以前的数据联系在一起的时候可能会泄露保密的信息。为了防止这类推理就要求与历史有关的控制。它不仅考虑当时请求的上下文,而且也考虑过去请求的上下文关系,这样可根据过去的访问来限制目前的访问。

1.3.2 安全模型

安全模型也称策略表达模型,是一种高层抽象、独立于软件实现的概念模型。数据库系统的安全模型是用于精确地描述该系统的安全需求和安全策略的有效方式。

从 20 世纪 70 年代开始,一系列数据库安全模型与原型系统得到研究。80 年代末开始,研究的重点集中于如何在数据库系统中实现多级安全,即如何将传统的关系数据库理论与多级安全模型相结合,建立多级安全数据库系统。到目前为止,先后提出的基于多级关系模型的数据库多级安全模型主要有 Bell-La Padula 模型(简称 BLP 模型)、Biba 模型、Seaview 模型和 Jajodia Sandhu 模型(简称 JS 模型)等。

在多级安全模型中,客体(各种逻辑数据对象)被赋予了不同的安全标记属性,或称密级(Security Level);主体(用户或用户进程)根据访问权限也被分配不同的许可级(Clearance Level)。主体根据一定的安全规则访问客体,以保证系统的安全性和完整性。一般地,多级安全模型还能对系统内的信息流动进行控制。传统模式中关系的定义需要修改以支持多级关系。同时,传统关系模型中关系的完整性约束及关系上的操作也需要改进以保证安全。因此,数据库系统的多级安全模型是以多级关系数据模型为基础的。

与传统关系数据模型类似,多级关系数据模型中的三要素为多级关系、多级关系完整性约束和多级关系操作。此外,为解决实际存储问题,多级关系模型中还包括多级关系的分解与恢复算法。按由小到大的次序,多级访问控制粒度可分为关系级、元组级与属性级。粒度越小则控制越灵活,相对应的多级关系模型越复杂。

1.3.3 安全机制

数据库安全机制是用于实现数据库各种安全策略的功能集合。正是由这些安全机制来实现安全模型,进而实现保护数据库系统的安全目标。近年来,访问控制、数据库加密、数据库审计、推理控制等安全机制的研究取得了不少新的进展。

1. 访问控制

访问控制是数据库安全最基本、最核心的技术。访问控制(Access Control)是通过某种途径显式地准许或限制访问能力及范围,以防止非法用户的侵入或合法用户的不慎操作所造成的破坏。

传统的访问控制机制有两种:自主访问控制(Discretionary Access Control, DAC)和强制访问控制(Mandatory Access Control, MAC)。在 DAC 机制中,客体的拥有者全权管理有关该客体的访问授权,有权泄露、修改该客体的有关信息。利用 DAC 机制,用户可以有效地保护自己的资源,防止其他用户的非法读取。MAC 机制是一种基于安全级标记的访问控制方法,它是多级安全的标志,特别适用于多层次安全级别的军事应用当中。利用 MAC 机制可提供更强有力的安全保护,使用户不能通过意外事件和有意识的误操作逃避安全控制。

近年来,基于角色的访问控制(Role-Based Access Control, RBAC)得到了越来越多关注。RBAC 的核心思想就是将访问权限与角色相联系,通过给用户分配合适的角色,让用户访问权限相关联。角色是根据企业内为完成各种不同的任务需要而设置的,根据用户在企业中的职权和责任来设定他们的角色。系统可以添加、删除角色,还可以对角色的权限进行添加、删除。通过应用 RBAC,可以将安全性放在一个接近组织结构的自然层面上进行管理。

2002 年,George Mason 大学著名的信息安全专家 Ravi Sandhu 教授和 Jaehong Park 博士首次提出使用控制(Usage Control,UCON)的概念。UCON 对传统的存取控制进行了扩展,定义了授权(Authorization)、义务(Obligation)和条件(Condition)三个决定性因素,同时提出了存取控制的连续性(Continuity)和可变性(Mutability)两个重要属性。UCON 集合了传统的访问控制、信任管理以及数字版权管理,用系统的方式提供了一个保护数字资源的统一标准的框架,为现代访问控制机制提供了新的思路。

2. Web 服务安全技术

Web 服务技术的主要目标是在现在各种异构平台的基础之上构筑一个通用的与平台无关、语言无关的技术层,各种应用依靠这个技术层来实施彼此的连接和集成。针对 Web 服务安全性问题,国内外很多标准化组织、公司和社会团体都进行了大量的研究。W3C 制定了一系列的安全规范和标准用于确保信息传递的安全性,其中最重要的有 XML 加密规范、XML 签名规范和 XML 密钥管理规范等。OASIS 制定了安全声明标记语言(Secure Assertion Markup Language, SAML)和可扩展访问控制标记语言(eXtensible Access Control Markup Language, XACML)。XACML 规范中规定对于一个 SAML 请求,依据规则集或者提供者所定义策略集合确定该访问是否被赋予资源。IBM、Microsoft 和 Verisign 于 2002 年 4 月联合发布了一个关于 Web 服务安全性(Web Servies Security,WS-Security)的规范,详细描述了如何将安全性令牌附加到 SOAP 消息上,以及如何与 XML 签名、加密规范相结合保护 SOAP 消息,为 Web 服务安全性的发展奠定了基础。

3. 数据库加密

一方面,由于数据库在操作系统下都是以文件形式进行管理的,入侵者可以直接利用操作系统的漏洞窃取数据库文件,或者篡改数据库文件内容。另一方面,数据库管理员可以任意访问所有数据,往往超出了其职责范围,同样造成安全隐患。因此,数据库的保密问题不仅包括在传输过程中采用加密保护和控制非法访问,还包括对存储的敏感数据进行加密保护,使得即使数据不幸泄露或者丢失,也难以造成泄密。同时,数据库加密可以由用户用自己的密钥加密自己的敏感信息,而不需要了解数据内容的数据库管理员无法进行正常解密,从而可以实现个性化的用户隐私保护。

1)数据库加密方式

按照加密部件与数据库管理系统的不同关系,数据库加密可以分为两种实现方式:库内加密与库外加密。

库内加密在 DBMS 内核层实现加密,加密/解密过程对用户与应用透明。即数据进入 DBMS 之前是明文,DBMS 在数据物理存取之前完成加密/解密工作。库内加密的优点:①加密功能强,并且加密功能几乎不会影响 DBMS 原有的功能;②对于数据库应用来说,库内加密方式是完全透明的。其缺点主要有:①对系统性能影响较大,DBMS 除了完成正常的功能外,还需要进行加密/解密运算,加重了数据库服务器的负担;②密钥管理安全风险大,加密密钥通常与数据库一同保存,加密密钥的安全保护依赖于 DBMS 中的访问控制机制。

库外加密是指在 DBMS 之外实现加密/解密,DBMS 所管理的是密文。加密/解密过程可以在客户端实现,或由专门的加密服务器完成。与库内加密相比,库外加密有明显的优点:①由于加密/解密过程在专门的加密服务器或客户端实现,减少了数据库服务器与 DBMS 的运行负担;②可以将加密密钥与所加密的数据分开保存,提高了安全性;③由客户端与服务器的配合,可以实现端到端的网上密文传输。库外加密的主要缺点是加密后的数据库功能受到一些限制。

2)影响数据库加密的关键因素

(1)加密粒度。一般来说,数据库加密的粒度有四种:表、属性、记录和数据项。各种加密粒度的特点不同。总体来说,加密粒度越小则灵活度越好,且安全性越高,但实现技术也更为复杂。

(2)加密算法。目前还没有公认的针对数据库加密的加密算法,因此一般根据数据库特点选择现有的加密算法来进行数据库加密。由于加密/解密速度是一个重要因素,因此数据库加密中通常使用对称加密体制中的分组加密算法。

(3)密钥管理。对数据库密钥的管理一般有集中密钥管理和多级密钥管理两种体制。其中,集中密钥管理方式中的密钥一般由数据库管理人员控制,权限过于集中。目前研究和应用比较多的是多级密钥管理体制。

4. 数据库审计

数据库审计是指监视和记录用户对数据库所施加的各种操作的机制。通过审计,可以把用户对数据库的所有操作自动记录下来放入审计日志中,这样数据库系统可以利用

11

审计跟踪的信息,重现导致数据库现有状况的一系列事件,找出非法存取数据的人、时间和内容等,以便于追查有关责任;同时审计也有助于发现系统安全方面的弱点和漏洞。按照美国国防部 TCSEC/TDI 标准中安全策略的要求,审计功能也是数据库系统达到 C2 以上安全级别必不可少的一项指标。

审计日志对于事后的检查十分有效,它有效地增强了数据的物理完整性。但是对于粒度过细(如每个记录值的改变)的审计,是很费时间和空间的,特别是在大型分布和数据复制环境下的大批量、短事务处理的应用系统中,实际上是很难实现的。因此数据库系统往往将其作为可选特征,允许数据库系统根据应用对安全性的要求,灵活地打开或关闭审计功能。审计功能一般主要用于安全性要求较高的部门。

5. 推理控制与隐通道分析

数据库安全中的推理问题是恶意用户利用数据之间的相互联系推理出其不能直接访问的数据,从而造成敏感数据泄露的一种安全问题,这种推理过程称为推理通道。推理控制是指推理通道的检测与消除。目前常用的推理控制方法可以分为四种:语义数据模型方法、形式化方法、多实例方法和查询限制方法。至今,推理控制问题仍处于理论探索阶段,没有一种从根本上解决推理通道的方法,这是由推理通道问题本身的多样性与不确定性所决定的。

隐通道是指系统的一个用户通过违反系统安全策略的方式传送信息给另一用户的机制。它通过系统原本不用于数据传送的系统资源来传送信息,并且这种通信方式往往不被系统的存取控制机制所检测和控制。隐通道是因缺乏对信息流的必要保护引起的,隐通道的分析本质上就是对系统中的非法信息流的分析。原则上,隐通道分析可以在系统任何一个层次上进行。分析的抽象层次越高,越容易在早期发现系统开发时引入的安全漏洞。隐通道的分析主要包括隐通道标识、隐通道审计和隐通道消除三部分。

1.4　数据库安全评估标准

数据库安全作为应用基础、平台级技术,是信息技术领域中非常重要的一个方向。为评价和保证数据库系统的安全,人们制定了数据库安全评估标准。

1. 可信计算机系统评估标准

1985 年,美国国防部根据军用计算机系统的安全需要,制定了《可信计算机系统评估标准》(Trusted Computer System Evaluation Criteria, TCSEC)。由于使用了橘色书皮,所以通常人们将其称为"橘皮书"。

"橘皮书"主要分为两部分:第一部分详细地说明了对计算机系统划分安全等级的标准,这种划分完全建立在人们对敏感信息保护所具有的全部经验和信心的基础上;第二部分讨论了此标准开发的基本目标、基本原理和美国政府的政策。它也为开发者提供了关于隐通道、安全测试和强制访问控制(多级安全)的实现指南。

在 TCSEC 中将安全系统分为四大类七个等级,其基本特征见表 1.1。按照 TCSEC 标准,D 类产品是基本没有安全保护措施的产品,C 类产品只提供了安全保护措施,一般不称为安全产品。B 类以上产品是实行强制存取控制的产品,也是真正意义上的安全产品。安全产品均是指安全级别在 B1 以上的产品。而安全数据库研究原型一般是指安全级别在 B1 以上的以科研为目的,尚未产品化的数据库管理系统原型。A 类产品提供了最全面的安全保护。

表 1.1　可信计算机系统评估标准

类	等级	定　义	基　本　特　征
D	D1	最小保护	基本无安全保护
C	C1	自主安全保护	初级自主存取控制、审计功能
	C2	受控存取保护	细化自主存取控制、实施审计与资源分离
B	B1	带标记的安全保护	基于标识的强制存取控制、审计功能
	B2	结构化保护	形式化安全策略模型、对所有主体与客体实施 AC 与 MAC 隐秘通道约束
	B3	安全域保护	安全内核、更强的审计功能、系统恢复功能
A	A1	可验证保护	提供 B3 级保护并提供形式化验证

1991 年 4 月,美国国家计算机安全中心又颁布了该标准的《可信数据库管理系统的解释》(Trusted Database Management System Interpretation, TDI)。TDI 不是一个独立的文件,必须结合 TCSEC 一同使用。它是 TCSEC 在数据库管理系统方面的扩充和解释,并从安全策略、责任、保护和文档四个方面进一步描述了每级的安全标准。

2. 信息技术安全评估标准

美国"橘皮书"颁布后,欧洲共同体委员会也发布了《信息技术安全评估标准》(Information Technology Security Evaluation Criteria, ITSEC)。

ITSEC 不像"橘皮书"那样严格,其目标是适用于更多的产品、应用和环境。它为评估产品和系统提供了一个一致的方法。与 TCSEC 不一样,ITSEC 在安全功能和安全保证之间做出了明显的区别。

ITSEC 包括许多范例功能级别,这些级别是基于德国的国家标准定义的,一共有五个级别,记为 F－C1、F－C2、F－B1、F－B2 和 F－B3,分别与"橘皮书"中的 C1、C2、B1、B2 和 B3 的功能要求对应。然而,它还允许定义和使用不同的功能描述。评估中的产品或系统的安全功能可以被特别地定义,也可以参照预定义的功能级别来定义。

3. IT 安全评估的国际标准

1991 年 1 月,美国等宣布了制定《信息技术评价安全通用准则》(Common Criteria for IT Security Evaluation,CC 准则)的计划。CC 准则的 2.1 版本于 1999 年 12 月通过 ISO 的认可,确立为国际标准,即 ISO/IEC 15408—1999:Evaluation criteria for IT security。

ISO 15408 标准对安全的内容和级别给予了更完整的规范,为用户对安全要求的选取提供了充分的灵活性。该标准分三个部分:第一部分是"简介和一般模型"(Introduction and General Model),说明了产品或系统 IT 安全要求的通用结构和语言;第二部分是"安全功能要求"(Security Functional Requirements),第三部分是"安全保证要求"(Security Assurance Requirements),后两部分条款式地列出并说明了 IT 安全要求的组件和组件包。

4. 我国数据库管理系统安全评估准则

在我国,军方是最早涉足安全数据库的设计和开发的,同时,也是由军方提出了我国最早的数据库安全标准,即 2001 年的《军用数据库安全评估准则》。公安部为推行"等级

13

保护计算机系统",也于 2002 年发布了公安部行业标准:GA/T 389—2002《计算机信息系统安全等级保护数据库管理系统技术要求》。这两个标准是我国目前关于数据库安全的直接标准。

1.5 数据库安全研究的新进展

1. 数据仓库和 OLAP 系统的安全问题

与其他系统一样,通用的安全需求(如完整性、保密性、可用性等)也适用于数据仓库和 OLAP 系统,但由于其数据的性质、采用的数据模型以及对其操作的不同,对数据仓库和 OLAP 系统有一些特殊的安全需求。针对这些特殊的安全需求,数据仓库主要采取访问控制和推理控制机制。

访问控制在对访问主体身份识别的基础上,根据身份对提出的资源访问请求加以控制。如果数据仓库采用基于关系数据库的星型模式数据模型实现,其访问控制可以通过扩展原有的 SQL 或数据库管理系统实现,以支持数据仓库的访问语义;如果数据仓库基于超立方体数据模型实现,则需要定义不同于数据库的、针对超立方体数据模型的访问控制模型和机制。

数据立方体是数据仓库和 OLAP 系统的主要数据模型,防止针对数据立方体的推理攻击方法主要有仅含和运算 SUM 的数据立方体的推理控制、通用数据立方体的推理控制。

2. 数字水印技术

数字水印技术是一种可以在开放的网络环境下保护版权和认证来源及完整性的技术,在不破坏数字产品可用性的前提下,在原数字产品中嵌入秘密信息——水印来证实数字产品的所有权,并可作为鉴定起诉非法侵权的证据,同时通过对水印的检测和分析保证数字产品的完整性和可靠性,从而对数据窃取与攻击行为起到电子举证的作用。数据水印技术弥补了加密—解密技术不能对解密后的数据提供进一步保护的不足,水印信息一旦嵌入到数字产品中,其保护作用长期有效;克服了数字签名不能在原始数据中一次性嵌入大量信息的弱点;弥补了数字标签容易被修改和剔除的缺点,使水印信息与被保护对象融为一体,增加了攻击者破坏水印信息的难度;打破了数字指纹仅能给出破坏者信息的局限,数字水印技术还能提供被保护对象被破坏的程度及破坏类型。一般地,数据库水印技术主要的应用领域有版权保护、完整性验证、盗版追踪及访问控制等。

3. 可信记录保持技术

可信记录保持是指在记录的生命周期内保证记录无法被删除、隐藏或篡改,并且无法恢复或推测已被删除的记录。这里,记录主要是指文件中的非结构化的数据逻辑单位,随着研究的深入,可信记录技术的研究对象逐步扩展到结构化的记录,如 XML 数据记录和数据库记录等。

可信记录保持的重点是防止内部人员恶意地篡改和销毁记录,即防止内部攻击。可信记录保持所采用的技术主要有可信索引技术、可信迁移技术和可信删除技术等。

可信记录保持针对的是海量记录的可信存储,为了能在大量数据中快速查找记录,需要对记录建立索引。然而攻击者可以通过对索引项的篡改或隐藏,达到攻击记录的目的。

因此,必须采用可信索引技术保证索引也是可信的。

因为存储服务器有使用寿命,企业也可能被兼并、转型或重组,一条记录在其生命周期中可能会在多台存储服务器中存储过,因此记录需要迁移。可信迁移技术就是要保证,即使迁移的执行者就是拥有最高用户权限的攻击者,迁移后的记录也是可信的。

4. 入侵容忍技术

与传统的安全技术更强调保护系统免受入侵不同,入侵容忍的设计目标是系统在受到攻击的情况下,即使系统的某些部分已经被破坏、或者被恶意攻击者操控时,系统仍然能够触发一些防止这些入侵造成系统安全失效的机制,从而仍然能够对外继续提供正常的或降级的服务,保证系统基本功能的正常运行,同时保持了系统数据的机密性与完整性等安全属性。

入侵容忍对于数据库系统的可生存性是极其重要的。可生存性要求系统在发生诸如硬件失效、软件错误、操作失误或恶意攻击时仍旧能提供部分基本服务或替代服务。作为信息系统的重要组成部分,数据库的可生存能力也正在成为研究的热点之一。提高数据库可生存性的重点之一是提高数据库的入侵容忍能力,数据库的入侵容忍是指数据库在受到攻击的情况下继续提供基本服务的能力,现存的数据库安全机制在入侵容忍能力的作用是很有限的,如身份认证和存取控制机制无法完全防止所有的攻击;实体和域约束可以保证数据的存在和合法性,但不能保证特定数据的合理性和精确性;参考完整性,攻击者可以同时修改参考和被参考数据,如果使用级联删除等规则,这些规则甚至有可能帮助攻击者传播恶意事务;事务机制也无法区分恶意事务和正常事务。

5. 数据隐私保护技术

数据隐私保护是对网络环境下的个人隐私的保护,它采取一系列的安全手段防止个人隐私的泄露和被滥用。目前比较成熟的用于隐私保护技术包括密码学相关方法、访问控制和推理控制等,另外还有许多跟数据发布相关的方法正处在快速的发展之中,如 K-匿名和 L-多样性等,这两种方法主要是通过数据隐匿和数据泛化的途径达到对敏感数据和敏感知识进行保护的目的。K-匿名有几个明显的缺陷,容易受到同质攻击和背景攻击的破坏。L-多样性正是为了克服这样的缺陷而设计的。虽然相对 K-匿名来说,L-多样性有了很大的改善,但它本身仍然存在一些缺点,需要继续进行改进。

数据挖掘是现在应用比较广泛的一种对大量数据进行分析的方法,它在为人们提供便利的同时也造成了隐私的泄露,这其中包括隐私数据的泄露和隐私规则的泄露,为了克服数据挖掘中的隐私泄露,出现了很多方法,包括数据的预处理、对数据安全进行分级等。

本书较全面地反映了数据库安全的模型、机制和方法,内容包括数据库访问控制、XML 与 Web 服务安全、数据库加密、数据库审计、推理控制和隐通道分析、数据仓库和 OLAP 系统安全、数据库水印、可信记录保持、入侵容忍与数据库的可生存性和数据库隐私保护等技术,尽量反映数据库安全技术研究的最新进展。

第2章 数据库访问控制

访问控制(Access Control)是数据库安全最基本、最核心的技术,是指通过某种途径显式地准许或限制访问能力及范围,以防止非法用户的侵入或合法用户的不慎操作所造成的破坏。访问控制可被看作是访问控制策略、访问控制模型和访问控制机制三个不同的抽象概念。访问控制策略定义了信息系统安全性的最高层次的指导原则,是根据用户的需求、单位章程和法律约束等要求选定的,据其检验主体对客体的请求是否被允许。访问控制模型也称访问控制策略表达模型,用于精确地形式化描述系统的访问控制策略。访问控制策略是访问控制模型的核心,其通过访问控制机制得以实施。传统的访问控制技术主要根据访问控制策略来进行划分,分为自主访问控制、强访问控制和基于角色的访问控制。但是由于在开放网络环境中,许多实体之间彼此并不认识,而且通常没有每个实体都信赖的权威(Authority),因此,传统的基于资源请求者的身份做出授权决定的访问控制机制不再适用开放网络环境的安全问题。为了适应这一新的需求,人们提出了许多新的概念,如信任管理[1]、数字版权管理[2]等,为了统一这些概念,J. Park 和 R. Sandhu 于2002年提出了一种新的访问控制模型,称做"使用控制"(Usage Control, UCON)模型[3,4],形成了新一代的访问控制技术,它包含了传统的访问控制、信任管理和数字权限管理,并且在定义的适用范围方面对传统模型进行了扩展。UCON访问控制模型通过将各种规则集成到一个统一的框架中,为分布式系统的安全访问控制问题提供了新的解决思路。

本章首先介绍传统访问控制技术,在分析传统访问控制的基础上,总结了传统访问控制的不足之处;其次,介绍了基于信任管理和数字版权管理访问控制思想及方法;最后着重介绍了新一代的访问控制技术 UCON 及其适用范围,核心 ABC(Authorizations, oBligations, and Conditions)模型[3]、应用及其有待完善的工作。

2.1 自主访问控制

自主访问控制(Discretionary Access Control, DAC)最早出现在20世纪60年代末的分时系统中,是一种基于客体—主体所属关系的访问控制,它规定用户必须获取了某种权限才能进行相应的操作,并允许主体把他对客体的访问权授予给其他用户或从其他用户那里回收他所授予的访问权。通常利用访问控制矩阵模型实现系统的 DAC,访问控制矩阵中的每行表示一个主体,每列则表示一个受保护的客体,矩阵中的元素表示主体可对客体进行的访问模式。访问控制矩阵见表 2.1。

访问控制矩阵可以用一个三元组(S, O, M)表示,即主体 S 可以对客体 O 进行 M 操作,其中 M 表示访问模式,它可以是读(Read)、写(Write)、添加(Append)、拥有(Own)等,也可以是它们的组合。但是,由于访问控制矩阵既不能满足与客体内容有关的访问控制,也不能表示主体对客体访问的授权和主体对授权的转移,必须扩展该模型。目前,DAC 系统已发展为支持以下特征的系统[5]:

表 2.1　访问控制矩阵

主 体 （Subjects）	客 体（Objects）			
	O_1	O_2	...	O_n
U_1	own/read/write	read		read
U_2	Read/write			
...		write		
U_n			read	own/read/write

1. 条件（Conditions）

为了确保授权的精确性,目前 DAC 系统都增加了与授权相关的约束条件。例如,为了表示与客体内容有关的访问控制规则,增加一个断言 P（Predicate）,将访问控制矩阵扩展为四元组 (S,O,M,P),它表明只有断言 P 为真时,主体 S 才能对相应的客体 O 进行访问模式为 M 的操作。Janes 等于 1976 年提出取予（Take-Grant）模型[6],该模型是存取矩阵模型的扩展,其主要特点是增加图结构来表示系统的授权。

2. 抽象（Abstractions）

为了简化授权界定过程,DAC 同样支持进行过等级划分的用户组和客体类。一般地,将授权指定给用户组和客体类,再根据不同的传播策略将授权传播给其所有成员。例如,图 2.1 所示为用户组层次图,指定给 Nurse 的授权将传播给 Bob 和 Carol。

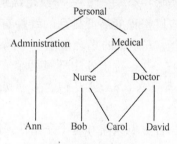

图 2.1　用户组层次图实例

3. 例外（Exceptions）

抽象的定义要求系统提供对例外情况的处理。例如,假定一个用户组中除了用户 u 其他用户都能访问资源 r。如果系统不支持例外情况,此时,必须要针对用户组中除 u 之外的其他用户一一授权,而不能利用指定给组的授权。系统可通过提供肯定和否定两种授权机制解决该类问题,即肯定授权指定给组,否定授权指定给用户 u。但是引入肯定否定授权机制又产生了以下两个问题:不一致性,相冲突的授权同时指定给上述层次图中同一元素;不完全性,一些访问请求既不被允许也不被拒绝。

为了解决不一致性问题,目前已经提出一些解决冲突的策略,例如:

（1）无冲突（No conflict）——将所有相冲突的授权视为错误;

（2）否定优先（Denials take precedence）——否定授权优先;

（3）肯定优先（Permissions take precedence）——肯定授权优先;

（4）最具体优先（Most specific takes precedence）。

如果针对元素 N 的授权与祖先传播给其的授权相冲突，则元素 N 的授权优先，其子孙节点也如此。例如在上述层次图中，正授权表示操作被允许的授权，负授权表示操作被拒绝的，若授权（Medical，Document1，$+r$）和（Nurse，Document1，$-r$）相冲突，按着最具体优先策略，Carol 不能读 Document1，因为 Nurse 组比 Medical 组更具体。

为了提高效率，在实现 DAC 时，系统一般不保存整个访问控制矩阵，而通过基于矩阵的行或列来实现访问控制策略。通常采用权限表和访问控制列表等机制来实现访问控制策略。DAC 被用在大部分商业 DBMS 产品中，一般都以数据库视图的概念为基础。

虽然 DAC 的粒度是单个用户，能够在一定程度上实现权限隔离和资源保护，但也存在不足，首先，自主访问控制模型需要访问控制列表来实现，当用户数量非常多且人员权限变化较大时，访问控制列表就不易维护；其次，由于 DAC 仅通过对数据的存取权限来进行安全控制，而数据本身并无安全性标记，就使得 DAC 易受特洛伊木马的攻击，利用强制访问控制可以解决该类问题。

2.2　强制访问控制

强制访问控制（Mandatory Access Control，MAC）最早出现在 20 世纪 70 年代，是美国政府和军方源于对信息机密性的要求以及防止特洛伊木马之类的攻击而研发的。MAC 是一种基于安全级标记的访问控制方法，它是多级安全的标志。在 MAC 中，对于主体和客体，DBMS 为它们每个实例指派一个安全级，安全级由级别（Classification）和范畴（Categories）两部分组成。级别是按机密程度高低排列的线性有序的序列（如：绝密 > 机密 > 秘密 > 公开），范畴是一个集合。安全级的集合形成一个满足偏序关系的格（Lattice），此偏序关系称为支配（Dominate）（ > ）。对于 S 中任意两个安全级 $S_i = (l_i, C_i)$ 和 $S_j = (l_j, C_j)$，若 S_i 支配 $S_j(S_i > S_j)$，当且仅当 $l_i > l_j$ 且 C_i 包含 C_j。如果两个安全级的范畴互不包含，则这两个安全级不可比。

MAC 策略可分为基于保密性强制策略和基于完整性强制策略两类[5]。

基于保密性强制策略（Secrecy-Based Mandatory Policy）主要目标是保护数据的机密性。因此，客体安全级的级别表示其内容的敏感性，而主体安全级的级别（也称许可证，Clearance）表示主体不泄露敏感信息的信任度。主体和客体的范畴集合分别定义了主体所能访问范围及客体包含的数据范围。

基于保密性强制策略依据以下两条原则来控制主体对客体的访问：

（1）不能向上读（No-Read-Up）。如果主体 S 的安全级支配客体 O 的安全级，主体 S 可读客体 O。

（2）不能向下写（No-Write-Down）。如果客体 O 的安全级支配主体 S 的安全级，主体 S 可写客体 O。

如图 2.2 所示，一安全格中有秘密（S）和非密（U）两种安全级，以及一范畴集合{Admin, Medical}。假设一主体 Ann 其安全级为 < S，{Admin} >，由于其范畴集合{Admin}不能包含{Admin，Medical}，所以她访问系统时被看做安全级为 < S，{} > 的主体，只允许她读客体 < S，{} > 和 < U，{} >，但是她能够写安全级为 < class S，{} >、< S，{Admin} >、

$<S,\{\text{Medical}\}>$ 和 $<S,\{\text{Admin},\text{Medical}\}>$ 的客体。

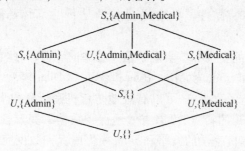

图 2.2 安全格实例

基于保密性强制策略原则上制止了信息由高级别的主/客体流向低(或不可比)级别的主/客体,因此保证了信息的机密性。然而这两个原则限制太过于严格。随着应用环境的变化,有些数据可能需要降级,为了解决该类问题,强制访问控制模型需允许一些可信进程来处理该类问题。

基于完整性强制策略目的是防止主体间接更改其不能写的信息。用户完整性级别反映了用户进行插入和修改敏感信息的可信度。客体的完整性级别表示客体中存储信息的可信度以及由未授权的信息修改所导致的危害程度。主体和客体的范畴集合分别定义了主体所能访问集合及客体包含的数据集合。

基于完整性的强制控制策略依据以下两条原则控制主体对客体的访问请求:

(1) 不能向下读(No-Read-Down)。主体 S 可读客体 O,当且仅当客体的完整性级支配主体的完整性级。

(2) 不能向上写(No-Write-Up)。主体 S 可读客体 O,当且仅当主体完整性级支配客体的完整性级。

例如,图 2.3 所示一完整性格中,有两个完整性级,关键(Crucial, C)和重要(Important, I),且 $C>I$,以及一范畴集合 $\{\text{Admin},\text{Medical}\}$。假设,用户 Ann 作为完整性级别为 $<C,\{\text{Admin}\}>$ 的一个主体接入系统,她可以读完整性级别为 $<C,\{\text{Admin}\}>$ 和 $<C,\{\text{Admin},\text{Medical}\}>$ 的客体,可以写完整性级别为 $<C,\{\text{Admin}\}>$, $<C,\{\}>$, $<I,\{\text{Admin}\}>$ 和 $<I,\{\}>$ 的客体。

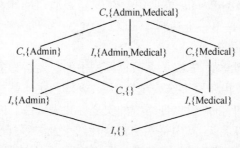

图 2.3 完整性格实例

基于完整性强制策略模型阻止信息从低级别的客体流向高级别的客体。但是,该模型最大的局限性在于仅解决了由不正确的信息流导致信息完整性破坏的问题,然而信息完整性是一个宽泛的概念,还有许多其他问题需要考虑。

基于机密性强制控制模型和基于完整性强制控制模型不是相互排斥的，两者结合起来可保护信息的机密性和完整性。显然，在这种情况下，主客体都需被赋予一个安全级别和一个完整性级别。

由于 MAC 通过分级的安全标签实现了信息的单向流通，因此它一直被军方采用。经典的 MAC 模型有 Bell-LaPadula 模型[7]、Biba 模型[8]和 Dion 模型[9]。Bell-LaPadula 模型具有只允许向下读、向上写的特点，可以有效地防止机密信息向下级泄露。Biba 模型则具有不允许向下读、向上写的特点，可以有效地保护数据的完整性。Dion 模型结合 Bell-LaPadula 模型中保护数据机密性的策略和 Biba 模型中保护数据完整性的策略，模型中的每一个客体和主体被赋予一个安全级别和完整性级别，安全级别定义同 Bell-LaPadula 模型，完整性级别定义同 Biba 模型，因此，可以有效地保护数据的机密性和完整性。

尽管 MAC 实现了只允许信息从下流向上，可防止高机密信息的泄露，但由于 MAC 增加了不能回避的访问限制，因而可能影响系统的灵活性，对模型的实际应用也产生了重大的阻碍。另外，在 MAC 系统中实现单向信息流的前提是系统中不存在逆向潜信道，逆向潜信道的存在会导致信息违反规则的流动。而现代计算机系统中这种潜信道是难以去除的，如大量的共享存储器以及为提升硬件性能而采用的各种 Cache 等，增加了系统安全性漏洞。

2.3　多级关系数据库

20 世纪 80 年代末至 90 年代初期，数据库安全领域的研究重点集中于如何在数据库系统中实现多级安全。即如何将传统的关系数据库理论与多级安全模型相结合，建立多级安全数据库系统。因此，数据库系统的多级安全模型是以多级关系数据模型为基础的。目前为止，先后提出的基于多级关系模型的数据库多级安全模型主要有 Bell-LaPadula、Biba、SeaView[10]和 Jajodia Sandhu[11]模型等。Bell-LaPadula 模型最早提出了实现 MAC 若干基本概念和基本方法，在数据库安全研究发展史上占据重要地位，它之后的很多安全模型和安全的数据库系统均是建立在 Bell-LaPadula 模型基础上的。但是 Bell-LaPadula 模型存在着严重的隐蔽通道问题和推理通道问题。1988 年提出的 SeaView 模型试图采用多实例的方法解决 Bell-LaPadula 模型中存在的隐蔽通道问题和推理通道问题并基本获得成功。SeaView 模型是第一个达到 TCSEC 标准 A1 级的安全模型，在安全模型发展历史上同样占据重要地位。

与传统关系数据模型类似，多级关系数据模型中的三要素为多级关系、多级关系完整性约束和多级关系操作。由于在多级安全模型中，客体和主体都被分配不同安全级，主体根据一定的安全规则访问客体，以保证系统的安全性和完整性。因此，传统模式中关系的定义需要修改以支持多级关系，其中关系的完整性约束及关系操作也需要改进以保证安全性，下面结合 SeaView 模型概要介绍多级关系、多级关系完整性约束和多级关系操作的主要思想。

2.3.1　多级关系

多级关系扩展了关系的概念，除了传统关系的属性以外，还包括相关的安全级别属性。多级访问控制粒度可分为关系级、元组级、属性级与数据项。当控制粒度为数据项时,每一数据项都有安全级标记,且关系中的元组也具有安全标记。因此,关系模式由原来 $R(A_1, A_2, \cdots, A_n)$ 扩展为 $R(A_1, C_1, A_2, C_2, \cdots A_n, C_n, TC)$。

与传统关系类似,多级关系包括关系模式 R(relation scheme)和关系实例 R_c(relation instances)两个部分。

1. 关系模式

定义 $R(A_1, C_1, A_2, C_2, \cdots, A_n, C_n, TC)$

$$A_i \in D_i; C_i \in \{L_i, \cdots, H_i\}(L_i < H_i); TC = Lub\{C_i | C_i \neq \text{mull}, i = 1, \cdots, n\}$$

其中,A_i 表示数据属性,D_i 表示 A_i 的值域,C_i 表示属性 A_i 的安全级,TC 表示元组的安全级,L_i 表示低安全级,H_i 表示高安全级,Lub 指安全级的最小上界,TC 等于该元组其他属性安全级的最小上界。

2. 关系实例

定义 每一个关系模式都有一组依赖于状态的关系实例:

$$R_c(A_1, C_1, A_2, C_2, \cdots, A_n, C_n, TC)$$

对应于一给定的访问级别 C,每个关系实例是一组形为 $(a_1, c_1, a_2, c_2, \cdots, a_n, c_n, TC)$,且互不相同的记录。其中,$a_i \in D_i, c_i \in \{L_i, \cdots, H_i\}$ 或 $a_i = \text{null}, c_i \in \{L_i, \cdots, H_i\}$;$TC = Lub\{c_i c_i \neq \text{null } i = 1, \cdots, n\}$,若 a_i 非空,则 $c_i \in \{L_i, \cdots, H_i\}$;另外,即使 a_i 为空,c_i 不能为空。也就是安全属性不能为空。

根据 MAC 中基于保密性强制策略,对于同一个多级关系,不同安全级别的用户所看到的内容并不同。因而在每一个安全级别上都存在一个投影实例。

例如,假设有一个用来描述职员的关系模式职员(Name,Department,Salary),其中 Name 为主键,密级自高到低依次是绝密(TS)、机密(S)、秘密(C)、公开(U);划分粒度为数据项;属性 TC 表示元组的密级;在多级关系"职员"中(表 2.2),秘密级用户看见的内容见表 2.3。

表 2.2 多级关系"职员"(秘密级视图)

Name		Department		Salary		TC
Bob	U	Dept1	U	2000	U	U
Tom	S	Dept2	S	50000	S	S

表 2.3 多级关系"职员"(公开级视图)

Name		Department		Salary		TC
Bob	U	Dept1	U	2000	U	U
Tom	U	NULL	U	NULL	U	U

若公开级用户想将第二个元组修改为"Tom"、" Dept1"、"10000"。此时,尽管在安全级较高的元组中已经存有该数据,但为了避免低安全级用户推理高安全级数据,不能拒绝该插入操作。同时为了保持数据的完整性,也不能删除安全级较高的数据。那么,非密级关系将变成表 2.4 所列。而对安全级为秘密用户而言,其所看到的信息列于表 2.5,显然,违反了主键完整性。同理,当安全级较高的用户要求插入一个主码属性值与低安全级主码属性值相同的元组时,也不能拒绝该操作,否则将隐含着拒绝服务问题。如果用该元

组替换低安全级的元组意味着删除低安全级的元组,可导致信息的推理问题,因此只能插入新的高安全级元组而不修改低安全级的元组。

表2.4　修改操作后的多级关系"职员"(公开级视图)

Name	Department	Salary	TC
Bob　U	Dept1　U	2000　U	U
Tom　U	Dept1　U	10000　U	U

表2.5　修改操作后的多级关系"职员"(秘密级视图)

Name	Department	Salary	TC
Bob　U	Dept1　U	2000　U	U
Tom　S	Dept2　S	50000　S	S
Tom　U	Dept1　U	10000　U	U

　　显然,在多级关系中,如果仍将 Name 作为主码唯一标识每一个元组,那么该操作将违反了主键完整性。如上所述,考虑到安全问题,在多级关系中允许存在多个具有相同属性值但其安全级不同的元组,把其称为多实例,可分为下列三类:

　　(1)多实例关系。是指一种关系,该关系是有相同的关系名称,而模式由不同的安全级别来标识。

　　(2)多实例元组。也称实体多实例,是有相同的主码属性值但主码属性安全级不同的元组组成。

　　(3)多实例元素。也称属性多实例,它是由主码属性值且安全级相同,但其某些属性的值及其安全级不同的元组组成。

　　利用多实例可以很方便提供"覆盖层"(Covery Story),用于防止信息泄露。但对于高安全级的主体而言,由于所有低安全级的多实例都是可见的,因此,它必须能明确地判断哪些是真实的。关于多实例语义存在两种解释:一种认为主键相同的不同级别元组所反映的是现实世界中相同的对象,只不过其中最多只有一个是真实的,其他的则是作为对真实信息的伪装而存在(比较合理的认为是级别越高者越"真实");另外一种解释是主键相同的不同级别元组所反映的是现实世界中不同的对象。

2.3.2　多级关系完整性

1. 实体完整性

　　假设 AK 为 R 的主关键字。一个多级关系 R 满足实体完整性,当且仅当 R 的所有 R_c 实例以及 $t \in R_c$ 满足:

　　(1) $A_i \in AK \rightarrow t[A_i] \neq null$;

　　(2) $A_i, A_j \in AK \rightarrow t[C_i] = t[C_j]$;

　　(3) $A_i \in AK, A_j \notin AK \rightarrow t[C_i] \leq t[AK]$。

　　第一条确保了 AK 中任何属性值不为空;第二条说明在一个记录中 AK 所有属性的级别相同,这便保证了 AK 在某个访问级要么是完全可见的或要么是完全不可见的;第三条要求任何非主关键字的数据项的安全级别等于或高于 AK 的安全级。

2. 空值完整性

（1）对任一元组，如果数据属性 A_i 为空，那么 A_i 对应的密级属性 C_i 值等于主键的密级 C_{AK}；

（2）实例的级别低于属性的级别，使得此属性不可见，从而表现为空。为了区分这两种情况，在关系 R 中元组之间不允许出现包含关系。

元组间包含关系定义为：对于两元组 t 和 s，如果任何一个属性 $t[a_i,c_i]=s[a_i,c_i]$ 或 $t[a_i]\neq null,s[a_i]=null$，则称元组 t 包含元组 s。

3. 实例间完整性

一个多级关系 R_c 满足实例间完整性，当且仅当对于小于此实例安全级别的 $c'(c'\leqslant c)$，存在一个关系 $R_{c'}=\delta(R_c,c')$ 满足以下性质：

（1）对于任何 $t[C_{AK}]\leqslant c'$ 且属于 R_c 的元组 t，均有一属于 $R_{c'}$ 的元组 t' 且

$$t'[AK,C_{AK}]=t[AK,C_{AK}]$$

（2）对于不属于主键的属性有

$$t[a_i,c_i]=\begin{cases} t[a_i,c_i] & t[c_i]\leqslant c' \\ <null,t[C_{AK}]> & \text{其他} \end{cases}$$

除了由以上方法生成的元组外，$R_{c'}$ 中不包含其他元组。

其中，δ 是过滤函数将一个多级关系根据不同的访问级别映射为不同的实例，将用户限制在其许可的数据上。第一条确保了元组 t 只在安全级为 $t[c_i]$ 或更高级别的关系实例中才可见，且其主键值 $t[AK,c_{AK}]$ 为关系实例中元组 t' 的主键值；第二条确保了元组 t 的其他不属于主键的数据项 $t[A_i]$ 在安全级为 $t[c_i]$ 或更高级别的关系实例中是可见的，而在低于它的安全级关系中是 null 值。同时该函数消除 $R_{c'}$ 中所有的包含元组，得到过滤函数 δ 的最终结果。例如：表 2.1 的一个公开级实例见表 2.6。

表 2.6　多级关系"职员"（公开级视图）

Name	Department	Salary	TC
Bob　U	Dept1　U	2000　U	U

依据过滤函数，表 2.7 所列的内容，其秘密级实例应为表 2.8 所列。

表 2.7　多级关系"职员"（秘密级视图）

Name	Department	Salary	TC
Tom　S	NULL　U	2000　U	U
Tom　S	Dept2　S	50000　U	S

表 2.8　多级关系"职员"（过滤后秘密级视图）

Name	Department	Salary	TC
Tom　S	Dept2　S	50000　U	S

4. 多实例完整性

多实例完整性禁止在同一安全级上存在多实例。下面介绍多实例完整性定义。

假设 A_1 为 R 的主关键字，多级关系 R 满足多实例完整性，当且仅当 R 的所有 R_c 实例

以及 $t \in R_c$ 满足

$$A_1, C_1, C_i \rightarrow A_i$$

表明 A_1、C_1、C_i 函数决定了 A_i 的属性值,即多个记录有相同的 A_1、C_1、C_i,那么它们的 A_i 值也是相同的,因此相同级别的数据是不可能多实例的。即允许在不同安全级之间实现实体多实例化,用于防止信息泄露和推理(表2.5),同时,禁止在同一安全级上实现实体多实例化,从而避免见表2.9所列的语义模糊问题。

表2.9 多级关系"职员"(相同级别主键重复)

Name	Department	Salary	TC
Bob U	Dept1 U	2000 U	U
Tom U	Dept2 S	50000 S	S
Tom U	Dept1 U	10000 U	U

5. 外码完整性

假设 FK 是关系 R 的外码,若关系 R 满足外码完整性,当且仅当 R 的所有 R_c 实例以及 $t \in R_c$ 满足

$$\forall A_i \in \text{FK} \quad t[A_i] = \text{null} \ \text{或} \ t[A_i] \neq \text{null} \quad A_i, A_j \in \text{FK} \rightarrow t[C_i] = t[C_j]$$

表明一个记录 FK 所有属性的安全级别相同。

6. 参照完整性

定义 FK 表示参照关系 R_1 的外码,AK_1 为关系 R_1 主码;关系 R_2 表示被参照关系,AK_2 为关系 R_2 的主码,多级关系 R_1、R_2 的实例 r_1、r_2 满足参照完整性,当且仅当:若元组 $t_{11} \in r_1$,$t_{11}[\text{FK}_1] \neq \text{null}$,则一定存在 $t_{21} \in r_2$,满足

$$t_{11}[\text{FK}_1] = t_{21}[\text{AK}_2] \bigwedge t_{11}[C_{\text{FK}1}] \geq t_{21}[C_{\text{AK}2}] \bigwedge t_{11}[\text{TC}] = t_{21}[\text{TC}]$$

表明当关系 r_1 参照关系 r_2 时,其外码的安全级必须大于或等于关系 r_2 主码的安全级即 $t_{11}[C_{\text{FK}1}] \geq t_{21}[C_{\text{AK}2}]$,保证了在参照过程中信息不会由高安全级向低安全级泄露。并且要求 $t_{11}[\text{TC}] = t_{21}[\text{TC}]$ 表明安全级为 s 的元组只能参照安全级为 s 的元组。

2.3.3 多级关系操作

由于多级关系的特殊性,以及为了避免隐通道而采用的多实例技术,均导致多级关系模型的操作与传统关系模型的操作有所不同。

1. 插入操作

当一安全级为 $c(c \in \{L_i, H_i\})$ 的用户进行插入操作时,A_1 表示主码,C_1 表示 A_1 的安全等级属性,元组 t 表示将要插入的元组。如果没有元组 $t' \in R$ 满足 $t'[A_1] = a_1 \bigwedge t'[\text{TC}] = c$,而且,插入的元组满足实体完整性、外码完整性和参照完整性时,才允许该插入操作,其操作结果为:

(1)如果属性 A_i 包含在 INTO 子句的属性列表中,则 $t[A_i, C_i] = (a_i, c)$;

(2)如果属性 A_i 不包含在 INTO 子句的属性列表中,则 $t[A_i, C_i] = (\text{unll}, c)$;

当用户安全级为 c 且 $c \notin \{L_i, H_i\}$ 时,拒绝该用户的操作请求,因为安全属性的值不能为空,表明用户没有操作关系 R 的权限。

2. 删除操作

当安全级为 c 的用户对关系 r 进行删除操作时,基于保密性强制策略的约束,对于元组 $t \in r$,若 $t[\text{TC}] = c$ 且满足谓词 P,则删除元组 t。基于完整性强制策略的约束,在更高等级的关系实例中该关系也被相应地消除。

3. 修改操作

当安全级为 c 的用户对关系 r 中元组 t 进行修改操作时,首先找出满足条件的元组,即满足 $(t[\text{TC}] = c) \wedge p$ 的元组。执行该操作时,分两种情况考虑:

第一种情况,如果主属性 A_1 不包含在 Set 子句的属性列表中,而 $A_i(2 \leqslant i \leqslant n)$ 包含在 Set 子句的属性列表中 则:若 $t[\text{TC}] = c$,则 $t[A_i, C_i] = (s_i, c)$;

第二种情况,主属性 A_1 中的部分属性包含在 Set 子句的属性列表中,则:因为要求只有用户安全级等于实体安全级时,才允许进行修改,所以只考虑 $t[C_1] = c$ 的元组。而且,判断在关系中是否已存在 u,其与修改后的结果表示同一实体且元组安全属性值为 c(即 $u[A_1] = t[A_1]$ 且 $u[\text{TC}] = c, t[A_1]$ 表示修改后的值),若存在该元组 u,由于造成语义模糊问题且不满足多实例完整性,拒绝该修改操作;否则,允许该修改操作。

2.3.4 多级安全数据库实现策略

研制实现多级安全数据库的方法,TDI 标准中提出了三种策略:

(1)可信过滤器(Trusted Filter,TF)。这种方式下 DBMS 本身无安全保证,只是在 DBMS 与用户应用程序之间设置一个可信过滤器;即在原有系统的基础上通过增加安全外壳来实现多级数据库的安全功能。显然,这种方式下数据库系统的安全性完全依赖于操作系统(Operating Sgstem,OS)。

(2)平衡保障(Balanced Assurance,BA)。在一个安全 OS 的基础上建立一个安全 DBMS,由 OS 和 DBMS 来分担安全功能。这种方式下,DBMS 的安全在很大程度上依赖于 OS。

(3)一致保障(Uniformed Assurance,UA)。实现一个安全 DBMS 来提供所有的安全功能。从 DBMS 的开发起步,将多级安全模型的安全机制和数据库加密在其内核中实现,与 DBMS 紧密结合在一起,其安全性较高。这种方式对 OS 的依赖少,DBMS 可以单独评估。

上述三种方法中在实现难度上和所提供的安全性能均依次增强,具体采用哪种实现方法,则应根据应用环境的需要,在对多种因素如安全性、性能、成本等进行权衡考虑后来确定。在实际应用中可能采取其中一种或多种结构的混杂方式。

目前,软件开发商已开发出了一些安全级别较高的数据库产品。SQL Secure Server 达到 B1 级并且是最早通过 B1 级评估的安全数据库系统,Oracle 的 Trusted Oracle 7 同样经评估达到了 B1 级,Informix 的 INFORMIX-OnLine/Secure 5.0 也达到了 B1 级。国内虽然在这方面研究起步较晚,但在商用方面,东软集团开发的 OpenBASE Secure 和华中科技大学开发的 DM3 都达到了 B1 级标准,并已经具备了部分 B2 级功能。但是,无论是原型系统还是商用数据库方面,国内都没有开发出安全性完全达到 B2 级以上标准的产品。

2.4　基于角色的访问控制

由于 DAC 和 MAC 授权时需要对系统中的所有用户进行一维的权限管理,因此不能适应大型系统中数量庞大的用户管理和权限管理的需求。20 世纪 90 年代以来,随着对在线的多用户、多系统的研究不断深入,角色的概念逐渐形成,并逐步产生了基于角色的访问控制(Role-Based Access Control,RBAC)模型[12,13]。

在 RBAC 模型中,角色是实现访问控制策略的基本语义实体,不仅仅是用户的集合,也是一系列权限的集合。基于角色访问控制的核心思想是将权限同角色关联起来,而用户的授权则通过赋予相应的角色来完成,用户所能访问的权限由该用户所拥有的所有角色的权限集合的并集决定。当用户机构或权限发生变动时,可以很灵活地将该用户从一个角色移到另一个角色来实现权限的协调转换,降低了管理的复杂度,另外在组织机构发生职能性改变时,应用系统只需要对角色进行重新授权或取消某些权限,就可以使系统重新适应需要。

目前针对 RBAC 提出多种模型,如 RBAC96/ARBAC97/ARBAC02 模型族、角色图模型、NIST 模型、OASIS 模型和 SARBAC 模型等。但这些模型主要是基于 RBAC 模型进行不同程度的深入展开,其理论基础还是由 Sandhu 提出的核心模型[12,14]。在 RBAC 核心模型中包含了五个基本静态集合:用户集(Users)、角色集(Roles)、对象集(Objects)、操作集(Operators)和特权集(Perms),以及一个运行过程中动态维护的集合——会话集(Sessions),如图 2.4 所示。其中用户集是系统中可以执行操作的用户;对象集是系统中需要保护的被动的实体;操作集是定义在对象上的一组操作,也就是权限;特定的一组操作就构成了一个针对不同角色特权;而角色则是 RBAC 模型的核心,通过用户分配(UA)和特权分配(PA)等操作建立起主体和特权的关联。

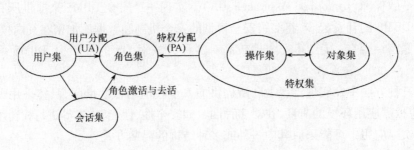

图 2.4　RBAC 核心模型

RBAC 属于策略中立型的存取控制模型,既可以实现自主存取控制策略,又可以实现强制存取控制策略。由于 RBAC 引入角色的概念,能够有效地缓解传统安全管理权限的问题,适用于大型组织的访问控制机制。但是在大型开放式分布式网络环境下,通常无法确知网络实体的身份真实性和授权信息,而 RBAC 无法实现对未知用户的访问控制和委托授权机制,从而限制了 RBAC 在网络环境下的应用。

2.5 基于证书的访问控制

近年来发展较为迅速的公开密钥基础设施(Public Key Infrastructure,PKI)和授权管理基础设施(Privilege Management Infrastructure,PMI),PKI 基于非对称密码体制,利用证书将用户的公钥与其他信息绑定在一起,并且由签发证书的机构作为可信第三方来对证书中信息的真实性提供保证。PKI 提供了身份认证的功能,构筑于 PKI 之上的 PMI 系统则提供了授权管理的功能。PMI 是一种基于角色的访问控制系统,利用属性证书(Attribute Certificate,AC)记录用户所属的角色,通过角色分配用户所具备的权限。PKI、PMI 技术提出以后得到了深入的研究和广泛的应用,现在已经成为了很多网络系统中必不可少的安全基础设施。但是,在开放的网络环境中,由于实体数目庞大,活动实体往往属于不同的管理机构,而各机构一般都有独立的证书中心(Certification Authority,CA)和属性权威(Attribute Authority,AA),且 PKI、PMI 系统也不相同,因而在网络中形成了多个安全域(Security Domain),处于不同安全域的实体交流起来十分困难。虽然目前有"桥接 CA"等方式来进行跨域认证,但由于网络环境的异构性、活动目标的动态性以及自主性,使得传统的认证和授权机制在跨越多个安全域进行认证和授权时显得力不从心。因此,传统的基于资源请求者的身份做出授权决定的访问控制机制不再适用于开放网络环境的安全问题。

1996 年,M. Blaze 等人首次提出了"信任管理"(Trust Management)的概念,并将其定义为"用统一的方法说明和解释安全策略、证书以及对安全行为直接授权的关系"[1]。信任管理及自动信任协商的概念提出以后,受到了广泛的关注,许多学术机构针对其中的关键技术展开了深入的研究。其中 Policy Maker[1]、KeyNote[15]、REFEREE[16]、SPKI/SDSI[17]是最具代表性的信任管理系统。

信任管理是一种以密钥为中心的授权机制,它把公钥作为主体,可以直接对公钥进行授权。信任管理使用表达性更强的证书,此类证书可以实现基于第三方信任形式和直接的信任管理模式。它将公钥绑定到授予的权限、密钥持有者的各种属性或者完全可编程的"能力"上。而授权可以转化为回答一个一致性校验问题,一致性校验问题是信任管理的核心问题,其输入是三元组 $<C,R,P>$(C 为请求者所提交的集合,R 为请求者的访问请求,P 为访问请求 R 所对应的访问控制策略集),输出为一个布尔值,即"凭证集 C 是否证明了请求 R 符合本地安全策略 P",如图 2.5 所示。

为了使信任管理能够独立于特定的应用,M. Blaze 等人将一致性校验算法的实现模块化并封装入了一个称为"信任管理引擎"(Trust Management Engine,TME)的模块[1],提出了一种基于信任管理引擎的信任管理模型,如图 2.6 所示。信任管理引擎是整个信任管理系统的核心,它实现了一致性校验算法,能够为信任管理系统提供一致性校验服务。现有的一些信任管理系统如 PolieyMaker、KeyNote、REFEREE 都是建立在该模型的基础上。

信任管理通过为服务提供者所提供的资源或服务制定访问控制策略的方法来控制请求者的访问。但请求者为获取服务而提交的信任凭证中可能含有敏感性的信息。因此,请求者在提交敏感性的凭证前需要确定服务器身份的真实性和合法性。自动信任协

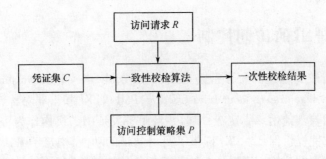

图 2.5　一致性校验算法的输入与输出

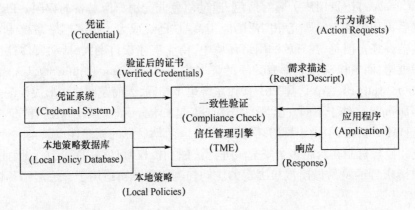

图 2.6　基于信任管理引擎的信任管理模型

商[18]中加入了对敏感性凭证的保护,并因此将"服务请求者向服务提供者提交属性凭证来满足其访问请求所对应的访问控制策略"扩展为"服务提供者和服务请求者之间交互提交凭证和访问控制策略信息进行协商来自动建立完成交互所需要的信任关系"。自动信任协商为处于不同信任域的陌生实体提供了一种自动建立信任关系的解决方案。与信任管理相比,自动信任协商提高了安全性,增强了动态性和实用性。但是,由于自动信任协商是协商者之间的一个双向验证的过程,涉及到更多的技术和概念,因此比信任管理更为复杂。

　　信任管理及自动信任协商提出以后,受到了特别的关注。PolicyMaker 是 M. Blaze 等人最早提出了一种应用信任管理思想的比较完善的系统访问控制模型,使之能够使用多种安全的语言更加直接地处理分布式网络中的委托和授权等问题。之后,M. B laze 等人针对 PolicyMaker 存在的一些问题,给出了使用特定语言的信任管理系统 KeyNote,使其更标准化,应用起来更简易。Chu、Feigenbaum,La Macchia 等提出了 REFEREE 系统,特别针对网络浏览应用信任管理思想,在安全性能上有了进一步的提高。此外,Ellison、Frantz 等人给出了 SPKI/SDSI 系统,将信任管理思想应用到公钥基础设施中去,扩大了信任管理思想的应用范围。同时,Li 和 Mitchell、Winsboorugh 等人提出了基于角色的信任管理体系 RT[19]。

　　信任管理为解决 Web 环境中新的应用形式的安全问题提供了新的思路,信任管理研究可用于安全协议分析,并可结合加密技术等研究成果,指导新的应用系统安全机制的建立。并且随着分布式计算逐渐成为发展主流,以及一些 Web 新型网络系统如网格、智能

28

网络、主动网络、多 agent 系统、移动 agent 系统等,这些开放、动态、大型分布式系统的发展,将进一步促进信任管理思想的发展。与传统方法相比,信任管理系统有许多优点。尽管它没有解决分布式系统授权的所有问题,但它提供了一种新的方法和思路,弥补了传统授权机制应用于开放式分布式系统的不足。

2.6 数字版权管理

随着网络通信技术的普及,许多传统媒体资源都被转变成数字内容在网络上迅速传播使用,这必将对社会的发展和电子商务技术的发展起到很大的推动作用。但是著作权保护制度也因此受到前所未有的冲击,数字版权管理(Digital Rights Management,DRM)正是满足这一需求而提出的保护多媒体内容免受未经授权的播放和复制的一种方法,并为内容提供者保护他们的私有数据资源免受非法复制和使用提供了一种手段。

DRM 通过对数字内容进行加密和附加使用规则等技术手段在数字产品的分发、传输和使用等各个环节进行保护控制,其中,使用规则是判断用户是否符合数字内容播放条件的依据,使用规则包括:被授权使用的用户和终端设备、授权使用的方式(如读、复制等)和授权使用期限等规则信息,规则信息一般以加密文件形式伴随着数字资源的下载而自动地、冗余下载到用户终端设备的受保护存储区内,当数字内容使用时由操作系统和多媒体中间件(DRM 客户端代理软件)负责解密并强制执行使用规则监测工作,防止了数字内容被任意地使用。防止内容被任意分发的主要方法是:对数字内容进行加密,只有授权用户才能得到解密的密钥,而且密钥是与用户的硬件信息绑定的。加密技术加上硬件绑定技术进一步实现了版权保护的目的。

目前,DRM 已经得到了一定的发展,Microsoft、RealNetwork 和方正集团等公司都推出了各自的 DRM 解决方案。但 DRM 是一个相当庞大的领域,涉及密码学技术、数字签名、数字水印和权限描述语言等技术,同时其发展也要受到各种法律和商业规范等因素的制约。因此,DRM 还不够完善,成为制约电子出版业和网络信息服务业发展的瓶颈,此外,DRM 主要针对客户端的数据内容进行权限管理,只是解决访问控制领域中的一部分问题。

由上述可知,传统访问控制技术是基于已知用户标识和属性,通过引用监控程序和授权规则以达到保护封闭系统环境中数字资源的目的。信任管理则基于用户能力和属性,研究开放系统中未知用户的授权问题。传统访问控制和信任管理都是对服务器端存储的数字资源进行控制,而数字版权管理则讨论的是数字对象在分发以后(在客户端)的使用和访问控制。由于传统的访问控制、信任管理和数字版权管理均分别针对各自的问题域提出相应的解决方案,缺乏综合性,因而需要引入一种统一的、综合的访问控制机制以适应信息化、网络化的需求。

2.7 访问控制新技术 UCON

2002 年,George Mason 大学著名的信息安全专家 Ravi Sandhu 教授和 Jaehong Park 博士首次提出使用控制(Usage Control,UCON)的概念[3,4]。UCON 对传统的存取控制进行

了扩展,定义了授权(Authorization)、义务(Obligation)和条件(Condition)三个决定性因素,同时提出了存取控制的连续性(Continuity)和可变性(Mutability)两个重要属性。UCON 集合了传统的访问控制、信任管理以及数字版权管理,用系统的方式提供了一个保护数字资源的统一标准的框架,为现代存取控制机制提供了新的思路。

2.7.1　UCON 使用范围

系统安全主要是指与计算机硬件和软件等资源安全相关的技术手段,主要保护的对象包括信息资源、计算机系统资源和网络资源。在传统的访问控制中,计算机系统资源和信息资源被看成保护的对象资源,仅仅限于封闭的系统环境中,很难处理对于网络资源应用的控制。在 UCON 中,把信息资源同其他两个对象资源分离出来,仅仅保护数据资源,而不考虑它的系统信息,例如访问方式或访问位置等因素。对计算机系统资源和网络资源可针对具体的应用需求配合其他相关技术达到资源保护的目的。这种分离可实现对数字资源进行连续的保护,忽略信息资源是否在主系统或分布式网络系统。因此,UCON 不仅可以保护服务器端的数据资源,对于已发布的客户端的数字资源也可以起到保护作用,如控制其使用期限、使用次数和防复制等。

2.7.2　UCON ₐBₐC 组成部分

ABC 模型　(Authorizations,oBligations,Conditions)是 UCON 的核心模型[20],包含八个核心组件,如图 2.7 所示,下面详细介绍各个组成部分。

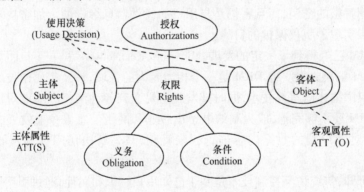

图 2.7　ABC 模型的主要组成部分

1. 主体(Subjects,S)

具有某些属性和对客体操作权限的实体。

2. 主体属性(SubjectAttributes, ATT)

主体能用于授权控制的属性,包括身份、角色、安全级别、成员资格等。

3. 客体(Objects,O)

客体是按权限集合的规定接受主体访问的被动实体。客体可以是信息、文件、记录等集合体,也可以是网络上的硬件设备、无线通信中的终端等。

4. 客体属性(Object Attributes, ATT)

客体属性包括客体的安全标签、所有关系、类别和访问控制列表等。对客体进行授权不仅可以以独立的客体为单位进行授权,也可以对客体进行分类,以同一类别的客体为单位进行授权。

5. 权限(Rights,R)

权限是主体可以对客体访问的动作集,简记为 R。这一集合定义了主体对客体的作用行为和客体对主体的条件约束。

6. 授权(Authorization,A)

授权是使用决定中必须被评估的功能谓词,它返回主体是否对客体拥有所请求的操作的权利。授权通过一组使用决策的授权规则来评估主体属性、客体属性和所请求的权利。授权分为预先授权和操作中授权两类,预先授权(pre-Authorizations,preA)是指在操作之前进行授权,操作中授权(ongoing-Authorizations ,onA)是指在操作的过程中进行授权。

传统的访问控制和信任管理是采用提前授权的形式来进行授权的。而在 UCON 模型中,可根据不同的控制规则在访问之前或是访问过程中进行授权判断操作。此外,执行授权谓词可能会引起主、客体可变属性值的修改,进而将对本次或其他的访问决策产生影响。例如,用户在购买一本电子图书后其信用卡上的金额会相应减少,这一结果将是用户本次或以后使用该卡进行电子交易的权限判断的重要依据。

7. 义务(oBligations,B)

义务是主体必须在访问之前或访问过程中执行的功能性谓词,义务谓词既可在访问之前执行(preB)也可在访问过程(onB)中执行。preB 是在访问请求执行前主体必须满足某种条件,例如,用户必须提供合同信息或个人信息才允许访问公司的技术资料。onB是在权限行使的过程中必须持续性满足或是周期性满足的条件,例如,要求用户必须使广告窗口处于打开状态他才能登录或使用某项服务。用户履行何种义务不是由系统管理员预先静态设置的,而是根据主客体的属性动态确定的,义务的履行也可能更新主体的可变属性,同时这些更新能影响现在或将来使用决策。

8. 条件(Conditions,C)

条件是在使用授权规则进行授权过程中允许主体对客体进行访问权限前必须检验的一个决策因素集。条件谓词考虑到当前环境或系统的状态,来检验相关的请求是否满足。但条件的评估并不改变任何主体或客体的属性,这一点与授权和义务规则不同。

条件不同于授权,条件主要集中对环境以及系统相关的限制的考虑,这些限制在使用决定中与主体和客体的属性没有直接的关系。然而授权在使用决定时要考虑和主体(请求者)或者被请求的客体相关的属性。

使用决策(Usage Decision)在请求使用资源时做出授权决定,该决定依赖于主体属性、客体属性、授权、义务和条件。

2.7.3 UCON$_{ABC}$核心模型

基于授权、职责和条件三个决策因素,并结合连续性和可变属性,可以组合成各种符合现代信息安全需要的复杂模型,图 2.8 显示 ABC 模型基于授权、义务、条件三个决策因素和可变性、连续性两种属性的所有可能的模式。其中 A 表示授权,B 表示义务,C 表示条件,pre 表示更新发生在决策前或者决策后,on 表示更新发生在决策进行中,用 0 表示没有发生更新,用 1 表示更新发生在使用前,2 表示更新发生在使用中,3 表示更新发生在使用后。例如,UCONpreA 表示以授权作为访问控制决策因素并在资源访问使用前修改主客体有关可变属性,对于不可能实现的情况用"N"表示。例如,在以条件为单纯的决策因素的访问模型中所有更新属性的组合都标记为"N",因为"条件"的评估只是简单地检测现在的应用环境和系统状态,不可能改变任何主客体属性。此外在使用前进行权限判断的情况下不可能出现使用过程中更新主客体属性的操作,因为此时属性的更新对本次的权限检测不存在任何的影响,对下一次的权限检测和使用后更新属性的情况又完全相同,而且使用后更新属性的实现又相对简单,所以在相应的栏目中标记"N"。但是,如果访问权限的判断是在使用过程中执行,那么使用过程中更新主客体属性就可能影响到本次的授权结果,因此有存在的必要性。

	0(不发生更新)	1(使用前更新)	2(使用中更新)	3(使用后更新)
preA	Y	Y	N	Y
onA	Y	Y	Y	Y
preB	Y	Y	N	Y
onB	Y	Y	Y	Y
preC	Y	N	N	N
onC	Y	N	N	N

图 2.8　16 种基本的 ABC 模型矩阵

图 2.8 中都是以单纯的模式为例,但在实际系统中可能根据不同应用的需求产生不同的组合模型,例如,UCONpreConC 表示既要在访问使用前执行"条件"决策因素的检测,又要在访问过程中检测,并且都不改变主客体的任何属性。具体的模型组合情况如图 2.9 所示。下面概要介绍 ABC 核心模型中各种情况的逻辑描述。

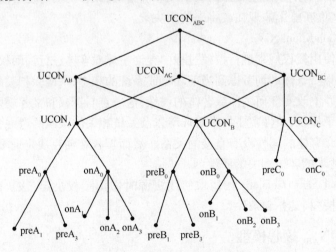

图 2.9　ABC 的组合模型

1. UCONpreA -pre-Authorization 模型

授权一直被视为访问控制的核心部分,与传统的访问控制相同,UCONpreA 模型的决

32

策过程也是利用预先授权来完成的。在 UCONpreA 模型中，授权决策过程必须在应用被允许前完成。按照可变性分类，UCONpreA 模型可分成三个子模型。他们分别是 UCON-preA0 模型、UCONpreA1 模型和 UCONpreA3 模型。

UCONpreA0 模型是指授权属性不发生更新。UCONpreA1 模型是一个带有预先更新谓词的预先授权模型。即在授权判断得到肯定后，在访问客体资源的操作执行前，执行预先更新函数根据主体属性和所请求的操作修改"可变"属性。而 UCONpreA3 模型是一个带有事后更新谓词的预先授权模型，即在消费主体访问使用客体资源后根据主体属性和所请求的操作执行事后更新函数，修改"可变"属性。

2. UCONonA-ongoing-Authorizations 模型

由于 UCON 模型中引入了"连续"属性，所以不仅可以像传统的访问控制模型那样在访问操作之前进行授权判断，而且授权决策还可在执行使用权的过程中连续地反复地进行。如果某些请求变得不满足，那么当前已经允许的使用权力就会取消，对它的操作就会停止。在这种模式中，需要一个监听器随时监视使用权的执行，此模式对于生命周期较长的使用权非常有用。UCONonA 模型也因为"可变"属性的引入而进一步被扩展为四个具体的模型：UCONonA0、UCONonA1、UCONonA2 和 UCONonA3。UCONonA0 模型中没有授权属性被更新。UCONonA1 模型中是一个带有预先更新谓词的使用中授权模型，即先执行更新函数根据主客体属性和所请求的操作修改相关的"可变"属性，然后执行访问操作，并在访问过程中对 onA 函数进行访问操作是否继续的判断。在 UCONonA2 模型中，授权属性在授权操作过程中被更新。在 UCONonA3 模型中授权属性在授权操作完成后被更新。UCONonA2 模型不仅可以影响下一次的权限判断，也可对本次访问操作产生影响。UCONonA3 是一个带有事后更新谓词的使用中授权模型，即在消费主体访问使用客体资源后根据主体属性和所请求的操作执行事后更新函数，修改"可变"属性。

3. UCONpreB-pre-oBligations 模型

UCONpreB 模型是指在请求发生时和操作被允许之前职责必须已经履行。preB 的主要作用就是检查某些职责是否已经履行过了，并且返回使用决策需要用到的结果。UCONpreB 模型在使用决策判断过程中使用了预先义务谓词，即必须在访问操作之前执行 preB 函数的义务判断，并返回判断结果。例如，用户在注册成为会员时往往需要提交自己的身份证号码，在下载文件时需要提供 email 地址等确认信息或是必须点击某广告窗口方能查看资源等，总之，用户必须在访问允许前完成要求的操作。UCONpreB 模型由两步组成：第一步，针对访问请求和主客体的属性选择消费主体必须要满足的义务元素；第二步，检查所选择的义务元素是否已经被没有任何错误地完成（例如，非法的 e-mail 地址）。根据"可变"属性的修改情况，UCONpreB 可以扩展为三个具体的模型：UCONpreB0、UCONpreB1 和 UCONpreB3。

UCONpreB0 是不变属性预先义务模型，即模型中不存在属性更新操作。UCONpreB1 是一个带有预先更新谓词的预先义务模型。即在义务判断得到肯定后，在访问客体资源的操作执行前，执行预先更新函数根据主体属性和所请求的操作修改"可变"属性。UCONproB3 是一个带有事后更新谓词的预先义务模型，即在消费主体访问使用客体资源后根据主体属性和所请求的操作执行事后更新函数，修改"可变"属性。

4. UCONonB-ongoing-oBligations 模型

UCONonB 模型同 UCONpreB 非常相似,唯一的不同点在于 UCONonB 模型是在权力正在执行时履行所需要的职责。进行中职责需要阶段性地或者连续地被履行。为了实现这一目的,引入时间 T 作为 onOBL 义务元素的一部分。这里,T 可能定义了基于时间间隔或基于时间间隔的集合。例如:一个用户可能不得不每 30min 点击一次广告或每访问 20 个 Web 页面,点击一次广告;或一个用户可能必须要一直保持广告窗口的打开状态等。总之,T 中记录的是消费主体必须要履行义务的时间集合。在 UCONonB 模型中,基于"可变性"可以划分为四个具体的模型:UCONonB 模型被细分为 UCONonB0、UCONonB1、UCONonB2 和 UCONonB3 四个子模型。具体的情况与 UCONonA 类似。

5. UCONpreC-pre-Conditions 模型

条件定义了某些满足使用要求的环境约束。大体上来讲,这些环境约束与主体和客体没有直接的联系。每次进行条件判断的时候都重新获得当前环境状况或者系统状况。通过在决策过程中使用条件,UCON 模型可以提供更细粒度的访问控制。与授权模型和职责模型不同,条件模型是不可变的。因此,UCONprec 模型只有 UCONprec0 一个子模型。

6. UCONonC-ongoing-Conditions 模型

当权力处于活动状态的时候,环境必须满足一定的约束条件,UCONonC 模型就是支持这种情况的模型。在 UCONonc 模型中,在请求时不需要任何的决策过程就可以进行应用操作,但是在应用操作的过程中要反复的检查某些环境状况是否满足要求。由于 UCONonC 模型不存在更新操作,因此它只有 UCONonC0 一个子模型。

2.7.4 UCON$_{ABC}$ 应用

使用控制 UCON 包含了传统的访问控制、可信管理和数字权力管理,即利用 UCON$_{ABC}$ 模型可实现传统的访问控制、可信管理和数字权力管理等。

1. 使用 UCON 实现 DAC

DAC 模型可通过 UCON$_{preA0}$ 模型实现,用户身份标识可以作为访问主体的属性,ACL(访问控制列表)可作为客体的属性。具体实现如下所示。

(1) N 是主体身份标识集合;

(2) id:$S \rightarrow N$,id 表示用户标识到身份标识集合 N 之间的一对一映射关系;

(3) ACL:$O \rightarrow 2^{N \times R}$,ACL 表示客体资源和集合 N×R 之间的映射关系,其中 N×R 表示用户身份与操作权限的组合关系;

(4) ATT $(S) = \{id\}$,id 为主体的属性;

(5) ATT$(O) = \{ACL\}$,ACL 为客体的属性;

(6) allowed$(s,o,r) \Rightarrow (id(s),r) \in ACL(O)$,如访问当前客体的主体标识与当前访问权限的组合已存在于此客体的 ACL 中,则允许执行对此客体的访问操作。

2. 使用 UCON 实现 MAC

在 UCON 中,主体安全级别(clearance,也称为许可级)是主体的属性,而客体安全级别(classification)是客体的属性。通过主、客体安全级别的偏序关系比较来实现强制访问控制策略。使用 UCONPreA0 实现 MAC 访问控制策略如下:

（1）L 是具有偏序关系的安全级别集合；

（2）clearance：$S \rightarrow L$，是访问主体和安全级别集合 L 之间的映射关系；

（3）classification：$O \rightarrow L$，是受访客体和安全级别集合 L 之间的映射关系；

（4）$ATT(S) = \{clearance\}$，clearance 为主体的属性；

（5）$ATT(O) = \{classification\}$，classification 为客体的属性；

（6）allowed$(s,o,read) \Rightarrow clearance(s) \geqslant classification(o)$，主体安全级别大于客体时，主体可以"下读"客体，即访问主体能对比其安全级别低的客体进行读操作；

（7）allowed$(s,o,write) \Rightarrow clearance(s) \leqslant classification(o)$，主体安全级别小于客体时，主体可以"上写"，即访问主体只能对比其安全级别高的客体进行写操作。

3. 使用 UCON 实现 RBAC

在 UCON 中，用户—角色的指派可以看做主体属性，许可—角色的指派可以看做客体属性和权利。通过 RBAC 不同层次模型的访问规则来实现其相应的安全策略，例如，RBAC1 是在 RBAC0 的基础上加入了角色继承的关系，即根据组织内部权力和责任的结构来构造角色与角色之间的层次关系，使用 UCONPreA0 实现 RBAC1 访问控制策略如下：

（1）$P = \{(o,r)\}$，P 表示客体资源权限集合，是客体资源与权限的组合集合；

（2）ROLE 是带有偏序关系的角色集合；

（3）actRole：$S \rightarrow 2^{ROLE}$，actRole 激活角色完成用户到角色之间的映射；

（4）Prole：$P \rightarrow 2^{ROLE}$，Prole 客体授权角色完成客体资源、权限与客体授权角色之间的映射；

（5）$ATT(S) = \{actRole\}$，激活角色为主体的属性；

（6）$ATT(O) = \{Prole\}$，客体授权角色为客体的属性；

（7）allowed$(s,o,r) \Rightarrow \exists role \in actRole(s)$，$\exists role' \in Prole(o,r)$，$role \geqslant role'$，当一个主体的激活角色（actRole$(s)$）级别 $\geqslant$ 受访客体授权角色（Prole(o,r)）级别时，允许执行请求访问。

4. 使用 UCON 实现信任管理

信任管理主要是解决开放网络环境下对系统陌生用户的授权问题，使用 $UCON_{PreA0}$ 实现信任管理访问控制策略如下：

（1）credentials 是证书集合；

（2）cert：$S \rightarrow 2^{credentials}$，是用户与证书的映射关系；

（3）groupID：$O \rightarrow credentials$，是客体资源与证书的映射关系；

（4）$ATT(S):\{cert\}$，cert 为访问主体性质，即访问主体持有的证书；

（5）$ATT(O):\{groupID\}$，groupID 为客体性质，即客体资源允许持有特定的证书的用户访问；

（6）allowed$(s,o,read) \Rightarrow (cert(s) \neq \varnothing)$，组织内员工可读组织内的全部客体资源；

（7）allowed$(s,o,write) \Rightarrow (cert(s) \neq \varnothing) \wedge groupID(o) \in cert(s)$，组织内客体资源只允许某些持有特定证书的用户修改。

5. 使用 UCON 实现数字版权管理

DRM 一般使用基于支付的安全策略，这些在传统的访问控制策略中没有涉及。使用

$UCON_{PreA1}$ 实现一个简单的基于支付的 DRM 访问控制策略如下：

(1) M 为一组款数集合；

(2) $credit:S \rightarrow M$，标记用户的账户上的余额；

(3) $value:O \times R \rightarrow M$，标记某一客体资源的消费价格；

(4) $ATT(s):\{credit\}$，用户账户余额为主体属性；

(5) $ATT(o,r):\{value\}$，消费价格为客体的属性，这里的消费价格跟权限 r 有关系，例如，读客体资源与复制发布客体资源的价格是不同的；

(6) $Allowed(s,o,r) \Rightarrow credit(s) \geqslant value(o,r)$，用户账户余额大于当前访问客体资源所需价格时，允许访问进行；

(7) $preUpdate(credit(s)):credit(s) = credit(s) - value(o,r)$，访问客体资源前，将用户账户余额减去将访问客体资源的消费价格。

2.7.5　UCON 模型有待完善的工作

尽管 UCON 用一种统一的、系统化的方式来解决现代信息系统的安全访问控制问题，形成了一个统一的框架，为分布式系统的安全访问控制问题提供了新的解决思路。但是 UCON 模型仍然存在不足，还有许多地方期待进一步完善，具体需要进一步研究的工作如下：

(1) 在概念模型中对 UCON 的策略只是进行了非正式的描述，对于其使用决策中涉及的众多控制因素概念模型缺乏确切的定义，对于授权相关的领域知识的建立、授权的推理过程也缺乏确切的表述。

(2) UCON 引入了授权的连续性和属性的易变性的概念，但概念模型没有确切地表述出 UCON 授权决策中涉及的状态，满足什么条件系统处于访问前或者访问中或者访问后，概念模型没有给出具体确切的定义；对于属性的易变性，概念模型只是说明了主、客体属性在访问前、访问中和访问后可以改变，但是没有具体地说明如何改变及改变后会对系统造成什么影响。概念模型对于上述问题只是从概念上给了说明，而没有给出具体的形式化表述。

(3) 并发性是 UCON 中一个独特特性，在一个开放系统中，属性的更新操作将会导致其他访问中授权决定的变化，这一过程是并发的，或者在将来发生。但概念模型缺乏具体的表述。

(4) 目前的研究大多集中在理论层面，面向应用的研究不足，未能给出 UCON 应用的具体模型，以及针对具体问题的解决方案。

2.8　小结

本章主要介绍了目前访问控制的研究现状，其中包括传统访问控制、信任管理、数字版权、UCON 模型，使我们对数据库的访问控制方法的研究过程有了一个清晰的了解。使用控制方法是一个全面的包含传统访问控制和现代访问控制的一个全新的方法，为分析现有系统和开发新系统提供了一个参考性的基本框架。但是目前对 UCON 研究只是处于起步阶段，仅仅停留在理论研究上，而且 $UCON_{ABC}$ 模型只是一个核心模型，还有待于进一步丰富和完善。为了使 UCON 在现实世界中更具有实用价值,必须加强 UCON 应用的研究,需要设计完善的决定规则和属性来控制使用决定策略的分析和实施。

参 考 文 献

[1] Blaze M,Feigenbaum J, Lacy J. Decentralized Turst Management:Proceedings of the 17th Symposium on Security and Privacy[C]. Oakland:IEEE Computer Society Press, 1996:164 – 173.

[2] 俞银燕,汤帜. 数字版权保护技术研究综述[J]. 计算机学报. 2005,12:1958 – 1968.

[3] Park J,Sandhu R. Towards Usage Control Models:Beyond Traditional Access Control[C]:Proceedings of the 7th ACM Symposium on Access Control Models and Technologies. SACMAT02[C]. Monterey, California, USA:ACM, 2002:57 – 64.

[4] Ravi Sandhu,Jaehong Park . Usage Control:A Vision for Next Generation Access Control[J]. MMM-ACNS,2003.

[5] De Capitani di Vimercati S, Foresti S, Samarati P. Recent Advances in Access:Control Handbook of Database Security Applications and Trends[C],September 2007:3 – 8

[6] Bishop M, Snyder L. The Transfer of Information and Authority in a Protection System[J]. ACM SIGOPS Operating Systems Rev. , 1979,13(4): 45 – 54.

[7] Bell D E,La Padula L J. Secure Cmoputer Systems:Mathematical Foudations and Model. Technical Report[R]. Bedford, Massachusstts:The MITRE Corporation,May 1973:174 – 244.

[8] Biba KJ. Integrity considerations for secure computer systems,Technical Report No. TR-76-372[R]. Electronic Systems Division, Air Force Systems Command,1997.

[9] Dion C. A Complete Protection Model[J]. IEEE Security &Privacy, 1981.

[10] DENNINE,D E ,LUNT T F,SCHELL R R,et al. The SeaView security model:Proceedings of the IEEE Symposium on pesearch in Security and privacy[C]. Los Alamitos,CA:IEEE Computer Society Press, 1988:218 – 233.

[11] Jajodia S, Sandhu R. Toward a Multilevel Secure Relational Data Model:Proceedings of the 1991 ACM SIGMOD Conference[C], 1991:50 – 59.

[12] Sandhu S,Coynek E J,Feinsteink H L,et al. RoleBased Access Control Models[J]. IEEE Computer,1996,29(2):38 – 47.

[13] Moyer M J, Abamad M. Generalized role – based access control:Distribued Computing [C]. 2001. 21st International Conference,16 – 19 April 2001:391 – 398.

[14] Ravi Sandhu. Rationale for the RBAC96 family of access control models: Proceedings of the 1st ACM Workshop on Role – Based Access Control [C]. ACM, 1997.

[15] Blaze M, Feigenbaum J, Keromytis A D. Keynore:trust management for public – key infastructures[M]// Christianson B, CrisDo B, William S, et al. Cambridge 1998 Security Protocols International Workshop. Berlin:Springer – Verglag, 1999: 59 – 63.

[16] Chu Yang-Hua, Feigenbaum J, La Macchia B, et al. REFEREE:Trust Management for Web Applications[J]. World Wide Web Journal, 1997, 2(2):127 – 139.

[17] Ellison C, Frantz B, Lampson B, et al. SPKI certificate theory[C]. RFC 2693, IETF. September 1999.

[18] Winsborough W H,Li N H. Safety in Automated Trust Negotiation:Proceedings of the IEEE Symposium on Security and Privacy[C],2004:147 – 160.

[19] Li N H. Mitchell J C, Winsborough W H. Design of a Role – based Trust Management Framework:Proc. Of the 2002 IEEE Symp. On Security and Privacy[C]. Washington:IEEE Compuer Society Press, 2002:114 – 130.

[20] Jaehon Park , Ravi Sandhu. The UCON$_{ABC}$ usage control model[J]. ACM Transactions on In formation and Systems Security,2004,7 (1):128 – 174.

[21] 赵宝献. 数据库访问控制理论方法研究与实现[D]. 南京:南京航空航天大学,2005:14 – 27.

第3章 XML 与 Web 服务安全

随着 Internet 的飞速发展,Web 应用已经渗透到各行各业中,对人们的日常生活和工作产生了深远的影响,并成为人们获取或交换信息的主要手段。如何在异构、动态、松耦合的互联网环境中实现安全、有效、简便地实现资源共享、业务协作已成为互联网发展中迫切需要解决的问题。传统的解决方案是采用 CORBA、COM/DCOM、Java RMI 等多种方式实现和调用业务逻辑层,其特点难以统一,系统可移植性差,不能很好地实现在动态、松耦合环境下的业务协作。因此,为了满足日益增长的业务需求,人们提出 Web 服务[1]概念来解决新一代互联网软件所面临的问题。

Web 服务提出了面向服务的分布式计算模式,使得企业与企业在现有的各自异构平台的基础上,实现了无缝的集成。然而,当 Web 服务日益成为主流技术时,其安全问题也日益突出。由于 Web 服务的安全性涉及 OSI 网络模型中应用层的安全,传统的一些只保护点对点(Peer-to-Peer)的 Web 服务通信安全机制已不能满足 Web 服务的安全需求,因此迫切需要基于应用层的安全机制来保证 Web 服务端对端(End-to-End)通信的安全性和灵活性。

针对 Web 服务安全性问题,国内外很多标准化组织、公司和社会团体都进行了大量的研究。W3C 制定了一系列的安全规范和标准用于确保信息传递的安全性,其中最重要的有 XML 加密规范、XML 签名规范和 XML 密钥管理规范等。OASIS 制定了安全断言标记语言 SAML 和可扩展的访问控制高标识语言 XACML,XACML 规范中规定对于一个 SAML 请求,依据规则集或者提供者所定义策略集合确定该访问是否被赋予资源。IBM、Microsoft 和 Verisign 于 2002 年 4 月联合发布了一个关于 Web 服务安全性(Web Servies Security,WS-Security)的规范,详细描述了如何将安全性令牌附加到 SOAP 消息上,以及如何与 XML 签名、加密规范相结合保护 SOAP 消息,为 Web 服务安全性的发展奠定了基础。

本章首先介绍了 Web 服务基本概念及其核心技术;其次,详细分析了 Web 服务安全面临威胁和目标定义;最后,结合 Web 服务安全体系结构详细介绍了目前实现 Web 服务安全各项技术。

3.1 Web 服务概述

根据 2002 年 4 月 W3C 的定义:"Web 服务是一种通过统一资源标识符(URI)标识的应用软件,其接口和绑定形式可以通过 XML 标准定义、描述和检索,并能通过 XML 消息及互联网协议完成与其他应用的直接交互"。Web 服务技术的主要目标是在各种异构平台的基础之上构筑一个通用的与平台、语言无关的技术层,各种应用依靠这个技术层来实施彼此的连接和集成。

3.1.1 Web 服务体系结构

Web 服务采用面向服务的体系结构,定义了服务提供者、服务请求者、服务注册中心三个角色以及发布、查找、绑定三种操作[1]。这些角色和操作一起作用于 Web 服务构件——Web 服务软件模块及其描述。图 3.1 表示了 Web 服务的体系模型。

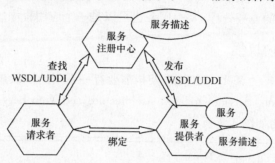

图 3.1　Web 服务的体系模型

1. 角色

(1)服务提供者(Service Provider)。创建该 Web 服务实体,它为其他服务和用户提供服务功能,服务提供者在实现服务之后可以发布服务,并且可以响应对其服务的调用请求。

(2)服务请求者(Service Requestor)。Web 服务功能的使用者,它可以利用 Web 服务注册中心查找所需的服务,并且向 Web 服务提供者发送请求。

(3)服务注册中心(Service Registry)。是服务提供者和服务请求者的中介,是可搜索的服务描述注册中心,服务提供者在此注册并提供他们的 Web 服务清单。服务请求者可以从服务注册中心搜索所需 Web 服务。

(4)Web 服务的典型运行过程是:服务提供者把他的 Web 服务发布到服务注册中心的一个目录上,当服务请求者需要调用该服务时,首先到服务注册中心提供的目录上搜索该服务并得到如何调用该服务的相关信息,然后根据这些信息调用服务提供者发布的服务。

服务提供者、服务请求者、服务注册中心这三个角色是根据逻辑关系划分的,在实际应用中,角色可能会出现交叉或者互换,但组成 Web 服务完整体系的组件必须具有上述一种或多种角色。

2. 操作

对于使用 Web 服务的应用程序,必须发生以下三个行为:发布服务描述、查找服务描述以及根据服务描述绑定或调用服务。这些行为可单次或反复出现。

(1)发布(Publish):为了使服务可访问,服务提供者需要通过发布操作向服务注册中心注册自己的功能和访问接口,以使服务请求者可以查找它。发布服务描述的位置可以根据应用程序的要求而变化。

(2)查找(Find):在查找操作中,服务请求者直接检索服务描述或在服务注册中心中查找所要求的服务类型。对于服务请求者,可能会在两个不同的生命周期阶段中牵涉到查找操作:在设计时,为了程序开发而检索服务的接口描述;在运行时,为了调用而检索服务的绑定和位置描述。

（3）绑定（Bind）：最终的目的是要调用服务。在绑定操作中，服务请求者使用服务描述中的绑定细节来定位、联系和调用服务，从而在运行时调用或启动与服务的交互。

Web 服务是由服务描述所表达的接口，其实现即为服务。Web 服务体系结构没有对 Web 服务的粒度进行限制，因此一个 Web 服务即可以是一个组件，该组件必须和其他组件结合才能进行完整的业务处理；Web 服务也可以是一个应用程序。

3.1.2　Web 服务协议栈

为了实现一个完整的 Web 服务体系架构需要有一系列的协议规范来支撑，根据 IBM 发布的红皮书（Patterns：Service-Oriented Architecture and Web Services）[2]，可以将 Web Services 协议栈表示为如图 3.2 所示。

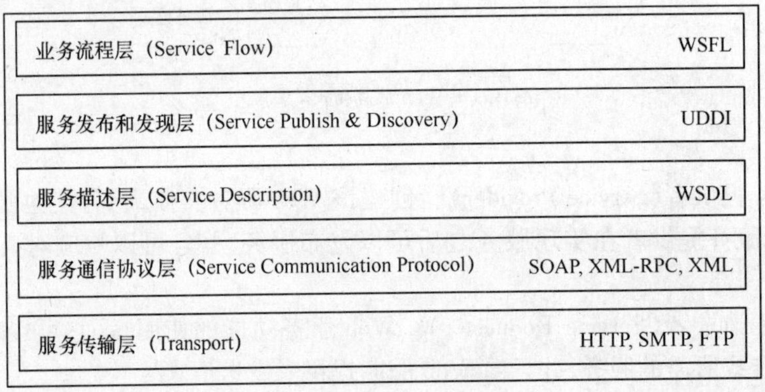

业务流程层（Service Flow）	WSFL
服务发布和发现层（Service Publish & Discovery）	UDDI
服务描述层（Service Description）	WSDL
服务通信协议层（Service Communication Protocol）	SOAP, XML-RPC, XML
服务传输层（Transport）	HTTP, SMTP, FTP

图 3.2　Web 服务协议栈

（1）服务传输层（Transport）：Web 服务协议栈的最底层是网络传输层，它也是协议栈的基础，如 HTTP、SMTP、FTP 和 MQ（Message Queuing）等。该层负责在应用程序间传输消息。HTTP 凭借其普遍性，成为 Web Services 的标准网络协议。

（2）服务通信协议层（Service Communication Protocol）：服务通信协议是基于 XML 的消息层（XML-Based Messaging），使用 XML 作为消息传递协议的基础，主要体现怎么去调用 Web 服务。现在运用比较广泛的主要有两种：一种是 XML-PRC（Xml-Remote Procedure Call），另一种是 SOAP（Simple Object Access Protocol）。相比之下 SOAP 比 XML-RPC 有一定的优势：SOAP 在处理复杂数据（如数组等）时要比 XML-RPC 更容易一些，并且 XML-RPC 没有标准化错误代码。

（3）服务描述层（Service Description）：主要是对 Web 服务的描述，向客户端说明服务提供了什么样的接口可供调用，怎么样去调用和到哪里去调用。这一层主要协议是 WS-DL（Web Services Description Language）。

（4）服务发布和发现层（Service Publish & Discovery）：一个完整的服务描述包括服务接口的描述、服务实现的定义以及端点描述。这些描述信息都需要通过 UDDI 规范来发布与查找。

（5）业务流程层（Service Flow）：业务流程是一个服务的集合。可以按照特定的顺序并使用一组特定的规则进行调用，以满足业务要求。业务流程层的工作语言是 Web

Services 流程语言(Web Service Flow Language,WSFL),使用它可以与现有的服务合并、转换成新的服务。

3.1.3 Web 服务核心技术

1. XML

XML[3] 起源于 SGML(Standard Generic Markup Language,标准通用标记语言),是 SGML 的一个子集,它不仅继承了 SGML 的扩展性、结构性的特点,而且具备了简单、易于使用的特点,因此开始被广泛应用于数据表示和数据交换。

W3C 在 2002 年 10 月出版了 XML2.0 规范。规范描述了 XML 数据的格式和语法,而且为处理 XML 数据指定了一个两层的用户体系结构:XML 解析器和 XML 应用层。第一层是 XML 解析器,解析器检验 XML 文档格式是否符合特定的格式规则,相关的 XML 技术有 MSXML、DTD 和 Schema 等。第二层是 XML 应用层,应用层涉及对 XML 数据的显示,XML 数据间转换、查询以及 XML API。相关的 XML 技术有 XSL、XSLT、Xquery、DOM、SAX 等。

1) XML 文档

一个 XML 文档首先应当是"结构优良的",即符合 W3C 制定的 XML 标准语法或语义,结构不正确的文档不能被接收处理,在浏览器无法正常显示。从逻辑上讲,XML 文档是由嵌套的元素构成的,每个 XML 文档都拥有一个顶层元素,称为根元素,所有非根元素都嵌套于其他元素中,因此 XML 文档具有树型结构。每一个元素由一个名称、一组属性和一些内容组成。内容可以包括普通文本、其他元素或两者都包括。属性是与元素相关联的名称/值对。除了元素和文本节点之外,XML 文档还可以包含说明、处理指令、XML 声明和文档类型声明。图 3.3 描述了一个 XML 文档,其中,第 1 行是 XML 声明,第 2 行是注释,第 3 行是处理指令,第 4 行 ~第 20 行是文档中的各个元素。

2) XML 模式

XML 文档是一种结构化的标记文档。创建 XML 文档之前,首先要确立其元素和结构,再根据结构的定义,填入实际的内容,形成一个 XML 文档。XML 结构文件有两种定义方式,即文档类型定义 DTD(Document Type Definition)和模式定义 XSD(XML Schema)。

DTD 的产生源于 SGML,是最早也是最成熟的 XML 文档模式语言。DTD 描述了一个 XML 文档有哪些元素和属性组成,它们在文档的什么位置出现及出现的次数、元素的嵌套关系等。

XSD(XML Schema)规范是 W3C 推出的另一种定义文档结构的模式语言。与 DTD 相比,XML Schema 功能更强大,而且使用灵活。XSD 的特点在于:

(1) XSD 是用 XML 语法编写的,使得软件工具可以通用,无需两种装备,同时在程序编写上将更为方便直接,如可通过 DOM 接口访问元素和属性。

(2) XSD 数据类型更加丰富,可以将元素和属性定义为 INT、DATA、BOOLEAN 等简单或复杂的数据类型,此外,还能够自定义数据类型。而 DTD 除了只能提供很粗糙的 PCDATA 数据,不能够提供对复杂数据类型的验证,不提供自定义数据类型。

(3) XSD 可以随时更新它的内容模型,而 DTD 的内容模型是封闭的。

```
1: <?xml version="1.0" encoding="UTF-8 standalone="no"?>

2: <!--edited with XMLSPY-->

3: <?altova_sps ExpReport.sps>

4: <expense-report xmlns:xsi=http://www.w3.org  2001/XML Schema-instance  xsi:noNamespaceSchema
   -Location= "ExpReport.xsd" detailed="false" total-sum="556.9">

5:  <Person>

6:    <First>Pred< First >

7:    <Last>Landis<  Last>

8:    <Title>Project Manager</Titie>

9:    <Phone> 123-456-789</ Phone >

10: </Person>

11: <expense-item type="Lodging" expto="Sales">

12: <Date>2003-O1-01<  Date>

13: <expense>122.11<  expense>

14: </expense-item >

15: <expense-item type="Lodging" expto="Development">

16:  <Date>2003-01-02</ Date>

17: <expense>122.12</ expense>

18: <description>Played penny arcade( / description >

19: </expense-item>

20: </expense-report>
```

图 3.3　XML 文档示例

（4）XSD 利用名域将特殊元素和 Schema 文档链接,使一个 XML 文件可对应多个 Schema 文档,具有良好的可扩展性,可以定义复杂的数据关系。

3）XML 的显示

XML 的一个最重要的特征是把内容和显示格式分开,XML 文档本身没有关于格式方面的信息,为 XML 文档提供格式信息的是样式表。样式表可以控制文件内容在显示时的版面风格,如页面的边距、各式标题及文字的字体、颜色、对齐方式等,对同一份 XML 文档使用不同的样式表就可以得到不同的输出效果。适用于 XML 文档的样式表语言有层叠样式表（Cascading Style Sheets Level,CSS）和可扩展样式表语言（eXtensible Stylesheet Language,XSL）。

CSS 是一种比较简单的样式表语言,既可以用于 HTML 文档,也可以用于 XML 文档。CSS 用简单的语法描述元素的显示格式,决定了页面的视觉外观,但是不会改变源文档的结构。

XSL 也是 W3C 建议的标准,是专为 XML 设计的样式表语言,它是用户描述如何设置 XML 数据和文档的格式。严格来说,XSL 包含三部分:XSLT、XPath 和 XSL 格式化对象。XSLT 是一种用来将 XML 文档转换成其他类型文档或其他 XML 文档的语言。XPath 是一种对 XML 文档进行寻址的语言。XSL 格式化对象是将一个 XSL 转换的结果变成适于读者或听众使用的输出格式的过程。

XSLT 是 XSL 标准中最重要的部分,它用于将一个 XML 文档转换成另一个 XML 文档或另一种类型的文档,也就是将一个 XML 文档转换成浏览器所能识别的一种格式。

XSLT 内部使用扩展的 XPath 语言来定位 XML 文档的某个部分。XPath 是为 XML 定义的查询语言,它提供在文档中选择节点子集的简单语法,识别 XML 文档的某个部分,它还提供了操纵字符串、数字和布尔值的函数。XPath 利用位置路径来为 XML 文档的不同部分进行寻址,位置路径类似于操作系统的目录,提供指令以定位到文档中任何地方。位置路径分为绝对位置和相对位置,绝对位置指向文档结构中某个特定的位置,相对位置则指向文档中某个依赖起始位置而定的位置。例如,XPath 表达式"../bib/book/@ year"表示从文档根开始,选择所有 bib 子元素,然后选择 bib 元素的所有 book 子元素,最后选择 book 子元素的所有 year 属性。

处理 XSL 样式表的是 XSL 样式表处理器,样式表处理器接收一个 XML 文档或数据,以及 XSL 样式表,输出特定样式的显示,其显示格式根据 XSL 样式表确定。

4) XML 接口

DOM 和 SAX 是两种 XML 文档解析器(XML API),被用于读取和操作 XML 文档。

DOM(Document Object Model,文档对象模型)是一个与平台、语言无关的程序接口,它提供了动态访问和更新文档的内容、结构与风格的手段,可以对文档做进一步的处理,并将处理的结果更新到表示页面。它将 XML 文档全部读入内存,将 XML 文档转换成了一个对象模式的集合,这个集合通常称为 DOM 树。应用程序可以通过对该 DOM 树的操作,实现对 XML 文档中数据的操作。

SAX(Simple API for XML,XML 简易应用程序接口)在概念上与 DOM 完全不同。首先,不同于 DOM 的文档驱动,它是事件驱动的,也就是说,它并不需要读入整个文档,而文档的读入过程也就是 SAX 的解析过程。事件驱动是指一种基于回调(Callback)机制的程序运行方法。在 XMLReader 接收 XML 文档,在读入 XML 文档的过程中就进行解析,也就是说,读入文档的过程和解析的过程是同时进行的。

2. 简单对象访问协议 SOAP[4]

SOAP 协议是在分布式环境中交换信息的标准简单协议,是一个基于 XML 的协议。SOAP 协议本身基于 XML,把成熟的基于 HTTP 协议的 Web 技术与 XML 的可扩展性和灵活性结合起来。因此有利于实现异构程序和异构平台之间的互操作性,从而使应用能够为更广泛的用户提供服务。

1) SOAP 规范

SOAP 规范本身并没定义任何应用语义,只是定义了一种简单的机制,通过一个模块化的封装模型和对模块中特定格式编码的数据的重编码机制来表示应用语义。SOAP 规范包括四个部分:

(1) SOAP 封装(Envelope)。封装定义了一个描述消息中的内容是什么、是谁发送的、谁应当接收并处理它、如何处理以及这是可选的还是强制的。SOAP 的主要元素有 < Envelope >、< Header >、< Body >、< Fault >等。

(2) SOAP 编码规则(Encoding Rules)。用于表示应用程序需要使用的数据类型的实例。SOAP 规范中还定义了数据编码规则,SOAP 编码可以简短地描述成简单值或者复合值的集合。

（3）SOAP RPC 表示（RPC Representation）。表示远程过程调用和应答的协定。SOAP 消息本质上是一种从发送方到接收方的单向传输,但是 SOAP 经常组合到实现请求/响应机制中。

（4）SOAP 绑定（Binding）。定义了一个使用底层传输协议来完成在节点间交换 SOAP 信封的约定。SOAP 只是定义了消息,而消息的传输则依靠底层的传输协议,例如 HTTP 协议。

2）SOAP 消息结构

SOAP 消息是由一个必选的 SOAP Envelope、一个可选的 SOAP Header 和一个必选的 SOAP Body 组成的 XML 文档。一条 SOAP 消息的封装包括如下几个部分:

（1）SOAP Header。在 SOAP 消息中出现是可选的,通常用它来验证调用方的身份,或者用它来提供对通信过程的管理。如果出现 Header,该元素必须是 Envelope 元素的第一个直接子元素。SOAP Header 可以包含一系列的 Header 条目,这些条目都应当是 Header 元素的直接子元素。此外,Header 的所有直接子元素必须有命名空间修饰。

（2）SOAP Body。是 SOAP 的内容核心,它包含准备发送给接收方的具体信息内容。Body 元素必须在 SOAP 消息中出现,同时必须是 SOAP Envelope 元素的一个直接子元素。若该消息中包含 Header 元素,则 Body 元素必须作为 Header 元素的相邻兄弟元素直接跟随 Header。与 Header 元素类似,Body 元素可以包含一系列的 Body 条目,这些条目都应当是 Body 元素的直接子元素。Body 的所有直接子元素也必须有命名空间修饰。

（3）SOAP Fault。它是 SOAP 节点产生的用于包含错误信息的特殊的 SOAP 条目。相应地,SOAP Body 只包含一个 Fault 元素,它定义在 SOAP 封装名字空间中。SOAP 利用这一机制通知发生错误并提供一些诊断信息。一条 SOAP 消息如图 3.4 所示。由于 SOAP 消息头部与 SOAP 消息的主体内容是互不相关的,所以可用它们给消息添加信息,而不会影响对消息报文的处理。

3）SOAP 消息的处理

SOAP 在消息传输过程中,需要考虑如何保障传递的消息能够准确地到达目的地,每个节点都能够接收到与其相对应的消息。并且,要合理地处理在传输过程中出现的异常。一个 SOAP 应用程序在收到 SOAP 消息后的处理流程如下:

（1）检查 SOAP Envelope 元素的命名字空间值,确定是否能理解该消息使用的 SOAP 版本。

（2）识别该 SOAP 消息中所有为该应用程序设置的部分。

（3）校验该消息在前一步中获得的被标志的部分中所有必须处理的部分,如果该应用程序是最终接收者,还需考虑消息体。若不支持所有必要部分,丢弃这一消息。并且,若不支持的是消息的头,则返回 mustUnderstand 错误;若不支持的是消息体,则返回与应

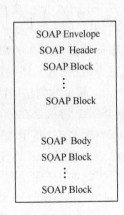

图 3.4 SOAP
信息结构框图

用相关的错误。若支持所有的部分,则继续下一步处理.

(4)处理所有第二步所标识的必要部分以及知道的可选部分。

(5)如果该应用程序不是消息的最终接收者,它必须删除所有已处理过的消息头子项,然后沿着消息传输路径转发信息。

3. Web 服务描述语言 WSDL

1)WSDL 概述

WSDL 是描述 Web 服务的语法规范,它使用 XML 语法来规定用户调用 Web 服务所应了解的一切,包括位置、参数信息和支持的协议。客户端的 Web 服务代理能依据 WS-DL 准确地产生格式适当的消息,并能正确无误地理解响应。WSDL 包含服务接口和服务实现定义,服务接口是 Web 服务的抽象定义,包括类型、消息和端口类型。服务实现定义描述了服务提供者如何实现特定的服务接口,包括服务定义和端口定义。WSDL 文档的格式如图 3.5 所示。

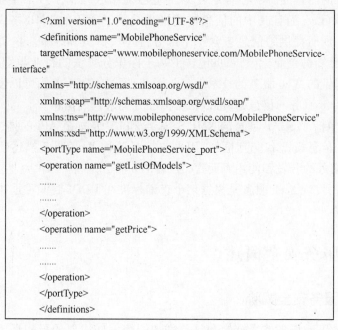

```
<?xml version="1.0"encoding="UTF-8"?>
<definitions name="MobilePhoneService"
targetNamespace="www.mobilephoneservice.com/MobilePhoneService-
interface"
xmlns="http://schemas.xmlsoap.org/wsdl/"
xmlns:soap="http://schemas.xmlsoap.org/wsdl/soap/"
xmlns:tns="http://www.mobilephoneservice.com/MobilePhoneService"
xmlns:xsd="http://www.w3.org/1999/XMLSchema">
<portType name="MobilePhoneService_port">
<operation name="getListOfModels">
.......
.......
</operation>
<operation name="getPrice">
.......
.......
</operation>
</portType>
</definitions>
```

图 3.5 一个 WSDL 文档的格式示例

2)WSDL 文档组成

一个 WSDL 文档是包含在一对 < definitions > 标记中的一段 XML 文档。它可以包含一个 types 元素,多个 message、PortType、Binding 和 service 元素。

< definitions > 元素后通常紧跟着以下属性声明:

name——用来说明服务的目的。

targetNamespace——关于服务信息的逻辑名称空间定义。

xmlns:soap——指定特定 SOAP 的信息和数据类型的标准命名空间的定义。

xmlns——默认的 WSDL 文档的命名空间。

< definitions > 元素中通常包含以下元素:

types 元素——用来定义传输哪种类型的数据。

message 元素——定义了传输什么消息,使用 types 所定义的类型来定义整个消息的数据结构。

PortType 元素——定义了支持什么操作,其中的 operation 元素定义了一个特定的输入/输出消息序列。

Binding 元素——定义了通过 Internet 传输消息时使用的具体协议和数据格式规范的绑定。

service 元素——定义了一个端口集合,描述服务位于哪里。

4. 通用描述、发现和集成协议 UDDI[4]

图 3.1 所示的服务注册中心就是通用描述、发现和集成协议(Universal Description Discovery and Integration,UDDI)。UDDI 是一套基于 Web 的、分布式的和面向 Web 服务的信息注册中心的实现标准规范,它定义了 Web 服务的发布和发现的方法。UDDI 提供了一种基于分布式的商业注册中心的方法,该商业注册中心维护了一个企业和企业提供的 Web 服务的全球目录,而且其中的信息描述格式是基于通用的 XML 格式。从概念上来说,UDDI 商业注册所提供的信息包含三个部分:白页、黄页和绿页。白页包含企业的地址、联系方法和已知的企业标识;黄页包含了基于标识分类法的行业类别;绿页则包括了关于该企业所提供的 Web 服务的技术信息。因此,通过 UDDI 人们可以发布和发现有关某个公司及其 Web 服务的信息,并可以根据标准分类来查询信息。

UDDI 规范包括了 SOAP 消息的 XML Schema 和 UDDI 规范 API 的描述。它们两者一起建立了基础的信息模型和交互框架,用来支持对各种 Web 服务描述信息的发布和查找。对于 Web 服务的开发和使用者而言,发布 Web 服务是在 UDDI 商业注册中心注册自己的企业和服务;发现 Web 服务是根据某个查询标准在 UDDI 商业注册中心中查找感兴趣的企业和服务。

3.2　Web 服务安全概述

3.2.1　Web 服务安全威胁

基于消息的 Web 服务体系结构和日益增加的跨信任边界的异构环境带来了新的挑战。越来越多的 Web 服务面临着各种各样的安全威胁。

(1) 未授权的访问。攻击者可以利用弱的身份验证和授权机制,对信息和操作进行未授权的访问。

(2) 参数操纵。参数操纵是指对 Web 服务客户与 Web 服务之间发送的数据进行未经授权的修改。

(3) 网络窃听。通过网络窃听,当 Web 服务消息在网络中传输时,攻击者可查看这些消息。

(4) 配置数据的泄露。Web 服务配置数据的泄露的方法主要有两种:第一种,Web 服务可能支持动态生成 Web 服务描述语言(WSDL),或者可能在 Web 服务器上的可下载文件中提供 WSDL 信息;第二种,如果异常处理不充分,Web 服务可能会泄露对攻击者有用的敏感的内部实施详细信息。

（5）消息重播。Web 服务消息可能会在传递过程中经过多个中间服务器。通过消息重播攻击，攻击者可以捕获并复制消息，并模拟客户端将其重播到 Web 服务。消息可能被修改，也可能保持不变。

3.2.2　Web 服务安全目标

为了消除 Web 服务所面临的安全隐患，Web 服务的安全目标应包括以下五个方面：

（1）机密性。保证没有授权的用户或进程实体无法窃取信息。

（2）完整性。保证信息在传输的过程中不被偶然或故意地破坏，保持信息的完整、统一。

（3）不可否认性。保证信息的发送者不能抵赖或否认对信息的发送，要在信息的传输过程中给实体提供可靠的标志。

（4）身份验证。提供合适身份证明的实体才能访问企业应用和数据，不能提供合适身份证明的实体拒绝访问企业的资源。

（5）授权。就是确定一个用户能够做什么的过程，将不同的权限分配给不同类型的用户。

3.2.3　传统 Web 安全不足

传统的 Web 安全技术主要集中于对网络连接和传输层的保护。通常，应用级的方法是使用安全套接字层协议（SSL）、传输层安全性（TLS）和 IP 安全协议（IPSec）；系统级的方法是使用防火墙规则、虚拟专用网（VPN）。

（1）IPSec 过滤策略和防火墙规则限制已知 IP 对服务的访问，它们提供了网络层的认证，可有效地保证数据的完整性。其不足之处是，根据策略和规则的设置，它只能放行或者滤掉所有的 SOAP 消息，却无法检测 SOAP 消息的安全性。

（2）VPN 可以连接内部共享网络或公共网络，通过 VPN 可以在两台安全连接的计算机之间发送数据。其不足之处是，它是一个长期的点对点连接，要求建立长期的连接。

（3）SSL 和 TLS 是广泛用于 HTTP 的安全技术，被用来提供传输层的 Web 服务安全，其在点对点的会话中，可以完成包括审计、数据完整性、机密性这样的要求。但是 SSL 和 TLS 只能保护两点之间的一个连接，不能真正地支持端到端的消息通信。并且 SSL 没有为安全应用提供足够的粒度，SSL 只能对整个文档进行加密，因此可能会严重地影响性能。另外，SSL 还局限于传输协议，这意味着如果 Web 服务使用一个不同传输协议时 SSL 就不起作用了。

由于 Web 服务的基本工作过程是通过发送 SOAP 消息到一个由 URI 来鉴别的服务点（由一个 SOAP Server 来接收消息），来请求特定的 Web 服务（操作），接收到消息的响应结果或者错误提示。在传输层之外，当消息数据被接收和中转的时候，数据的完整性以及其他的安全信息就可能泄露或者丢失。这要求 Web 服务的请求者/提供者必须信任那些中间节点对消息的获得和处理（那些中间节点可能需要处理消息，生成新的消息）。因此，仅有传输层和网络层的这些安全机制是远远不能满足 Web 服务端到端的安全和选择性保护等新的安全需求。可将传统安全技术作为 Web 服务的第一层保护，同时采用更高层的安全技术来处理 Web 服务的新的安全问题。

3.3 Web 服务安全技术

3.3.1 Web 服务安全体系结构

针对 Web 服务的安全问题和目标定义,并结合 Web 服务安全规范,从体系结构角度出发,将 Web 服务安全体系结构描述如图 3.6 所示。

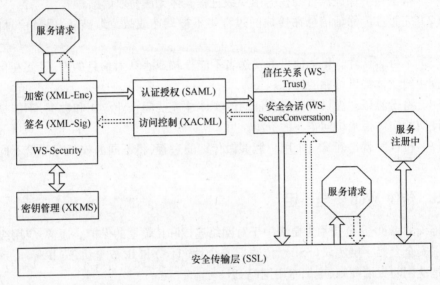

图 3.6 Web 服务安全体系结构图

尽管传统安全技术提供了传输层的安全性,保证点到点 Web 服务安全性,但 Web 服务应用程序是个多跳(Mult-Hop)拓扑,依赖于消息处理中介体转发消息,当传输层之外的中介体接收并转发数据时,数据的完整性和任何随数据流动的安全性信息都可能失去。所以,全面的 Web 服务安全性体系架构必须是一个提供端到端安全性的机制。

首先,如何保护 SOAP 消息的安全性是解决 Web 服务应用层安全性的关键,在保护Web 服务的安全性规范中,WS-Security 规范是主要用于保护 SOAP 消息的。WS-Security规范在 SOAP 中引入现有的 XML 签名和 XML 加密规范,根据这些规范,它定义了一系列的 SOAP 消息头(HeaderBlock)来包含数字签名、加密信息和安全令牌等安全信息,实现认证、消息机密性和完整性。其中密钥管理依赖于 XKMS 和公开密钥基础设施(Public Key Infrastructure,PKI),它们为这些安全措施提供了公钥加密和数字签名服务的系统或平台,使用户可以在多种应用环境下方便地使用加密和数字签名技术。其次,基于 SAML和 XACML 技术实现认证和访问控制;XACML 定义了一种通用的用于保护资源的策略语言和一种访问决策语言,并且与基于角色(或基于属性)的授权机制相结合,提供对资源的细粒度访问控制,为建立 Web 服务的访问控制模型提供了技术支持。但当 XACML 的构件分布在不同地方时,XACML 没有定义这些构件之间的通信协议。SAML 可用于在业务伙伴之间(不同管理域)交换认证、属性和授权信息,为在不同实体之间建立安全通信提供了通信协议。因此,XACML 和 SAML 的结合能为 Web 服务提供一个完整的授权解决方案。最后,虽然 WS-Security 提供了实现 SOAP 消息安全的基本机制,但是其并不提供安全上下文的建立、密钥的交换和派生、信任关系的建立等机制。基于 WS-Trust 和 WS-SecureConversation 规范可建立信任关系、构建安全上下文并派生会话密钥。下面具体介绍每一项安全技术。

3.3.2 XML 加密

2002 年 12 月,W3C 发表了 XML 加密规范(XML Encryption, XML-Enc),尽管已经存在其他加密 XML 文档的方法,但 XML 加密规范提供了多种加密的方法,这些方法提供了细粒度的安全的策略[5]。XML 加密的数据对象可以是一个完整的 XML 文档或一个 XML 文档中的指定元素,也可以是外部引用的任意非 XML 格式数据。加密后的数据被表示为一个 XML 加密元素,这个 XML 加密元素既可以直接含有加密的数据,也可以间接地从外部引用加密的数据。XML 加密规范为加密结构化数据和以标准 XML 格式表示加密结果提供了一种标准的方法。

1. XML 加密的格式和结构

XML 加密的核心元素是 EncryptedData 元素。当加密任意数据时,其加密的结果就是 < EncryptedData > 元素。< EncryptedData > 元素是密封加密数据和解密所需相关信息的最外层元素,其他所有 XML 加密元素都是 < EncryptedData > 元素的子元素。< EncryptedData > 元素的结构如下所示,其中"＊"代表不出现或者出现更多次,"?"代表不出现或者仅出现一次。

```
< EncryptedData Id? Type? MimeType? Encoding?  >
< EncryptionMethod ／ > ?
< ds：KeyInfo >
< EncryptedKey > ?
< AgreementMethod > ?
< ds：KeyName > ?
< ds：RetrievalMethod > ?
< ds：* > ?
</ds：KeyInfo >
< CipherData >
< CipherValue  > ?
< CipherReferenceURI?  > ?
</CipherData >
< EncryptionProperities > ?
</EncryptedData >
```

< EncryptedData > 元素包含 Id、Type、MimeType、Encoding 等可选属性。其中 Id 指名 XML 加密的标识符,Type 指名 XML 加密的类型,MimeType 指明 XML 加密的 MIME(Multipurpose Interner Mail Extensions)类型,Encoding 指明 XML 加密的编码类型(如 BASE 64 编码)。

< EncryptionMethod > 元素是 < EncryptedData > 元素的可选子元素,指明加密所使用的方法。若没有提供该元素,即假设加密解密的双方知道加密算法。

<ds：KeyInfo>元素是<EncryptedData>元素的子元素，该元素提供用于加密和解密数据的对称会话密钥。若没有提供该元素，即假设加密解密的双方知道加密算法。

<EncryptedKey>元素是<ds：KeyInfo>元素的子元素，该元素用于交换对称会话密钥。

<AgreementMethod>元素是<ds：KeyInfo>元素的子元素，该元素用于建立一个应用程序定义的、共享会话密钥的方法。若没有提供该元素，即假设加密解密双方知道以某种方式来处理密钥协议。

<ds：KeyName>元素是<ds：KeyInfo>元素的子元素，可以选择使用该元素来访问具有易懂名字的秘密会话密钥。

<ds：RetrievalMethod>元素是<ds：KeyInfo>元素的子元素，该元素能够提供到另一个含有私有会话密钥的<EncryptedKey>元素的 URI 链接。

<CipherData>元素是<EncryptedData>元素的必要子元素，因为<EncryptedData>元素一定会提供加密的数据。<CipherData>元素包含或引用实际的加密数据。如果包含加密数据，就会使用<CipherValue>子元素；如果引用加密数据，就会使用<CipherReference URI>子元素。<CipherValue>元素封装了实际的加密数据。<CipherReference URI>元素封装了对外部加密数据的引用。

<EncryptionProperties>元素提供了应用程序专用的附加信息，如加密操作的起源、日期和时间等。

2. XML 加密过程

在大多数通用加密方案中，XML 加密组合使用了对称和非对称算法。对称算法用于 XML 数据元素的批量加密，而非对称算法则用于安全地交换对称密钥。XML 加密过程如下：

（1）选择一种加密算法。

（2）获得加密密钥。如果密钥被指定，例如通过名称、URL 或包含于子元素中，则构造<ds：KeyInfo>元素以及相应的子元素；如果密钥本身被加密，则根据加密此密钥的过程递归地构造<EncryptedKey>元素，然后此<EncryptedKey>元素可作为<ds：KeyInfo>的子元素。

（3）加密数据。如果加密类型为加密元素或者加密内容，则首先将其数据转换为 UTF-8 编码方式。然后使用上述的加密算法和加密密钥对数据进行加密。

（4）保存密文。如果密文保存在此 XML 文档的<CipherData>元素中，则将密文进行 BASE64 编码，然后将结果插入<CipherData>元素中。如果密文保存在此 XML 文档的外部，则在<CipherReference>元素中插入密文的引用。

（5）处理<EncryptedData>元素。如果加密类型为元素加密，应该使用生成的 EncryptedData 元素替换该元素。如果为元素内容加密，则将加密元素的子元素替换为<EncryptedData>元素。

3. XML 解密过程

XML 解密是 XML 加密的逆过程，XML 解密过程如下：

（1）读取 XML 文档，在<EncryptedData>元素结构中获得相应的信息，以确定加密所使用的算法、参数和使用到的<ds：KeyInfo>元素。如果解密器事先知道这些信息，可

50

省略此步骤。

（2）根据 < ds：KeyInfo > 元素获得加密密钥信息,如果密钥被加密了,则定位到 < En-cryptedKey > 元素,使用本地密钥库中的私钥解密交换密钥,获得交换密钥的值。

（3）解密 < CipherData > 元素中的数据。如果密文提供在 < CipherValue > 元素中,读取这个值,并将其从 Base64 编码转换为字节类型。如果密文在 < CipherReference > 元素所指的引用中,则根据相应的引用重新取回密文的字节序列,然后进行同样的转换。最后,使用前两步中得到的算法和密钥信息,解密密文。

（4）根据加密的类型处理加密数据,将解密后获得的明文使用 UTF-8 编码方式表示。根据加密的类型,即元素加密和内容加密,将明文替换到相应的位置。

3.3.3 XML 签名

XML 数字签名规范(Digital Signature,XML-SIG)[5]是一种与 XML 语法兼容的数字签名语法描述规范,描述数字签名本身和签名的生成、验证过程,用于保证 XML 文档或消息的不可否认性。当 XML 签名与签名令牌同时出现时,可提供身份认证的能力。当单独使用 XML 签名时,可以保证 XML 文档或消息的数据完整性。采用传统的数字签名同样可以保证整个 XML 文档或消息的不可否认性和数据完整性。但这种情况却不符合 Web 服务的应用环境。因为如果对整个文档或消息进行数字签名,则签名后不能对其修改。而 XML 签名本身就是一个 XML 文档,它具有规范化 XML 文档所具有的一切特性,其优点在于它不但可以应用到整个 XML 文档,而且可以对 XML 文档的某个部分进行签署,同时一个 XML 签名可应用于一个或多个资源的内容。引入 XM 签名后,可在签名后的文档内继续添加签名,同时也能实现对文档内容的可选择签名,根据需要选择不同的元素或元素的属性进行数字签名。XML 数字签名规范定义了 XML 签名语法和签名规则。

1. XML 签名语法

在 XML 签名中,数字签名以 XML 格式来表示,并用根元素 < Signature > 进行标识。下面是 XML 签名的统一格式,其中" ＊"代表不出现或者出现多次,"?"代表不出现或者仅出现一次," ＋"号表示该元素至少出现一次。

```
< Signature ID >
    < SignedInfo >
    < CanonicalizationMethod/ >
    < SignatureMethod / >
  ( < Reference URI?  >
    ( < Transforms > )?
  < DigestMethod >
  < DigestValue >
  </Reference > ) +
  </SignedInfo >
  < SignatureValue )
  ( < KeyInfo > )?
  ( < Object ID?  > )  ＊
  </Signature >
```

<Signature>元素是 XML 签名的最外层元素(根元素),该元素密封了签名数据。当没有签名信息时,<Signature>元素作为签名元素在 XML 文档中可以不出现,在单个文件或上下文环境中存在多个签名的情况下,可以为<Signature>元素添加可选的 ID 属性作为一个标识符,以确保其唯一性。

<SignedInfo>是一个必需的元素,指明签名所用的规范化算法(<Canonicalization-Method/>)、数字签名算法(<SignatureMethod />)以及一个或多个引用元素(<Reference URI? >)。

<CanonicalizationMethod>元素指定用来规范化<SignedInfo>元素的算法。因为数字签名前必须对数据计算其摘要,计算摘要的结果会因原值的微小不同而有巨大变化。因此,在对 XML 文档或部分内容进行数字签名前必须对其进行规范化处理,使其达到一致的格式,保持签名的正确性。

<SignatureMethod>元素指明 XML 签名所用的签名算法。该元素表示摘要算法(如 SHA-1)、加密算法(如 RSA)以及可能存在的填充算法的组合。

<Reference URI>元素通过 URI 属性标示数据对象,并且还携带数据对象的摘要值。此外每个<Reference URI>元素包含计算摘要的算法(<DigestMethod>元素)、计算后的摘要值(<DigestValue>元素)以及计算摘要值之前需要执行的转换(<Transforms>元素)。

<DigestMethod>是一个必需元素,指明数字签名前对象计算摘要的散列方法。

<DigestValue>是一个必需元素,指明摘要的 BASE64 编码值。

<SignatureValue>元素包含了数字签名值,它是<SignedInfo>元素的加密摘要。

<KeyInfo>元素指明用来验证签名的密钥,它是可选的。

<Object ID>元素也是可选的,它可以出现任意次,并且可以包含应用程序希望包含的任何数据。

2. XML 签名及验证步骤

创建 XML 数字签名步骤:

(1) 根据<Transforms URI>元素或应用程序的要求,对数据对象应用转换。

(2) 计算第(1)步结果的摘要值。

(3) 创建一个或多个<Reference URI>元素,其中包括可选的用以标记数据对象的标识符、散列算法以及摘要值。

(4) 创建一个<SignedInfo>元素,其中包括一个 URI <SignatureMethod>元素、一个<CanonicalizationMethod>元素以及一个或多个<Reference URI>元素。

(5) 规范化<SignedInfo>元素的数据,然后根据<SignedInfo>元素指出的签名算法计算出签名值,插入到<SignatureValue>元素中。

(6) 创建一个<Signature>元素,其中包括<Signature>元素、<Object>元素、<KeyInfo>元素以及<SignatureValue>元素,从而完成 XML 签名的核心过程。

验证签名步骤:

(1) 根据在<SignedInfo>中指定的<CanonicalizationMethod>来规范化<SignedInfo>元素。

(2) 为每个引用元素获取引用的数据对象。

（3）根据指定的转换来处理各个数据对象。

（4）根据为引用元素指定的摘要算法来对结果进行摘要,把结果与存储在相应引用元素中的值相比较,如果它们不相同,那么验证失败。

（5）获取必要的密钥信息。密钥信息可以在 < KeyInfo > 中,或者它已经被预置。

（6）使用前面获取的密钥,在规范化的 < SignedInfo > 元素上应用签名方法来确认 < SignatureValue > 。

3.3.4　WS-Security

在保护 Web 服务的安全性规范中,Web 服务安全 WS-Security 规范是主要用于保护 SOAP 消息的。WS-Security 是由 IBM、Microsoft 和 Versign 公司共同提出的,规范本身并没有定义新的安全协议,而是提供了一个可扩展的框架。WS-Security 规范在 SOAP 中引入现有的 XML 签名和 XML 加密规范,根据这些规范,它定义了一系列的 SOAP 消息头来包含数字签名、加密信息和安全令牌等安全信息。这些安全性信息都是作为附加的控制信息以消息的形式传递的,不依赖于任何传输协议。因而 WS-Security 规范具有传输独立性,能保证端到端的安全性。WS-Security 对 SOAP 消息的安全扩展如图 3.7 所示。

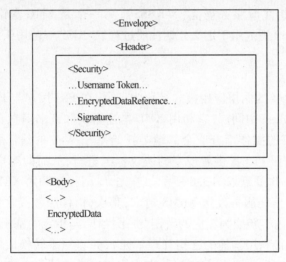

图 3.7　SOAP 消息的安全扩展图

在上面的结构中, < Security > 元素是由 WS-Security 定义的。它除了封装安全令牌外,还提供有关在 SOAP 消息中使用 XML 签名和 XML 加密的信息。一个 SOAP 消息可包含有多个 < Security > 元素,但是针对不同接收方的安全性信息必须出现在不同的 < Security > 元素中。其中,UsernameToken 表示安全令牌信息,EncryptedData Reference 表示加密信息,Signature 表示签名信息,EncryptedData 表示被加密的数据。

具体来说,WS-Security 规范为 Web Service 应用的安全提供了三种机制:发送安全令牌、消息完整性和消息机密性。

（1）发送安全令牌。WS-Security 引入安全令牌（SecurityToken）的概念,安全令牌代表 Web 服务请求者的身份,通过和数字签名技术结合,服务提供者可以确认 SOAP 消息由合法的服务请求者产生。

（2）消息完整性。WS-Security 使用 XML-Signature 对 SOAP 消息进行数字签名,保证 SOAP 消息在经过中间节点时不被篡改。

（3）消息机密性。WS-Security 使用 XML-Encryption 对 SOAP 消息进行加密,保证 SOAP 消息在传递过程中即使被监听,监听者也无法提取出有效信息。

WS-Security 是一个灵活的、极具扩展性的安全规范。上述三种机制既可以单独使用,也可以组合使用,以实现不同强度的安全性。

3.3.5　XML 密钥管理规范

XML 密钥管理规范（XML Key Management Specification, XKMS）[6] 是以 Web 服务的形式实现的,其目标是在应用程序与公共密钥基础设施（PKI）解决方案之间创建一个抽象层,允许应用程序根据需要插入不同的 PKI 解决方案,而不需要对应用程序本身作任何修改。并且,XKMS 提供一种基于 XML 的简单协议,以便通过 XKMS 服务处理密钥信息,使应用程序不必理解复杂的 PKI 语法和语义,将复杂性从客户机应用程序转移到基础设施层,从而实现了 XKMS 对于平台、供应商、传输协议的无关性。

XKMS 定义了如何发布和注册 XML-SIG 规范中所使用的公钥。XKMS 由两个部分组成:一个是 XML 密钥注册服务规范（X-KRSS）;另一个是 XML 密钥信息服务规范（X-KISS）。其中,X-KRSS 规范用于定义公钥注册过程;X-KISS 规范用于定义解开 XML 签名所使用的密钥。

1. XKMS 工作原理

XKMS 将传统 PKI 的两层应用模式转化为三层,在 PKI 用户与 PKI 提供者之间加入信任服务（Trust Service）中间层,它利用 XML 描述密钥和证书信息。客户端通过 XKMS 消息把对密钥和证书的操作部分或全部地委托给基于 Web 的信任服务,而信任服务与 PKI 之间的交互则按照 PKI 提供者规定的协议标准进行,从而向客户端屏蔽了底层 PKI 实现的复杂性。其工作原理如图 3.8 所示。首先,应用程序调用 XKMS 客户端提供的可编程接口,生成并向信任服务发送 XKMS 请求;其次,信任服务接收到请求后,对请求消息进行解析,将请求内容转换为相应的密钥/证书操作,与指定的基于 XML 语法的 PKI 提供者进行交互（或直接利用本地的密钥管理单元）;并将结果转换成应答消息,返还给客户端;最后客户端在接收并解析了应答后,向应用程序提供其请求的密钥或证书信息。

2. XML 密钥信息服务规范（X-KISS）

X-KISS 用于向公钥和证书的使用者提供密钥/证书服务,Web 上的任一实体都可以向信任服务发出 X-KISS 请求,要求获得或者验证其所需的密钥和证书。考虑到不同用户或应用程序对安全级别的要求会有所不同,X-KISS 分别定义了定位服务和证实服务。前者只负责提供密钥和证书,后者还进行密钥和证书的有效性检验。定位服务和证实服务都向客户端应用程序屏蔽了底层 PKI 的复杂性,包括复杂语法、语义的处理（如 X.509 证书的解析）、对目录服务和其他数据库（data repository）的检索、证书吊销列表的检查以及证书链的构造和处理等。

3. XML 密钥注册服务规范（X-KRSS）

X-KRSS 用于向公钥/证书的持有者提供密钥管理服务,主要包括密钥注册（证书申请）、密钥吊销（证书吊销申请）、密钥恢复等服务。经过信任服务认证的 Web 实体可以

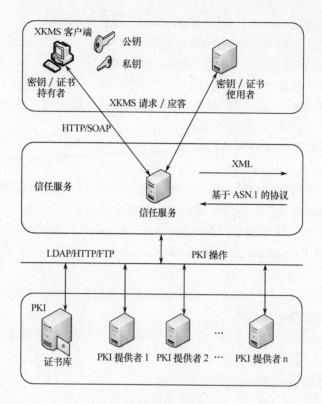

图 3.8　XKMS 工作原理

向信任服务发出 X-KRSS 请求,以获得该项服务。在 X-KRSS 中,信任服务既可以同时以 CA 和 RA 的角色进行客户身份认证、签发/吊销证书、生成/备份/恢复密钥等 PKI 操作,也可以仅作为一个 RA,完成身份认证和证书请求/吊销文件的生成。这将由信任服务的策略及具体实现来决定。

3.3.6　安全声明标记语言

安全声明标记语言(Secure Assertion Markup Language,SAML)是一个基于 XML 的标准和消息协议,用于解决 Web 服务安全体系中的身份认证多次使用的问题。SAML 能为用户提供跨越异种网络和平台的单点登录的认证和授权,允许多个系统共同分享安全问题和身份认证方面的信息,并允许身份认证的信息可在多个服务中传递,免除了多次认证的麻烦,进而提高了安全化网络服务的性能。SAML 并不定义任何新的认证和授权机制或方法,只定义用于不同域的服务间安全信息传输的文档结构,与服务平台、消息机制和传输协议无关,与安全系统的体系结构和实现相独立,任何安全服务引擎都可以实现 SAML,从而促进异构安全系统间的互操作。

1. SAML 规范的组成

SAML 规范主要包括声明、请求/响应协议、绑定和配置文件四部分。

1)声明(Assertions)

声明是 SAML 的基本数据对象。它是对主体的身份、属性、权限信息的 XML 描述。SAML 规范中定义了认证声明(Authentication Assertion)、属性声明(Attribute　Assertion)

和授权决议声明(Authorization Decision Assertion)三种类型的声明。

(1)认证声明。声明在某一时间,认证系统通过某种认证方式完成了对主体的认证这一事实,它被其他信任域参考,用于对主体进行识别。

(2)属性声明。描述了与主体相关的属性信息。

(3)授权决议声明。描述授权服务对某一已认证的主体访问关键资源的权限进行检查的结果。

所有声明都由以下四部分组成:

(1)基本信息(Basic information)。与声明构造相关的信息,SAML规范的版本号,声明的唯一标识,声明发行者的唯一标识,声明的发行时间及声明的有效期。

(2)主张(Claims)。一个或多个由声明发行者生成的陈述(Statement)。包括主题陈述(Subject Statement)、认证陈述(Authentication Statement)、属性陈述(Attribute Statement)、授权决议陈述(Authorization Decision Statement)。一个声明标记中可以包含多个陈述。

(3)条件(Conditions)。声明的状态可能受某些条件的限制,如声明的有效性可能依赖于来自某种确认服务的信息。

(4)建议(Advice)。声明中可以包含一些额外的,由发行者提供的用于认证或授权的辅助信息。

2)请求/响应协议(Request/Response)

请求/响应协议定义了请求、应答的消息格式。

3)绑定(Bindings)

绑定描述了传输时SAML声明及请求/响应消息如何与具体协议绑定。例如,SAML SOAP绑定说明了SAML请求和响应消息被转换为SOAP消息,SAML协议在SOAP消息中的位置如图3.9所示。

4)配置文件(Profiles)

关于如何向SOAP这样的底层通信传输协议中插入SAML声明,SAML规范定义了一组称为配置文件的规则,描述了实现应该如何在底层协议消息中嵌入、提取和集成声明。

图3.9 SAML协议在SOAP消息中的位置

SAML声明是由专门的SAML机构(SAML Authority)生成和发布的。图3.10描述的是SAML机构生成和发布声明的过程[14],首先身份认证权威鉴别用户身份,并发出认证声明;其次属性授权对用户的相关属性进行声明、确认;然后策略决策点对用户的权限进行判断,并发出授权声明;最后策略执行点接收用户请求,将通过身份认证的用户信息发送到策略执行点,并接收来自策略决策点的授权决策信息,进行访问控制的实施。

2. SAML的应用

SAML作为一种基于XML的安全信息共享机制,可以满足多种安全服务的需求,目前SAML的典型应用主要有以下三类:

1)单点登录

用户在源站点通过认证后,不必经过目的站点的认证就可以访问目的站点上的受保

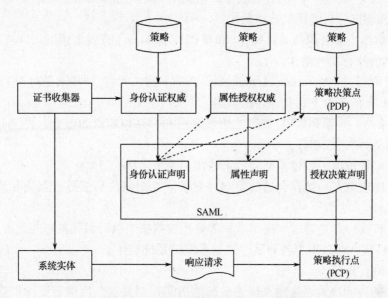

图 3.10 SAML 声明的生成与发布过程

护资源。此处,源站点担当用户凭证收集、认证管理和属性管理的角色,而目的站点相当于策略决策点和策略执行点。

2) 授权服务

用户发出访问资源的请求,资源的安全控制器根据策略决策点的授权决议来决定接受或者拒绝用户的访问请求,其中安全控制器起到了策略执行点的作用。在这个过程中,策略决策点向策略执行点提供了授权服务。

3) B2B 交易

用于企业间基于文档流(XML 文档)的电子商务交易,要求交易双方首先向其所属的安全域(或同一个第三方安全服务提供者)进行认证,认证成功后,双方从安全系统获取证明用户身份的 SAML 声明。交易过程中,双方需要根据一定的商务协议,交换各种文档和数据,SAML 声明可以与这些文档或数据绑定在一起,用于保证交易的安全性和交易参与者的合法性。

3.3.7 可扩展访问控制标记语言

可扩展访问控制标记语言(eXtensible Access Control Markup Language,XACML)是由 OASIS 提出的一种通用的访问控制策略语言。定义了一种表示授权规则和策略的标准格式和一种评估规则和策略以做出授权决策的标准方法,同时实现了粗粒度和细粒度的访问控制机制。

1. 基本概念与术语

Subject(主体):访问控制动作的发起者。

Resource(资源/客体):数据、服务或者其他系统组成部分。

Environment(环境):一系列和授权判决相关的又和特定的属性、资源以及动作无关的属性集合。

Obligation(职责/约束):在策略或者策略集中指定的应该由 PEP(定义见下文)联合授权判决的部署部分来共同执行的操作。

Action(动作):对资源的某种操作,和操作(Operation)的概念相近。同样 Access(访问)可以定义为执行某种动作。

Rule(规则):一个 <Target, Action, Condition> 的三元组,即规则是对于 Target 的 Action 在 Condition 的条件下是允许还是拒绝。

Policy(策略):一系列规则、规则的结合算法和一系列职责的组合。而 Policy 是 Policy Set(策略集)的组成部分。

PAP(策略管理点):创建策略或者策略集的系统实体。

PDP(策略决策点):选择合适的策略并对访问控制判决请求进行判决和回复的系统实体。

PEP(策略执行点):通过判决请求和部署授权判决来执行访问控制的系统实体。

PIP(策略信息点):作为各种属性值的来源的系统实体。

2. 策略语言模型

XACML 的访问决策语言用来描述系统的访问控制要求。当确定了保护资源的策略之后,函数会将请求中的属性与包含在策略规则中的属性进行比较,最终生成一个许可或拒绝的决策。XACML 定义了策略语言和访问决策语言,XACML 策略语言模型如图 3.11所示,主要包括三个高层的策略元素:策略集(PolicySet)、策略(Policy)和规则(Rule)。

策略集:一个策略集包含多个单一的策略,每个策略再包含多个规则。

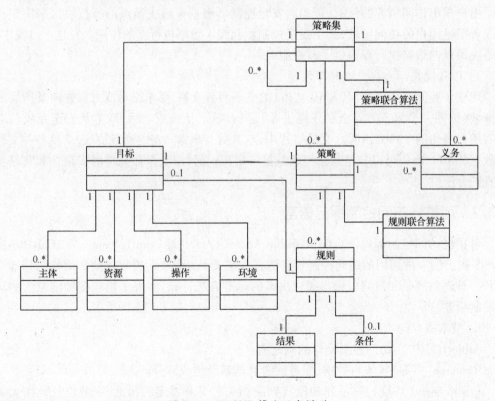

图 3.11　XACML 策略语言模型

规则:一个策略可以与多条规则相关联。每条规则由条件(Condition)、结果(Effect)和目标(Target)组成。

条件代表用户访问时各种属性需要满足的一种布尔表达式,评估结果为 True 或者 False。属性是指主体、资源、环境或操作的特征,它是 XACML 规则使用的最基本的数据单位。规则的最终结果取决于条件的评估。

策略:包括一组规则、一个规则联合算法、一个目标和一组义务。

1)规则联合算法

一个策略可以包含多条规则。不同的规则有可能得到冲突的结果。规则联合算法负责解决这种冲突,每个策略只能使用一种规则联合算法。规则联合算法结合策略中所有规则的结果得到最终的授权决策。XACML 定义了下面的规则联合算法:

(1) Deny-overrides(拒绝覆盖)。只要有一条规则的评估为 Deny,那么最终授权决策也是 Deny。

(2) Ordered-deny-overrides(有序拒绝覆盖)。与拒绝覆盖相同,只不过评估相关规则的顺序与将规则添加到策略中的顺序相同。

(3) Permit-overrides(允许覆盖)。只要有一条规则计算的评估为 Permit,则最终授权决策也是 Permit。

(4) Ordered-permit-overrides(允许按顺序覆盖)。与允许覆盖相同,只不过评估相关规则的顺序与规则添加到策略中的顺序相同。

(5) First-applicable(最先应用)。遇到的第一条相关规则的评估结果作为最终授权决策的评估结果。

2)目标

每个策略只有一个目标。将目标中(主体、资源、操作、环境)四类属性及其属性值与请求中具有相同属性的值进行比较,如果匹配,认为该策略是相关的,将该请求关联到相应的 Policy、PolicySet、Rule 上,并对其进行评估。

3)义务

XACML 的目标之一是提供更高层次的访问控制,而不仅仅是允许和拒绝的决策结果,义务是实现这种控制的机制。义务是必须与授权决策的实施一起执行的操作。

3. XACML 数据流模型

为了规范访问控制系统的构建,XACML 把一个访问控制系统中的各种功能实体进行了模块化的划分,来适应各个访问控制系统的功能需求。XACML 数据流程模型如图 3.12 所示。

由用户发送的一个服务请求,经过 PEP、PDP 等组件,完成一个完整的授权过程,一般要经过以下步骤:

(1) PAP 定义的策略和策略集合存储在 PDP 可以检索到的地方,这些策略和策略集合都由各自的目标标识。

(2)用户向保护资源的 PEP 发送一个服务请求。

(3) PEP 收到用户的服务请求,根据其内容构造一个本地请求,包括请求主体、所请求资源、所进行的操作以及当时的执行环境的属性等,发送给 PDP 的 Context Handler。

(4) ContextHandler 根据收到的 PEP 的请求,重新构造 XACML 请求。

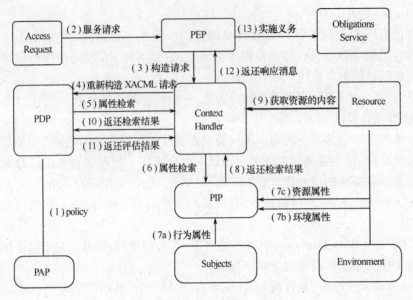

图 3.12　XACML 数据流模型

（5）PDP 要求 ContextHandler 对 XACML 请求评估过程中需要的其他主体、资源、行为和环境的属性进行检索。

（6）ContextHandler 从 PIP 处检索所需要的属性信息。

（7）PIP 获取 ContextHandler 所需要的属性信息。

（8）PIP 把所得到的属性返回给 ContextHandler。

（9）ContextHandler 获取资源的内容（此操作为可选项目）。

（10）ContextHandler 把 PDP 所要求的属性以及（可选的）资源发送给 PDP。

（11）PDP 把评估 XACML 请求后的响应内容返回给 ContextHandler。

（12）ContextHandler 把收到的 PDP 的响应转换成 PEP 能够理解的响应格式，并把转换后的响应消息发送给 PEP。

（13）PEP 根据收到的响应内容（可能包含 Obligations，即 PDP 的授权策略要求 PEP 在执行该策略授权的同时，需要执行 PDP 所规定的一组指令），实施义务。

如果访问允许，PEP 允许访问受保护的资源，否则访问将被拒绝。

4. XACML 上下文模型

XACML 上下文模型如图 3.13 所示，XACML 的 PDP 是通过 XACML 的请求上下文和 XACML 策略来达成访问控制判决的，并把判决结果封装到 XACML 回复上下文中去。其中 XACML 策略（Xacml Policy. xml）、访问判决请求上下文（Xacml Context/Request. xml）和访问判决结果上下文（Xacml Context/ Response. xml）都是符合 XACML 规范的，是 XAC-ML 授权模型的各个组件所能够理解的。在实现过程中，对于输入，必须由 ContextHandler 模块把它们从外部域的表现形式（如 SAML,J2SE,CORBA 等）转换成 XACML 策略所能够理解的格式；同样对于输出，必须由 ContextHandler 把它们转换成外部能够理解的格式。因此，由于 ContextHandler 的转换功能，不需要对 PEP 和 PDP 作很大的改动，就能够把各

60

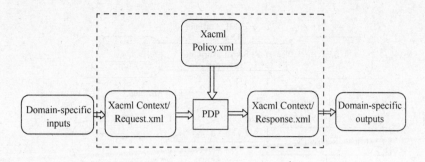

图 3.13　XACML 上下文模型

种 PEP 与 XACML PDP 集成在一起,因此 XACML 体系能够适应多种应用需求。

尽管 XACML 提供了一个标准化的访问控制决策模型,但它没有定义这些构件之间的通信协议和机制,这就需要 SAML 来定义声明、协议和传输机制了。SAML 标准提供了允许第三方实体请求验证和授权信息的接口。内部如何处理这些授权请求则由 XACML 标准解决。因此,XACML 和 SAML 的结合能为 Web 服务提供一个完整的授权解决方案。

5. 与 SAML 的结合[8]

为了更好地将 XACML 与 SAML 结合起来,允许 PEP 利用 SAML 请求和响应语法来完全支持 XACML 请求上下文和响应上下文语法。OASIS 专门发布了 XACML 中使用 SAML 的文档规范[8]。规范定义了多个 SAML 扩展,并且规定了 XACML 中各构件之间的通信格式和机制。结合 SAML 的 XACML 访问控制体系结构如图 3.14 所示,其控制过程描述如下:

(1) 服务请求者请求访问特定资源,PEP 将资源访问请求以 SAML 授权决策查询(XADQ)的方式发送给 XACML 策略决策点(PDP);

(2) PEP 可以使用属性查询从在线属性权威(Attribute Authority,AA)中获取属性;

(3) 作为响应,AA 将以 SAML 响应方式返回 Attribute Statement;

(4) PEP 可以从属性仓库(Attribute Repository,AP)中获得属性;

(5) AA 中属性以 SAML 属性声明(Attribute Statement)的形式存储到 AP 中;

(6) PDP 可以从 AP 中获取属性;

(7) PDP 可以使用 Attribute Query 从 AA 中获取属性;

(8) AA 以 SAML 响应方式返回 Attribute Statement;

(9) PDP 可以从 PAP 中搜索到相应策略;

(10) PAP 返回需要的策略声明(Policy Statement);

(11) PDP 也可以从策略仓库(Policy Repository)中搜索获得所需策略;

(12) PAP 将策略集存储到策略仓库;

(13) 当得到相关的策略和属性后,PDP 可以利用授权决策断言(XADS)来响应 PEP。

3.3.8　WS-Security 后续规范

为了加强 Web 服务的安全性,IBM 和 Microsoft 公司于 2002 年 4 月发布了 Security in a Web Services World:A Proposed Architecture and Roadmap 的发展规划,描述了 Web 服务环境的安全发展策略。根据这个发展规划,目前基于 WS-Security 已经建立了一系列的

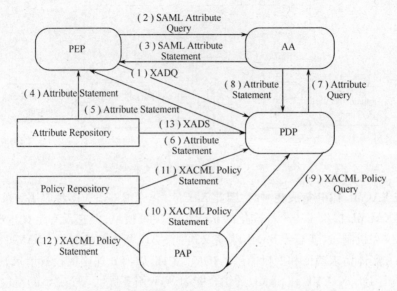

图 3.14　结合 SAML 的 XACML 访问控制体系结构

Web 服务安全规范,如图 3.15 所示,包括 WS-Policy、WS-Trust、WS-Privacy、WS-SecureConversation、WS-Federation 和 WS-Authorizafion 等。

1. WS-Policy

WS-Policy 提供了描述和传播 Web 服务策略的通用模型和语法。WS-Policy 将策略定义为一组策略替换选项,其中每个策略替换选项又是一组策略断言。某些策略断言指定了一些传统的要求和功能,这些要求和功能最终将出现在网络中(如身份验证方案、传输协议选择)。另一些策略断言并不直接表现在网络中,但却对正确地选择和使用服务至关重要(如隐私策略、QoS 特性)。WS-Policy 的目标是提供使 Web 服务应用程序能够指定策略信息所需的机制。

2. WS-Trust

WS-Trust 在 WS-Security 的基础上提供了安全令牌的请求和处理以及信任关系的管理,描述了 Web 服务的信任模型和处理流程、安全令牌颁发、验证和交换的消息语法、信任关系的评估方法。通过 WS-Trust,应用系统可以参与 Web 服务框架包括 WSDL 服务描述、UDDI BusinessServices 和 BindingTemplates,以及 SOAP 消息等的安全通信。在 WS-Trust 的信任模型中,安全令牌的颁发、验证和交换由安全令牌服务提供。一个服务请求者发送请求,如果策略允许而且满足接收者的需求,那么请求者就得到安全令牌响应。

WS-Trust 定义了 < RequestSecurityToken > 和 < RequestSecurity TokenResponse > 元素来描述这一对请求和响应。在 < RequestSecurityToken > 的基础上,定义了描述安全令牌的范围需求,密钥和加密需求,授权、转发和代理需求,生命期和更新需求以及策略传送的扩展。WS-Trust 还定义了 < SignChallenge > 和 < SignChallenge Response > 来表示对安全令牌的质询和质询响应。

3. WS-Privacy

WS-Privacy 描述 Web 服务提供者和请求者如何声明主体隐私权首选项和组织隐私权实践声明的模型。通过使用 WS-Policy、WS-Trust 和 WS-Privacy 的组合,商业机构可以

62

声明并指出遵守声明的隐私权策略。此规范描述一个关于如何把隐私权语言嵌入到 WS-Policy 的描述，以及如何使用 WS-Security 把隐私权声明与消息关联起来的模型，它还描述如何使用 WS-Trust 机制，同时为用户首选项和组织实践声明评价这些隐私权声明。

4. WS-SecureConversationt

WS-SecureConversation 在 WS-Security 的基础上提供了安全会话上下文的建立和共享以及派生会话密钥的机制。

WS-Security 提供了基本的消息验证机制，但是只适用于简单和单向的消息，当通信方需要多次交换消息时，就需要建立安全上下文。这个安全上下文在整个会话的过程中由通信各方共享。WS-SecureConversation 定义了用于表示安全上下文的 < SecurityContextToken > 元素以及建立安全上下文的三种方式，包括由安全令牌服务建立，由通信的一方建立并通过消息传播，通过协商建立。

一旦安全上下文建立起来后，通信各方就共享一个秘密(Secret)。这个秘密可以用来签名或者加密，但是 WS-SecureConversation 推荐使用由秘密派生出来的密钥来签名和加密会话中的消息。同一个共享秘密可以派生出多个共享密钥。WS-SecureConversation 定义了 < DerivedKeyToken > 元素作为使用共享秘密派生密钥的机制，以指定消息中使用何种派生算法产生的哪个派生密钥作为共享密钥。

5. WS-Federation

WS-Federation 定义了一种联合不同信任域间的身份、身份验证和授权的集成模型。它旨在把企业在不同身份验证和授权系统中共享用户和机器身份信息的方式标准化。该规范描述了如何将联合模型应用于活动请求方。规范的主要目标是定义对那些应用于活动请求方的身份、身份验证和授权信息进行联合的机制。WS-Federation 中描述的联合模型构建于 WS-Security 和 WS-Trust 建立的基础之上。因此，此模型定义了在活动请求方上下文内请求、交换及颁发安全性令牌的机制。

6. WS-Authorization

WS-Authorization 描述如何管理授权数据和授权策略，如何在安全性令牌内指定声明，以及这些声明在端点处将如何被解释。此规范在授权格式和授权语言上是灵活且可扩展的。由于这个 Web 服务安全性模型与现今普遍使用的用于认证、数据完整性和数据机密性的现有安全性模型兼容，所以它可以把基于 Web 服务的解决方案与现有的其他安全性模型集成起来。

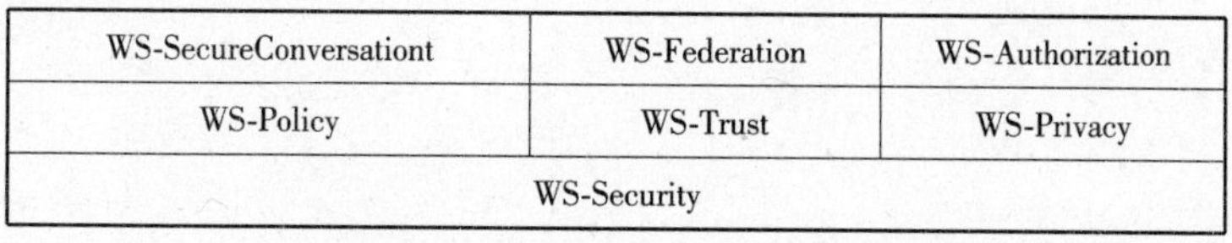

WS-SecureConversationt	WS-Federation	WS-Authorization
WS-Policy	WS-Trust	WS-Privacy
WS-Security		

图 3.15　基于 WS-Security 的系列规范

3.4　小结

尽管 Web 服务提出了面向服务的分布式计算模式，使得企业与企业在现有的各自异构平台的基础上，实现了无缝的集成，然而，其安全问题严重限制了其发展。针对 Web 服务安全性问题,国内外很多标准化组织、公司和社会团体都在进行了大量的研究,并制定了一系列的安全规范和标准用于确保 Web 服务安全性,这一系列的规范以 XML 签名、XML 加密、SAML、XACML、XKMS 等 XML 安全技术为基础结合起来,解决了 Web 服务大部分的安全问题。当然,这些规范只是提供了安全模型的框架,在很多实现的细节上都需要继续深入研究。而 Web 服务的审计和入侵检测、对其他的恶意攻击如拒绝服务攻击、缓冲区溢出、字典攻击等的防护等也是需要解决的问题。

参 考 文 献

[1] 柴晓路,梁宇奇. Web Services 技术、架构和应用[M]. 北京:电子工业出版社,2003.

[2] Barry D K. Service – Oriented Architecture and Web Services[J]. Computers, 2002:245.

[3] 叶开珍. XML 在关系数据库中存储技术研究[D]. 广州:中山大学,2007:8 – 16.

[4] 石勇. Web 服务安全问题及其对策研究[D]. 北京:北京师范大学,2008:9 – 13.

[5] Mactaggart M. XML 加密和 XML 签名简介[J]. DeveloperWorks, 2001,9.

[6] Park N, Moon K. A Study on the XKMS – based Key Management System for Secure Global XML Web Services [C]. Network Operations and Management Symposium, 2004:492 – 495.

[7] 陈丽娜,韩进,谢俊元. 基于信任管理的 SAML 授权模型. 计算机工程与设计,2008,29(24):6275 – 6276.

[8] 史毓达,沈海波. 基于 XACML 的 Web 服务访问控制模型[J]. 计算机应用研究,2007,24(6).

[9] Anderson A, Lock hart H. SAML2.0 profile of XACL, Committeeclraft olc [EB/OL]. (2004 – 09), http://docs. oasis – open. org/xacml/access control xacml – 2. 0 – saml profile – spec – cd – 01. pdf.

第 4 章　数据库加密技术

数据库在操作系统下都是以文件形式进行管理的,入侵者可以直接利用操作系统的漏洞窃取数据库文件,或者篡改数据库文件内容。另一方面,数据库管理员(DBA)可以任意访问所有数据,可能超出其职责范围,同样造成安全隐患。因此,数据库的保密问题不仅包括在传输过程中采用加密保护和控制非法访问,还包括对存储的敏感数据进行加密保护,使得即使数据不幸泄露或者丢失,也不会造成泄密。数据库加密是对敏感数据进行安全保护的有效手段,数据库的加密处理对保护数据的安全性具有非常重要的意义。本章主要详细介绍目前主流的部分数据库加密技术,以及如何对加密后的数据进行查询与管理。

4.1　概述

对数据库加密技术的研究开始于 20 世纪 80 年代,但由于系统可用性等方面的限制,除了安全性要求很高且能容忍较低运行效率的应用场合,一般少有实际运行的密文数据库系统。2002 年,美国加州大学 Irvine 分校的 HACIGUMUS. H 的论文 *Providing Database as a Service*[1] 首次提出了"作为服务的数据库"(Database As a Service,DAS)的概念,亦即外包数据库(Outsourced Database,ODB)。在外包数据库系统中,数据拥有者将数据库的存储与发布交由非完全可信的第三方服务器完成。这种应用模式直接推动了对加密数据库的迫切需求。

4.1.1　需求描述

数据库加密系统实现的主要功能是,对存储在数据库中的数据进行不同级别的存储加密。这样可以有效保护存储在数据库中的重要数据,即使某一用户非法入侵到系统中或盗得了数据库文件,没有解密密钥,也不能得到所需数据。

加密技术,就是对信息进行重新编码,从而达到隐藏信息内容,使非法用户无法获取信息真实内容的目的。在密码学中,原始数据信息称为明文,它是可以读懂的文本,明文经过加密变换后的数据称为密文,它是一种不可懂的隐蔽信息。完成变换的过程称为加密,其逆过程就是由密文恢复出明文的过程称作解密。对明文进行加密时所采用的映射函数或者变换规则称作加密算法,对密文进行解密时所采用的映射函数或变换规则称作解密算法。加密解密操作通常是在密钥的控制下进行的。完成加密和解密的算法称为密码体制,包含对称加密与非对称加密两大类。

一个加密系统应满足下列要求:

(1)访问控制。在开放的系统中,对一个主体访问一个客体功能、服务和能力的限制。

（2）自主访问控制。一种基于对主体或客体所属主体组的识别来限制对客体的访问，自主是指具有授予某种访问权限的主体能够自主的（直接或间接地）将访问权或访问权的某个子集授予给其他的主体。

（3）强制访问控制。一种基于客体所包含信息的敏感度和主体对该敏感度的客体是否有正式的访问授权来限制对客体的访问的机制。

（4）敏感数据。就是不应公开的数据。要确定哪些数据是敏感数据，取决于具体的数据库和数据的含义。

（5）多级安全。是军事安全模型的一种数学描述，它用计算机可实现的方式定义。多级安全模型有两个重要性质：简单安全特性和一般特性。它是美国国防部（DOD）在20世纪60年代提出的，它的基本思想是：对于每一个主体（用户）和每一个客体（基表）都分配一个访问类。访问类是由一个密级（Classification）和一个许可级（Clearance）组成。主体对客体是否有访问权限由主体和客体的访问类的比较关系决定。

（6）多级安全的粒度，是指一个多级安全所控制的最小单位。它的含义与并发控制的粒度相似。多级安全的粒度通常可以分为表级、行级、列级、字段值级。其中表级最大，字段值级最小。

（7）加密粒度，采用同一密钥和加密算法进行加密的数据粒度。

一般说来，一个好的数据库加密系统应该满足以下几方面的要求[2]：①加密机制在理论上和计算上都具有足够的安全性；②加解密速度（尤其是解密速度）足够快，对系统运行性能的影响尽量小；③加密后的数据库存储量没有明显的增加；④加密后的数据应该满足数据库管理系统（DBMS）定义的数据完整性约束；⑤加解密对数据库合法用户的操作是透明的；⑥合理的密钥管理机制，密钥存储安全，使用方便、可靠；⑦较强的抗攻击能力，解密时能识别对密文数据的非法篡改。

4.1.2　国内外研究现状

20世纪80年代初，在美国开始了加密数据库的研究。学术方面，IBM公司的C. Wood、E. B. Ferrandea和R. C. surnmers在IBM Systems Journal 1980提出的 *Database security：Requirement，policies，and Models*，以及I. George、L. Davida、B. K. John在1981年的ACM Transaction on Database System上发表的 *A database encryption system with subkey*，被普遍认为代表着加密数据库研究的开始。此外，D. E. Denning在1982年发表了著名的 *Cryptography and Data Security* 一文之后，紧接着在1983年提出了对加密数据库的一些见解。

这些研究，被逐渐地体现到一些关系数据库产品中。近几年来，很多大型关系数据库系统主要都是通过不同程度地修改DBMS核心来达到数据库安全的效果。例如，Oracle从8i版本开始，提供一个PL/SQL包DBMS_OBFUSCATION_TOOLKIT，专门用来对数据库中数据进行加密。Oracle的数据库加密方案主要有以下特点：①用DES、3DES、MD5等加密算法；②用基于字段的加密方式；③密钥管理不是很方便，需要应用程序提供解密的密钥。这使得应用程序开发人员必须自己解决密钥存储和密钥提取的问题。

另外，IBM公司针对其自身数据库产品，也在做加强数据库安全和加密的工作。例如,IBM 的 T. J. Waston Research Center 就有这方面的研究。值得注意的是,IBM 的思路与 Oracle 不大相同。一方面,IBM 想从更加底层来着手解决数据库加密问题。IBM 提出了一些全新的概念,例如与 DBMS 紧密结合的安全字典的概念。另外一方面,在限制 DBA 权利的问题上,IBM 的态度显得更加坚决。实践方面 IBM DB2 从 7.2 版本开始提供一些加密解密函数,可以直接在 SQL 语句中使用。DB2 的数据库加密功能有以下特点:①采用 128 位的 RC2 加密算法和 MD2 散列算法来实现对数据的加密;②可以让一列中的所有数据采用同一个密钥,也可以为一列中的不同数据项采用不同的密钥;③对数据项加密的密钥实际上就是个口令,而口令的长度有限,这使得安全性比较脆弱;④密钥(口令)的管理,都必须由应用程序来完成,DB2 本身不提供任何管理机制。

从总体上来说,各个数据库厂商一般都或多或少地提供了数据库加密的解决方案,部分解决了对敏感数据加密的问题。然而,由于各方面的限制,各数据库厂商提供的解决方法都不能够很好地达到多用户共享密钥和加密数据的效果。各种主流数据库,除了提出自身的数据库加密解决方案之外,还积极地与第三方软件紧密结合,试图通过各种外围的方法,来解决数据库加密的问题。可以预见,在今后的几年中,除了各种数据库自身的数据库加密解决方案之外,会出现各种解决数据库加密问题的外围产品。

由于国内的计算机和网络核心器件,操作系统和数据库管理系统等基础系统软件总体上要比国外落后,很多公司、企业,甚至国家部门使用的网络软硬件、防火墙软硬件、入侵检测系统、操作系统甚至包括数据库产品在内都严重依赖国外。国外在其出口的产品中是否留有后门不得而知。因此,国内对数据库加密的需求非常迫切,通过加密,可以从根本上、自主地保证数据的安全性。从这点来说,数据库的加密技术是我们在信息安全领域应该抓住的契机。从加密层次上考虑,采取修改 DBMS 内核的方式来达到数据库加密的效果,对我们来说是不现实的,修改 DBMS 内核的工作量不可低估,更为困难的是,这种方式必然要 DBMS 开发商的全力支持,这一点几乎是不可能的。事实上,修改 DBMS 内核并不是实现数据库加密的唯一方法,通过 DBMS 外围构造加密程序包的方法,同样可以达到数据库加密的效果,国内有关机构也是从这方面进行研究的。从理论研究上来看,在我国高校,清华大学和华中理工大学在加密数据库的研究方面起步比较早。从 20 世纪 90 年代中期开始,这两所高校对加密数据库进行了一定的探讨。例如,清华大学在 1995 年提出密钥转换表的密钥管理方案和多级密钥的思想;而华中理工大学对如何在加密数据库环境下提高查询速度进行了一些理论探讨,还对分布式环境下数据库加密的密钥管理提出一些见解;还有人提出将网络的密文传输通信与数据库静态加密结合起来,组成"网络密文数据库"。

从实践上来看,华中理工大学提出的数据库加密系统,能够初步达到对数据库加密的效果,可以由用户选择加密的表和字段,做到加密对应用程序透明。但是,其中也存在着一些问题。例如,采用多级密钥管理模式,加密机制过于复杂。整个加密机制需要硬件支持,使得系统的易用性受到影响。但是,他们的探索是非常有意义的,并且取得了一些令人鼓舞的结果。

产品方面,有武汉华工达梦数据库有限公司的 DM4。DM4 的安全级别达到 B1 级,部分达到 B2 级。DM4 的安全管理就是为保护存储在 DM4 数据库中的各类敏感数据的机密性、完整性和可用性提供必要的技术手段,防止对这些数据的非授权泄露、修改和破坏,并保证被授权用户能按其授权范围访问所需要的数据。DM4 的安全功能包括基于角色的访问控制、自主存取控制、强制存取控制和审计等。但是,DM4 并不提供存储数据的加密。其它安全数据库产品还包括:

(1)东软集团股份有限公司的 Openbase Secure 1.0。东软集团股份有限公司中间件技术分公司凭借着多年积累的数据库系统的开发经验,在大型数据库管理系统 Open-BASE 的基础上,依据中华人民共和国国家标准(GB17859—1999)《计算机信息系统安全保护等级划分准则》,同时参照 TCSEC 和 TDI 对 Bl 级的要求进行设计,自主研究开发了符合安全标记保护级的 OpenBASE Secure 1.0。在 OpenBASE Secure 中可以根据不同用户的需要以及数据库中数据的敏感度,提供加密接口,集成数据库存储和传输加密算法,从而保证数据存储和传输的安全,进一步提高了数据的安全性。

(2)人民大学、北京大学、中国软件与技术服务股份有限公司和华中理工大学合作研发的可信 COBASE v2.0。可信 COBAS v2.0 依据 TCSEC 和 TDI 对 B1 级的要求进行系统设计,基本上实现了达到 B1 级安全要求的功能。它支持多种安全实现机制和用户认证机制,保证数据安全,在 DBMS 一级提供数据库用户的创建和鉴别,但可信 COBASE 不支持存储数据加密功能。

(3)北京神舟航天软件技术有限公司的神舟 OSCAR。神舟 OSCAR 实现了可靠的用户身份认证,支持自主存取控制和安全的网络连接,并提供对 DBA、普通用户、数据对象和特定数据操作的各种安全审计。神舟 OSCAR 还对数据的存放和传输提供了多种加密机制以满足不同应用的要求。

从总体上来看,国内在数据库加密方面起步较晚,但已取得一些进展,数据库加密作为信息安全方面的一个重要方面,加速对数据库加密的研究势在必行。

4.2 与加密相关的技术

除了利用密码算法对数据加解密,实现数据库加密还需要用到密钥管理、查询认证、完整性检查等其他多种相关技术。

4.2.1 密钥管理

对数据库进行加密,一般对不同的加密单元采用不同的密钥。以加密粒度为记录属性值为例,如果不同记录属性值采用同一个密钥,由于同一属性中数据项的取值在一定范围之内,且往往呈现一定的概率分布,攻击者可以不用求原文,而直接通过统计方法,就可以得到有关的原文信息,易受统计攻击。

大量的密钥自然带来密钥管理的问题。良好的密钥管理机制既可以保证数据库信息的安全性,又可以进行快速的密钥交换,以便进行数据解密。对数据库密钥的管理一般有集中密钥管理和多级密钥管理两种体制[2]。

集中密钥管理机制把数据项对应的密钥集中存储于数据库的密钥字典中,需要执行加密解密操作时,通过访问密钥字典获得密钥。这种方法简单易行,但密钥存储量过于庞大,占用较多的磁盘空间,数据库操作时频繁地访问密钥字典,也降低了系统运行效率和安全性。

目前在数据库加密中应用比较多的是多级密钥管理体制。以加密粒度为记录属性值的三级密钥管理体制为例,整个系统的密钥由一个主密钥、每个表上的表密钥以及各个记录属性值密钥组成。表密钥被主密钥加密后以密文形式保存在数据字典中,记录属性值密钥由主密钥及记录属性值所在行、列通过某种函数自动生成,一般不需要保存。这样大大减少了密钥信息的存储量,访问效率也比集中密钥机制有了很大提高。

在多级密钥体制中,主密钥是加密子系统的关键。由于数据库数据的子密钥依赖主密钥产生,一般是不变的,难以做到"一次一密",因此数据库系统的安全性在很大程度上依赖于主密钥的安全性,同时,合理高效的密钥更新机制也是提高系统安全性的保障。

人们已经研究了多种 DAS 应用中具体的密钥管理方案,这里主要简介 H. Hacigumus 给出的方案[3]。数据所有人首先确定密钥分配粒度是库级、表级还是行级。如果选择库级,就会生成用于整个库的一个密钥。如果选择表级,库中的表根据某种标准分成不同的组,为每个组生成一个密钥。如果选择行级,就在表内对记录分组,每个记录组用一个密钥加密。需要注意的是,这里的密钥分配粒度与加密粒度是不同的。例如,可能把单个密钥用于整个库,但加密也可以是按行级实施的。密钥生成过程本身还分为两类:预先估算法和重新计算法。在预先估算法中,所有密钥事先生成,并存在系统的密钥库中。在重新计算法中,保存的不是密钥而是密钥生成信息,例如供随机密钥生成函数使用的种子。DAS 中,密钥生成可在客户端或第三方可信服务器上进行。密钥库是一个数据结构(表),存有关于密钥的信息,如密钥的 ID、适用对象、密钥模式(预先估算还是重新计算)、内容(实际的密钥或用来计算密钥的种子)。除了密钥生成,还有一个重要问题是密钥更新。H. Hacigumus 在文献[4]中单独讨论了与密钥更新有关的效率问题。

4.2.2 认证与完整性

服务器并非总是可信的,所以在应用时必须考虑数据的认证与完整性。

基本信任模型分为三类。

(1)完全信任。客户端完全相信服务器能够实现所请求的功能,完全信任其安全性。在这种情况下根本不需要加密,数据管理问题就与标准 DBMS 系统非常相似。

(2)部分信任。虽然相信服务器能够正确实现功能,但在下列两种情况下敌手可能访问到敏感信息:①服务器端的某些实体(例如管理员)具有对数据的访问权限,但无法安全相信他会做到保密。②服务器安全性不足保证不受外部黑客的非授权访问。这两种情况下都需要保证敏感数据的机密性,防止合法用户或非授权用户的误用。

(3)不可信模型。是不相信服务器能够准确地(诚实地)实现所有功能。在这种情况下就需要客户端采取额外的步骤来保证数据的真实性和查询结果的正确性。

当客户请求访问服务器上的数据时,希望得到满足查询条件的一批记录。例如查询一个有 m 行的单关系表,可能返回 2^m 个可能子集中的一个。问题是如何保证安全,如何有效认证所有可能的查询返回结果。Mykletun 讨论了当不能用数据完整性信任服务器时的这类问题[5]。换言之,如果一个恶意服务器或敌手向数据库插入伪造记录或篡改现有记录,客户必定想要在不花费太多资源的情况下有效地将其删除。只考虑涉及 =、<、≤、≥和 > 等关系运算的简单查询条件。

数据完整性和认证也可有不同的粒度。基本上,完整性检查可以在表级、列级、行级和字段级。记录级完整性检查是平衡灵活性与开销的最佳选择。文献[5]还讨论了三种不同情形:统一客户模型(客户与数据所有人是同一个实体)、多客户对单所有人以及多客户对多所有人。

单客户情形下的最简单方法,是为每条记录保存一个该记录的消息认证码(Message Authentication Code,MAC)。MAC是记录内容的加密散列值。密钥只有客户知道,只有客户才能计算MAC。MAC都较小并定长,更易于处理。服务器在查询响应中插入一个完整性检查值(查询响应中所有记录级MAC的一个非加密散列值),客户可进行验证。这些散列值不会发生冲突的概率是相当高的。这样的优点是让带宽开销最小,客户端的计算开销也很低。

MAC更适用于统一客户模型,而在多所有人对多客户模型中,客户可能要求在所有实体之间共享MAC密钥。这样就不能防止客户复制MAC了。不用MAC还可换用公钥数字签名进行完整性检查与验证,例如用所有人的私钥把记录内容加密,客户端用该所有人的公钥解密就可进行验证。

在使用公钥算法进行验证时,由于算法复杂较高,效率问题尤为突出。解决办法是实行某种形式的签名聚合,让客户可以把多个不同的签名聚合成一个统一的签名。Mykletun提出了两种基于聚合的签名验证方案[5],一种使用RSA加密算法,另一种使用椭圆曲线和双线性映射,把多个签名聚合成一个。该RSA方案利用RSA乘法同构的特性,把由一个签名者生成的多个签名合并成一个浓缩的签名。客户通过与之比较查询得到的每个记录的签名,就可快速验证。在多所有人的情况下客户端还得分别验证对就不同所有人的不同记录集。

4.2.3 秘密同态

数据库加密方法可以根据不同的环境和应用,采取不同的加密方式,如以文件、记录、字段作为加密基本单位进行加密。如果要对密文数据库进行数学运算和常规的数据库操作,秘密同态(Privacy Homomorphism,PH)技术[6]就是一个能解决上述问题的有效方法。

秘密同态是由Rivest等人于1978年提出的,是允许直接对密文进行操作的加密变换。但是由于其对已知明文攻击是不安全的,后来由Domingo做了进一步的改进[7]。秘密同态技术最早是用于对统计数据进行加密的,由算法的同态性,保证了用户可以对敏感数据进行操作但又不泄露数据信息。

1. 基本思想

若E_{k1}和D_{k2}分别代表加密、解密函数,明文数据空间中的元素是有限集合$\{M_1, M_2, \cdots, M_n\}$,$\alpha$和$\beta$代表运算,若

$$\alpha(E_{k1}(M_1), E_{k1}(M_2), \cdots, E_{k1}(M_n)) = E_{k1}(\beta(M_1, M_2, \cdots, M_n))$$

成立,且有

$$D_{k2}(\alpha(E_{k1}(M_1), E_{k1}(M_2), \cdots, E_{k1}(M_n))) = \beta(M_1, M_2, \cdots, M_n)$$

则称函数族$(E_{k1}, D_{k2}, \alpha, \beta)$为一个秘密同态。

2. 算法实现过程

(1)选取安全大素数 p、q，由此计算 $m = pq$（m 保密）。

(2)选取安全参数 n（根据需要选择适当大小）。

(3)明文空间 $T = Z_m$（小于 Z 的所有非负整数集合），密文空间 $T' = (Z_p * Z_q)^n$。

(4)选取两素数 r_p, r_q，分别满足 $r_p \in Z_p, r_q \in Z_q$。

(5)确定加密密钥为 $K = (p, q, r_p, r_q)$。

(6)加密算法：设有一明文 $x \in Z_m$，随机地将 x 分为 n 份：$x_1, x_2, \cdots, x_n$，并满足 $x_i \in Z_m$，$i = (1, 2, \cdots, n)$；$x = \sum_{i=1}^{n} x_i \bmod m$。

(7)解密算法 $D_k(x)$：第一步，计算 $([x_1 r_p r_p^{-1} \bmod p, x_1 r_q r_q^{-1} \bmod q], [x_2 r_p^2 r_p^{-2} \bmod p, x_2 r_q^2 r_q^{-2} \bmod q], \cdots, [x_n r_p^n r_p^{-n} \bmod p, x_n r_q^n r_q^{-n} \bmod q])$，其中 r_p^{-n} 和 r_q^{-n} 是 $r_p \bmod p$ 和 $r_q \bmod q$ 相应次幂的乘法逆元；第二步，计算

$$\sum_{i=1}^{n} [x_i \bmod p, x_i \bmod q] = [\sum_{i=1}^{n} x_i \bmod p, \sum_{i=1}^{n} x_i \bmod q] = [x \bmod p, x \bmod q]$$

第三步，利用中国剩余定理计算 $D_k(x) = (xqq^{-1} + xpp^{-1}) \bmod m$，$qq^{-1} = 1 \bmod p$，$pp^{-1} = 1 \bmod q$。

3. 运算的定义

在上述加密过程中，如果明文 x、y 的加密运算 $E_k(x)$、$E_k(y)$ 含有最高次指数幂分别为 n_1 和 n_2，则乘积是由含有 $1 \leq j \leq n (n \leq n_1 + n_2)$ 次指数幂运算的项目 $E_{k,j}(z)$ 组成的。可把 $E_k(z)$ 表示为向量形式：$(E_{k,1}(z), E_{k,2}(z), \cdots, E_{k,n}(z))$。

如果设 $r = (r_p, r_q)$，则 $E_k(z)$ 可表示为多项式的形式：$E_k(z)[r] = t_1 r + t_2 r^2 + \cdots + t_n r^n$。由此，加、减、乘、除运算定义如下。

加减法：$E_k(x \pm y) = E_k(x) \pm E_k(y)$ 为 Z_m 上的向量加减法或 Z_m 上多项式的加减法。特别地，$\dfrac{E_k(a)}{E_k(b)} \pm \dfrac{E_k(c)}{E_k(d)} = \dfrac{E_k(a)E_k(d) \pm E_k(b)E_k(c)}{E_k(b)E_k(d)}$。

乘法：$E_k(xy) = E_k(x)E_k(y)$ 为 Z_m 上的向量乘积或系数在 Z_m 上的多项式乘积。事实上，$E_k(x)E_k(y)$ 可表示成多项式的形式[8]，即

$$[(y_2 r_p^2 \bmod p, y_2 r_q^2 \bmod q) \cdots (y_{n_2} r_p^{n_2} \bmod p, y_{n_2} r_q^{n_2} \bmod q)] = \sum_{i \neq j} x_i y_i r_p^{i+j} + \sum_{i \neq j} x_i y_i r_q^{s+t}$$

其中

$$1 \leq i, s \leq n_1, 1 \leq j, t \leq n_2, 1 \leq i+j \leq n, 1 \leq s+t \leq n, n = n_1 + n_2$$

$$E_k(xy) = E_k((x_1 + x_2 + \cdots + x_{n_1})(y_1 + y_2 + \cdots + y_{n_2})) = E_k(\sum_{i \neq j} x_i y_i), E_k(xy)$$

可表示为多项式形式

$$\sum_{i \neq j} x_i y_i r^{i+j} = \sum_{i \neq j} x_i y_i r_p^{i+j} + \sum_{i \neq j} x_s y_t r_q^{s+t}$$

除法：$E_k\left(\dfrac{x}{y}\right) = \dfrac{E_k(x)}{E_k(y)}$ 为 Z_m 上的向量相除或系数在 Z_m 上的多项式相除。

由上述加减乘除运算可得

$$E_k\left(\frac{a}{b}\pm\frac{c}{d}\right)=\frac{E_k(a)}{E_k(b)}\pm\frac{E_k(c)}{E_k(d)}=\frac{E_k(a)E_k(d)\pm E_k(b)E_k(c)}{E_k(b)E_k(d)}$$

这些运算保证了可以直接对密文进行运算操作。

4.3 加密技术实现

目前,人们已经研究了大量的数据库加密技术,从不同角度可进行不同的分类。根据加密实施的位置可分库内加密和库外加密。根据保护数据类型可分为文本数据加密、关系数据加密与 XML 数据加密。根据与 DBMS 的关系可分为基于修改 DBMS 核心的加密技术和基于 DBMS 扩展的加密技术。根据加密粒度可分为库级、表级、行(记录)级、列(属性)级、字段级加密技术。第 3 章已介绍了关于 XML 数据的安全问题,下面看看其他主流加密技术。

4.3.1 文本数据的加密方法

数据库中保存的最简单类型的数据是数值型数据,其中最常见的是以 ASCII 码表示的文本数据。针对数值型数据比较有代表性的加密方法是保序加密模式[9](Order Preserving Encryption Scheme,OPES),允许操作直接应用在加密数据上,条件查询和范围查询以及 MAX、MIN、GROUP BY、ORDER BY 与 COUNT 查询也都可以直接应用于加密数据。只有对一组数据进行 SUM 和 AVG 查询时,才需要解密数据值。而且加密后不影响系统原有的查询、检索、修改和更新等功能。因为保持了明文的顺序,所以数据库的索引字段也可以加密,关系运算的比较字段也可以加密,这样拓宽了数据库加密的范围。这里主要介绍文献[10]中借鉴保序加密模式提出的针对文本数据的模糊匹配加密方法(Fuzzy Match Encryption Method,FMEM)。

1. FMEM 方法

在数据库中检索和查询时,对字符串最常见的操作是在使用 like 操作符时的匹配或是等式选择。例如:找出大客户名单中以 J 开头的所有客户的姓名

Select name from Customers where name like 'J% '

又如:查询姓名为 Smith 的大客户的联系方式

Select telephone from Customers where name = 'Smith'

根据数据库中文本字符数据的这种查询方式,为了保证查询检索的高效率,针对字符数据的模糊匹配加密方法分两步:第一步,提取排序列字符串的第一个字符进行字符排序加密;第二步,对排序列的每个数据项的剩余字符进行优化后的仿射密码加密。

2. 字符保序加密

提取加密列的字符串的第一个字符,组成一个明文字符集 P。按照 OPES 的方法加密。事先给定一个目标分布的样本值集合,通过下面四个步骤,把输入文本字符集转换成密文字符集。

(1)转换:把所有输入字符转换成数值型。英文字符转换成 ASCII 码值,汉字转换成区位码值。

72

（2）建模：根据 ASCII 码值或区位码值，把输入分布和目标分布制作成分段的线性样条的模型。使得相同或相近的字符按照 ASCII 码值或区位码值划分入相邻的存储桶中，用最小描述长度决定存储桶的数目。

（3）平铺：明文字符集 P 根据特定的映射函数被转换成一个"平面"字符集 F，这样 F 中的值均匀分布。

（4）镜像：由明文字符集和目标样本值求得一个匹配因子 L，平面字符集 F 根据 L 被镜像转换成密码字符集 C。

这种单调性变化使得 ASCII 码值或区位码值能够保持顺序，从而使每个字符之间可以大致排序。

3. 优化仿射密码加密

FMEM 算法改进了 Hill 密码的思想，将加密运算和编码运算有机地融为一体，加密的同时就进行不可打印字符的编码运算，使加密、编码的串行处理改进为并行处理，算法过程如下：

（1）重排标准 Base64 编码字符表中的字符顺序，得到数字和字符随机对应的一张乱序表。

（2）随机生成 Z_{64} 上 n 阶方阵 A，满足 $|A|$ 在 Z_{64} 上存在逆元，并求出 A 模 64 的逆矩阵 A^{-1}。

（3）将待加密的数据库记录从 ASCII 码字符集映射到新的乱序表上，然后分为若干分组，其中分组大小为 A 的阶数 n。分组向量记作 α，计算 $(A \times \alpha) \bmod 64$，对照乱序表查找计算结果中各分量对应的字符，将所有分量对应的字符排列起来便得到原始记录的密文编码。

（4）重复执行步骤（3），直到所有的记录被加密和编码。

4. 用 FMEM 实现数据库常规操作

在使用 like 操作符进行匹配时，最简单的情况是只匹配第一个字符，那么第一步就可以保证结果的正确性。如果匹配的子串不包含第一个字符，那么也可以跳过第一步加密，直接执行第二步加密。

在进行等式选择操作时，先提取明文字符串的第一个字符，然后用 OPES 进行第一步加密，同时可以选出一组第一个字符相同的字符集，这样大大缩小了第二步的查询范围。然后对明文字符串的剩余字符进行第二步优化 Hill 加密，和密文比较选出匹配的加密字符串，然后解密所在记录，返回给用户。

插入字符串时，如果明文中没有严格的排序，只需要保证明文字符串处在第一个字符相同的一组中即可。那么只需要提取明文字符串的第一个字符进行 OPES 加密，然后和密文字符串的第一个字符匹配即可。

进行删除、更新操作时，如果第一步操作时，第一个字符相同的只有一个字符串，那么不必执行第二步，直接删除或更新这个密文字符串所在记录即可。否则，才进行第二步，把剩余字符加密和密文匹配。

4.3.2 关系数据的加密与存储

1. 算法选择

主要根据性能来选择关系数据库系统的加密算法。一个影响性能的重要因素是，支持加密的数据粒度。在典型 RDBMS 中,加密粒度可以是字段级、行级或页面级。文献[11]指出关系数据库嵌入式加密需要明显的启动成本。行级或页面级加密把这种成本分散给更多的数据,一般要比字段级加密更可取。在选择加密算法时还应考虑的另一个标准是软件加密还是硬件加密。软件加密在算法选择和粒度控制方面具有更大的灵活性。硬件加密更快,但只能支持像 DES、AES 等少数几种算法。根据应用和信任模型,确定是用软件加密还是用硬件加密。文献[12]的实验数据表明,行级对称加密可在对象粒度与性能之间达到最佳平衡。一般地,需要考虑三个重要问题:(1)加密函数有多快,是否可用硬件实现;(2)如何进行密钥管理;(3)以何种粒度加密数据。主要的挑战是要在引入安全功能的同时,又不在性能和存储空间方面带来太大的开销。

(1)加密算法:像 AES、DES 和 Blowfish 等对称密钥加密算法是用来加密关系数据的常用算法。用较少的大分组加密相同数量的数据,要比用更多小分组更高效。这主要是因为与加密算法初始化有关的启动成本。Blowfish 和 DES 按 8 字节数据分组工作,而 AES 按 16 字节分组工作。文献[13]比较了这三种算法的性能,发现 Blowfish 最快但启动成本较大。AES 是三者中平均性能最好的。

还有一些公钥密码算法,避开了对称密码算法所面临的密钥分配问题,但实践中对称加密算法更快更可取。

(2)加密粒度:通常,加密粒度越好,服务器就可以更为灵活地选择对哪些数据进行加密。可供选择的加密粒度主要有:①字段级,是所能达到的最小粒度,每个属性值都可单独加密;②记录级(行级),每一行单独加密,这样不用解密整个表就可以取回不同的行;③属性级(列级),可以只对表中的某些敏感属性加密;④页面级(块级),这样可连接自动加密过程,任何时候把一页敏感数据存到磁盘,整个页面都是加密的。

2. 加密数据的有效存储

文献[13]调查了与加密数据磁盘存储有关的性能问题,提出了支持加密数据存储的明密分开模型(Partitioned Plaintext and Ciphertext,PPC)。其基本思想是把敏感的和不敏感的数据分开集中,使得加密运算的数量最少。PPC 方案从逻辑上根据明文和密文把每个页面分为两个小页面。既利用了 n 元存储模型(NSM)又提高了加密的效率。在采用 NSM 的现有 DBMS 上实现 PPC,只需改变页面布局。在一页内,每条记录分成两部分,不需加密的明文部分和需要加密的密文部分。两小页都按 NSM 页组织。还要稍微修改缓存管理器和目录文件以适应这种变化。

3. 关系表的加密

对每一个关系表

$$R(A_1, A_2, \cdots, A_n)$$

把如下加密后的关系表存储在服务器上:

$$R^S(\text{etuple}, A_1^S, A_2^S, \cdots, A_n^S)$$

其中,etuple 属性存有一个与关系表 R 中的元组字段对应的加密字符串。每个 A_i^S 属性对应 A_i 的索引,用于在服务器上查询处理。例如,表 4.1 所列的一个关系表 emp 存有关于雇员的信息。

表 4.1 关系表 emp

eid	ename	salary	addr	did
23	Tom	70K	Maple	40
860	Mary	60K	Main	80
320	John	50K	River	50
875	Jerry	55K	Hopewell	110

这个 emp 表映射到服务器上一个相对应的表：

$$emp^S(etuple, eid^S, ename^S, salary^S, addr^S, did^S)$$

只需为查找和联合条件查询所涉及的属性创建一个索引即可。不失一般性，可以假设一个索引是对关系表中每个属性创建的。

(1)子集函数(Partition Functions)：为了说明关系表 R 中的每个属性 A_i 在 R^S 中对应的 A_i^S 到底存有什么内容，引入下列符号。$R.A_i$ 属性的值域(D_i)首先映射到子集 $\{p_1, \cdots, p_k\}$，这些子集(Partition)合起来覆盖整个值域。子集函数定义如下：

$$partition(R.A_i) = \{p_1, p_2, \cdots, p_k\}$$

例如，如上 emp 表中 eid 的属性值，如果取值范围是[0,1000]，假设整个取值范围分为如下表示的 5 个子集：

$$partition(emp.eid) = \{[0,200], (200,400], (400,600], (600,800], (800,1000]\}$$

不同属性可能会用不同的子集函数进行分割，也可能用多维模型分到一起。属性 A_i 的子集对应把其值域分为一个存储桶(Bucket)集合。把值域分为子集所采用的策略，对查询处理的效率和敏感信息泄露给服务器的风险，都会产生深远的影响。要说明查询处理策略，我们简化假设值域分割是按等宽分割的(该策略对其他分割方式也适用)。后文还会讨论效率问题和泄露风险。

(2)标识符函数(Identification Functions)：一个名为 ident 的标识符函数为属性 A_i 的每个子集 p_j 分配一个随机数作为唯一标识符 $ident_{R.A.}(p_j)$。图 4.1 给出了分配给 emp.eid 属性 5 个子集的标识符。例如，$ident_{emp.eid}([0,200]) = 2$，$ident_{emp.eid}((800,1000]) = 4$。

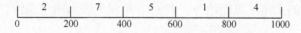

图 4.1 emp.eid 的子集函数和标识符函数

(3)映射函数(Mapping Functions)：按照上述子集函数和标识符函数，映射函数 $Map_{R.A.}$ 把属性 A_i 值域中的一个值 v，映射到子集标识符，v 满足 $Map_{R.A.}(v) = ident_{R.A.}(p_j)$，其中 p_j 是含有 v 的子集。后面我们将介绍一种更通常的方法，可以把一个值按概率分配给多个存储桶子集，这样可以比子集不重叠的死板分法达到更高的安全性。映射信息存储在客户端，以实现查询转换(例如，从明文查询转换为服务器端查询)。

4. 关系表加密后的存储

存储加密后数据：关系表 R 中的每个元组字段 $t = <a_1, a_2, \cdots, a_n>$，关系表 R^S 中保存一个对应的元组字段：

$$<encrypt(\{a_1, a_2, \cdots, a_n\}), Map_{R.A1}(a_1), Map_{R.A2}(a_2), \cdots, Map_{R.An}(a_n)>$$

其中,encrypt 函数用来加密关系表中的元组字段。例如,表 4.2 就是存储在服务器上的加密关系表 emp^S。

表 4.2   加密关系表 emp^S

etuple	eid^S	$ename^S$	$salary^S$	$addr^S$	did^S
1100110011110010…	2	19	81	18	2
1000000000011101…	4	31	59	41	4
1111101000010001…	7	7	7	22	2
1010101010111110…	4	71	49	22	4

第一栏 etuple 字段包含了与 emp 中加密元组字段相对应的字符串。例如,第一个元组加密成了"1100110011110…",等于 encrypt(23,Tom,70K,Maple,40)。第二个加密成了"1000000000011101…",等于 encrypt(860,Mary,60K,Main,80)。加密函数被当做黑盒对待,任何 AES、Blowfish、DES 等分组密码技术都可用来加密元组。第二栏对应雇员 id 的索引。例如,第一个元组的 eid 属性值为 23,其对应子集为[0,200]。该子集标记为 2,就把该元组的 eid 标识符保存为 2 这个值。

解密函数:假设 E 是加密操作,D 是相反的解密操作。$D(R^S)=R$。在上面的例子中,$D(emp^S)=emp$。D 操作还可用于查询表达式中。查询表达式由联合、选择等任意关系运算符连接在一起的多个表组成。解密会重新生成整个记录。

映射条件:要把选择、联合等运算中的特定查询条件转换为服务器端表达式中对应的条件,就需要用到名为 Map_{cond} 的转换函数。这些条件帮助在服务器端转换关系运算和转换查询树。服务器端为每个关系运算保存加密后的元组和由映射函数决定的属性的索引。客户端保存关于特定索引的元数据,例如关于属性值子集、映射函数等的信息。客户利用这些信息把给定的查询语句 Q 转换为服务器端表达式 Q^S,然后在由服务器执行。

5. 转换关系运算

现在了解一下文献[12]中的关系运算是如何实现的,主要看看选择和联合运算在所提出体系结构中的实现。策略是在客户端和服务器端分别执行部分运算,这样用存储在服务器上的属性索引运算得到答案的超集。然后在客户端解密后经过滤生成正确结果。目的是要让客户端的工作尽可能地少。我们用 R 和 T 表示两个条件,用文献[14]中的运算符。

选择运算(σ):对关系表 R 执行选择运算 $\sigma_C(R)$,其中 C 是由 R 中的属性 $A_1,A_2,\cdots,A_n$ 确定的条件。该运算的直接实现方法就是把关系表 R^S 从服务器端转换到客户端。然后客户端用 D 运算解密结果,实现选择。但这样所有工作都是客户端完成。另外,实体加密关系还需要从服务器端转换到客户端。还有一种机制就是在服务器端用与 C 中属性相关的索引部分计算选择运算,再把结果返回客户端。客户端解密并过滤不满足 C 的元组。这样该运算就可以重写如下:

$$\sigma_C(R)=\sigma_C(D(\sigma^S_{Mapcond(C)}(R^S)))$$

注意,在服务器上执行的 σ 运算注有上标 S,所有没注上标的运算都是在客户端执行的。解密运算只保持 R^S 中的元组属性,而丢弃所有的其他 A_i^S 属性。例如,$\sigma_{eid<395\wedge did=140}$ (emp)。根据前述 $Map_{cond}(C)$ 的定义,上面的选择运算可以转换为

$$\sigma_C(D(\sigma_{C'}^s(\text{emp}^s)))$$

其中,服务器上的条件 C' 是

$$C' = \text{Map}_{\text{cond}}(C) = (\text{eid}^s \in [2,7] \wedge \text{did}^s = 4)$$

联合运算($\bowtie$):例如一个联合运算 $R \bowtie_C S$。联合条件 C 可能是一个对等条件(该联合对应一个 equijoin),也可能是一个更普通的条件(结果是 theta-joins)。那么上面的联合运算可实现如下:

$$R \bowtie_C T = \sigma_C(D(R^s \text{Map} \bowtie_{\cdots(C)} T^s))$$

其中,联合运算的 S 上标表示在服务器上执行的联合。例如,联合运算

$$\text{emp} \bowtie_{\text{emp}(\text{did}=\text{mgr. did})} \text{mgr}$$

转换为

$$\sigma_C(D(\text{emp}^s \bowtie_C \text{mgr}^s))$$

4.3.3　基于信息分解与合成的加密方法

关系数据库中的数据是结构化的,一条记录的语义信息由属性值及属性值之间的关系一起决定。文献[15]据此提出了一种基于信息分解与合成的数据库加密方法,利用信息分解与信息合成的思想来隐藏属性值之间的关系,实现数据库加密。

1. 信息分解与合成的准则

信息分解的对象是关系数据库的关系模式。关系模式分解方法最早是由 E. F. Codd 提出的,当时提出分解的基本点是将一个规范化程度较低的关系模式分裂为两个或两个以上的规范化程度较高的关系模式。定义通过隐藏属性值之间的关系实现数据库安全的关系模式分解技术为信息分解。

对一个数据库关系 $R = (A_1, \cdots, A_m)$,假设 R 中的某些属性值之间相互结合会泄露隐私信息,而分解后的关系 $R_1 = (A_1, \cdots, A_i)$ 和 $R_2 = (A_i, \cdots, A_m)$ 各自属性之间的结合是安全的,那么 R 需要通过信息分解分裂为 R_1 和 R_2。需要注意的是,分成的关系的个数是任意的。为了减少分解的盲目性,实现分解的安全性和有效性,下面定义两个信息分解准则:

分解准则 1: 如果一个关系中的某些属性相结合会泄露隐私信息,就需要把这些属性分开。

分解准则 2: 分解后的关系集合是相容的和完整的。相容指如果集合中任意两个关系有相同的属性,则这个属性不能是任何一个关系的主键;完整指分解后集合中所有的关系能重新组合成原来的关系。

称分解后得到的关系为子关系。为防止攻击者通过关系间直接匹配得到隐私记录,需对子关系的记录做行间互换。如果在加密过程中只应用信息分解,那么攻击者很容易用简单的数据挖掘方法或直接在子关系间做笛卡儿积得到隐私信息,因此需要对子关系进行信息合成。简单地说,信息合成就是把两个或两个以上子关系合成一个新关系。

为了合成的安全性和有效性,下面定义三个信息合成准则。

合成准则 1: 如果任意两个关系中的某些属性相结合会泄露用户的隐私信息,那么这

两个关系不能合成到一个关系中。

合成准则2：如果待合成的任意两个关系有相同的字段且这两个字段的记录值都相同，则删除其中一个字段；如果其中一个字段的记录包含另一个字段的记录，则保留记录个数多的字段；如果两个字段有不相同的记录，则这两个关系不能合成。

合成准则3：记录个数相近或相同的关系优先合成。

在进行信息分解与合成后，各关系如何保持原有的结构？在客户端新建两个映射表：属性映射表（AM）和记录映射表（TM），并在分解后的子关系中添加索引字段。

2. 信息分解与合成的加密过程

下面结合实例描述基于信息分解与合成的数据库加密方法处理过程。设数据库 D 中只有两个表：员工表 Employee(Eid,Name,Gender,Age,Salary,WorkAge)、项目表 Project(Pid,Money,Person,Day)，两个表的部分数据分别见表4.3和表4.4。

表4.3　Employee表中的部分数据

Eid	Name	Gender	Age	Salary	WorkAge
001	Tom	Male	41	$9000	20
002	Jerry	Male	28	$6000	6
003	Micheal	Male	41	$9000	16
004	Cherry	Female	29	$5000	8

表4.4　Project表中的部分数据

Pid	Money	Person	Day
101	$10000	20	30
102	$3000	6	30
103	$7000	11	60
104	$13000	22	90

为了保护员工个人隐私（Salary 字段）和项目的机密（Money 字段），需根据分解准则对 Employee 表和 Project 表进行信息分解，分解后的子关系添加索引字段后分别为 $ER_1(I_1,Id,Name,WorkAge)$、$ER_2(I_2,Salary,Gender,Age)$、$PR_1(I_3,Pid,Day)$、$PR_2(I_4,Money,Person)$。其中，$ER_2$ 和 PR_2 经过记录行间互换。根据信息合成准则，把 ER_1 和 PR_1、ER_2 和 PR_2 分别进行合成得到新关系 NR_1 和 NR_2（分别见表4.5和表4.6），在合成过程中需要合并相同的索引字段。如果两个表的记录个数不等，那么可以向记录个数少的关系中添加虚假记录（见表4.6）来保持新关系的完整性，同时达到信息混淆的目的。

表4.5　新关系 NR_1

I_{13}	Eid	Name	WorkAge	Pid	Day
1	001	Tom	20	101	30
2	002	Jerry	6	102	30
3	003	Michael	16	103	60
4	004	Cherry	8	104	90

表 4.6　新关系 NR_2

I_{24}	Salary	Gender	Age	Money	Person
5	\$6000	M	28	\$13000	22
6	\$9000	M	41	\$7000	11
7	\$5000	F	29	\$3000	6
8	*	*	*	\$10000	20

为了保持原关系的结构,需要在客户端增加两个映射表:属性映射表 AM(见表 4.7)和记录映射表 TM(见表 4.8)。AM 中存放数据库 D 中所有关系的属性、属性所属的原关系和属性所属的新关系;TM 中的字段与各子关系的索引字段相对应。

表 4.7　属性映射表 AM　　　　　　　　　表 4.8　记录映射表 TM

Id	Attribute	OldTable	NewTable	Id	Attribute	OldTable	NewTable
1	Eid	Employee	N1	6	WorkAge	Employee	N1
2	Name	Employee	N1	7	Pid	Project	N1
3	Gender	Employee	N2	8	Money	Project	N2
4	Age	Employee	N2	9	Person	Project	N2
5	Salary	Employee	N2	10	Day	Project	N1

I_{13}	I_{24}
1	6
2	5
3	7
4	8

这样就完成了加密。该加密方法中所有查询操作都是针对明文的,所以原关系中能执行的查询操作在加密后的数据库中都能执行,SQL 查询操作不受限制。

4.3.4　字段分级的加密方案

文献[16]给出了一种数据库字段安全分级的加密方案,将数据库中关键敏感字段根据其安全需求分为不同级别,用对称加密算法对关键敏感字段分级别加密,其数据密钥采用椭圆曲线加密算法保护。该方案将对称加密算法、椭圆曲线公钥加密算法和单向函数有机结合,实现了用户使用权限和关键敏感字段的安全级别的关联。用该方案建立的加密数据库,不仅可以保证敏感数据的机密性和完整性,而且节省大量存储空间和支持分级别权限访问,保证了数据库的高效可用性。该方案由四个阶段组成。

1. 系统初始化

令 E 是 F_p 上的椭圆曲线,P 是 $E(F_p)$ 上的点,设 P 的阶是素数 n,则集合 $<P>=\{\infty,P,2P,3P,\cdots,(n-1)P\}$ 是由 P 生成的椭圆曲线循环子群。素数 p,椭圆曲线方程 E,点 P 和阶 n 构成公开参数组。用户 U_i 私钥是在区间 $[1,n-1]$ 内随机选择的正整数 d,相应的公钥是 $Q_i=dP$。并将椭圆曲线参数组 (p,E,P,n) 保存在数据库里。

2. 数据库中数据关健字段的加密

令 Data-term-l 代表数据 Data 中每个记录的第 l 个字段属于敏感信息,需以密文保存在数据库,使数据 Data 中每个记录的第 l 个字段一般用户是不可见的(不能访问的),只有达到权限级别的用户才能访问它。现假设有一数据 Data 中的记录有 α 个字段 Data-term-$l_\lambda(\lambda=1,2,\cdots,\alpha)$ 属于敏感信息,其安全级别需求从高到低的次序分别为 Data-term-l_1,Data-term-l_2,$\cdots$,Data-term-l_α。数据库按如下方式保存数据 Data:

(1)随机选取 $k_0\in\{0,1\}^k$,计算 $k_\lambda=\underbrace{H_2(\cdots H_2(k_0)\cdots)}_{\lambda}$ 为字段 Data-term-l_λ 的加密

密钥;

（2）用密钥 k_λ 加密,得到 Data-term-l_λ 的密文 CData-term-$l_\lambda = Ek_\lambda($Data-term-$l_\lambda)$;

（3）将数据 Data 的敏感信息字段 Data-term-$l_\lambda(\lambda = 1,2,\cdots,\alpha)$以密文 CData-term-$l_\lambda$保存在数据库中,其余字段信息仍以明文保存。

3. 数据库数据加密密钥的安全存储

假若授权用户 U_j 能访问数据 Data 的加密字段的最高级别是 Data-term-l_η,即只能访问加密字段 Data-term-$l_\eta,\cdots,$Data-term-l_α,其中 $1 \leqslant \eta \leqslant \alpha$。服务器端 U_i 按如下操作存储 data 数据的字段加密密钥 k_λ:

（1）从系统公用文件中读取 U_j 的身份标识 ID_j 所对应的公钥 Q_j 和系统公共参数 params;

（2）随机均匀地选取 $r \in [l, n-1]$,利用私钥 S_j 计算 $C_1 = rP$ 和 $C_2 = k_\eta + rQ_j$;

（3）将密文 $c = (C_1, C_2)$ 与 Data 保存在同一数据库中。

4. 数据加密字段的解密

当 U_j 想访问数据 Data 的保密字段时,首先从加密数据库中获取(C_1, C_2),然后进行如下处理:

（1）利用用户 U_j 的私钥 $d,(C_1, C_2)$ 和公共参数组,计算出解密密钥 $k_\eta = C_2 - d C_1$;

（2）用 k_η 分别计算加密字段 CData-term-$l_\eta,\cdots,$CData-term-l_α 的解密密钥 $k_\tau = \underbrace{H_2(\cdots H_2(k_{t-\eta})\cdots)}_{t-\eta}$,其中 $\eta \leqslant \tau \leqslant \alpha$;

（3）用密钥 k_τ 分别解密数据 Data 的加密字段 CData-term-l_τ,得到该字段的明文 Data-term-$l_\tau = Dk_\tau($CData-term-$l_\tau)$,其中 $\eta \leqslant \tau \leqslant \alpha$。

在上述方案中,授权用户 U_j 的合法访问区域是加密字段 CData-term-l_τ,其中 $\eta \leqslant \tau \leqslant \alpha$。$U_j$ 不能访问只有高安全级别授权用户才能访问的加密字段 CData-term-l_τ,其中 $1 \leqslant \tau \leqslant \eta - l$。

4.3.5 基于 DBMS 外层的数据库加密系统

文献[17]设计了一个基于 DBMS 外层的数据库加密系统。这种方式既可以避免对具体数据库供应商的依赖,又可以较好地实现数据库的加密。数据库加密系统作为一种通过加密方式保护数据的专门系统,它并不仅仅是一个数据库应用系统,而是一个将数据库管理、加密模块和密钥管理三者相结合的系统。

1. 数据库加密层次

目前,数据库加密可以在三个不同层次实现,分别是操作系统层、DBMS 内核层和 DBMS 外层。

（1）在操作系统层实现加脱密:由于操作系统层无法判别数据库文件中的数据关系,从而无法产生合理的密钥,所以对大型数据库而言,在操作系统层对数据库文件进行加密很难实现,已经很少受到人们关注。

（2）在 DBMS 内核层实现加脱密:是指数据在物理存取前完成加脱密工作。采用这样的方式优点是加密功能强,并且不会影响 DBMS 的功能,能够实现加脱密与数据库管理系统之间的无缝连接;缺点是加脱密功能要在服务器端进行,而且 DBMS 和加脱密模块之间的接口需要 DBMS 开发商的支持。

（3）在 DBMS 外层实现加脱密：是将数据库加密系统做成 DBMS 的一个外层工具，根据用户的加密要求自动完成对数据库中存放数据的加脱密处理。这种方式的优点是，加脱密运算在客户端进行，不会加重数据库服务器的负载，并且可以实现网上传输的加密；缺点是加密功能会受到一些限制，与 DBMS 之间的耦合性稍差。

2. 系统体系结构

数据加密基本流程如图 4.2 所示，将需要加密的敏感数据（明文）使用密钥进行加密操作，变换成其他人无法识别的形式（密文）。其中的"秘密通道"是为保护密钥而使用的。在该系统中，秘密通道是指使用 3 级密钥体制的密钥保护方式。数据解密的过程是上述的逆过程。

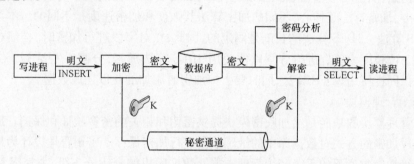

图 4.2　数据加解密基本流程

系统采用 DBMS 外层加密方式，数据加密算法使用 3DES，动态的多级密钥管理。数据库加密系统体系结构如图 4.3 所示，系统分成三个功能相对独立的模块：加脱密引擎、密钥管理模块和加密系统管理模块。对于客户端使用的数据库应用程序属于通常数据库管理应用程序；服务器端是数据库管理系统和数据文件。

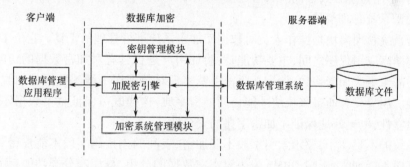

图 4.3　系统体系结构

（1）加脱密引擎：它是数据库加密系统的核心部分，主要功能是完成后台数据的加脱密处理，实现用户对数据的透明访问。

（2）密钥管理模块：密钥管理模块主要负责密钥的生产、更换、检测和销毁等工作。为加脱密引擎提供密钥，也为加密系统管理程序提供密钥的管理。

（3）加密系统管理模块：对整个数据库加密系统进行加密字典和密钥等加密参数的管理模块。它调用加脱密引擎实现数据库记录的明、密文之间的数据转换，调用密钥管理模块进行密钥的管理。

3. 主要功能模块

1）加脱密引擎

数据库加密系统的加脱密引擎主要包括两个主要功能模块：数据库接口模块和加脱密处理模块。

（1）数据库接口模块。主要有两部分接口：用户访问加脱密引擎的接口和加脱密引擎访问后台数据库文件的接口函数。该接口模块将所有访问数据库的操作封装成一组函数，屏蔽了各类不同数据库的特性，使得加脱密处理模块不必考虑实际使用的是何种数据库。

（2）加脱密处理模块。是加脱密引擎的核心部分，它主要负责数据的加脱密处理，包括引擎的初始化、加密参数信息的检索、字段的加密变换和查询结果的脱密变换等功能。在该模块中，加密算法是核心，不同的加密算法其强度和加密速度是不同的。本系统设计使用 3DES 算法。3DES 算法的长度是固定的，因此，在对字段进行加密时，必须对加密的数据以 112 位长度为单位进行分割以便使用 3DES 算法加密，分割后不足 112 位数据补 0。脱密时，同样使用 3DES 算法，同时要去掉加密时添加的 0 以还原数据。

2）密钥管理模块

密钥管理模块的功能是给加脱密模块提供密钥和相关的密钥验证和保护。加脱密引擎采用字段加密的方式对数据库中的敏感数据进行加密保存。密钥管理设计为最具灵活性的记录级加密粒度下的 3 级密钥管理方式。数据库里的密钥分 3 级：主密钥 MK、表密钥 TK 和数据密钥 K_{ij}。在密钥管理中，主密钥是最重要的密钥，它用来保护表密钥，用它将表密钥加密后存储在加密字典中，而主密钥本身则存放在密码装置中。表密钥用以保护数据密钥 K_{ij}，根据待加密的第 i 条记录参数 R_i，以及它的第 j 个加密字段属性 C_j，那么该数据项的密钥可由下面的公式产生：$K_{ij} = f(TK, R_i, C_j)$。该数据密钥是用来加密数据的工作密钥，不用物理方式存储。

3）加密系统管理模块

加密系统管理模块是操作人员对数据库加密系统进行管理的工具。它位于 DBMS 与客户端数据库应用程序之间，主要功能是：验证用户是否具有对加密数据的访问权限；根据用户的需求更改加密参数；调用加脱密引擎实现对数据库中敏感数据的加脱密及数据转换功能。用户只有通过该模块才能访问加密字典，这样既可保证整个数据库加密系统设计的独立性，也更好地保证了加密字典的安全性。

该系统的不足在于，要求索引字段不能加密、表间的连接码字段不能加密、关系运算的比较字段不能加密，影响 DBMS 失去对密文数据的分组、排序和分类功能，无法实现数据之间的约束条件，SQL 语言中的内部函数将对加密数据失去作用，DBMS 自带的应用开发工具的使用受限。

4.3.6 基于扩展存储过程的数据库加密系统

文献［18］提出了一种基于扩展存储过程的数据库加密系统方案，并阐述了主要的功能模块。该方案应用扩展存储过程和用户自定义函数（UDF）用动态链接库进行封装，实现了加密功能，并对两级密钥采用智能卡进行存储，从而在不影响系统原有功能的基础上，提高了数据库系统的安全性。

1. 扩展存储过程

扩展存储过程是一种特殊的存储过程。它通过 Microsoft 的开放式数据服务(Open Data Services,ODS)技术,提供了一个基于服务器的编程接口来扩展 SQL Server 的功能。从而用户可以使用高级语言创建自己的外部例程,以满足特定的功能需求。扩展存储过程实质上是 SQL Server 可以动态装载并执行的动态链接库,可直接在 SQL Server 的地址空间运行,并使用 SQL Server ODS API 编程。扩展存储过程的工作原理如图 4.4 所示。

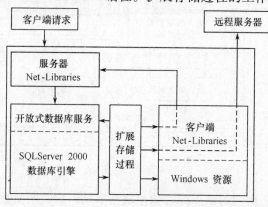

图 4.4 扩展存储过程的工作原理

扩展存储过程是关系数据库引擎的开放式数据服务层的一部分,而开放式数据服务层是该引擎和服务器 Net-library 之间的接口。服务器 Net-Library 接收客户端 TDS(Tabular Data Stream)数据包并将它们传递给开放式数据服务。开放式数据服务将 TDS 数据包转换成事件并传递到关系数据库引擎的其他部分。而后数据库引擎使用开放式数据服务,通过服务器 Net-Library 将回复发送回 SQL Server 客户端。

2. 系统模型

系统设计围绕下列目标,利用加密技术,对数据库中存储的"敏感"数据实现字段级加密;恰当地处理数据类型转换等问题,保证加/解密处理过程中数据的完整性;使用户不需考虑数据的加、解密过程,实现数据库合法用户对于数据的录入、修改和检索操作的透明性;实现对各级加密密钥的存储和管理。

系统逻辑模型如图 4.5 所示,系统可以划分为三大模块:加/解密引擎模块(包括加/解密动态库和 SQL 解析模块两部分)、数据库对象模块和加密系统管理模块。

加/解密引擎模块是数据库加密系统的核心部分,它由加/解密动态库和 SQL 语句解析两部分组成,实现对应用程序提交的 SQL 语句的解析、对加密密钥的加载以及对数据信息的加/解密处理。数据库对象模块是数据库加密系统与 DBMS 的接口,数据库加密系统通过该模块实现对数据库的访问和操作,而 DBMS 则通过该模块调用加/解密动态库来实现相应的加、解密操作。加密系统管理模块用于系统管理员对密文数据库中的信息及加密密钥进行管理,如修改加密字段信息、加载密钥和变更加密密钥等。

下面以应用程序访问密文数据库为例,简要说明系统的工作原理:首先,SQL 解析模块对应用程序提交的 SQL 语句进行分析,根据 DBMS 中的加密字典对 SQL 语句进行解析和扩展;然后,加密系统将重组后的 SQL 语句提交给 DBMS,DBMS 通过数据库对象模块调用加/解密动态库,对数据库中的密文数据进行解密,并将解密后的结果反馈给数据库

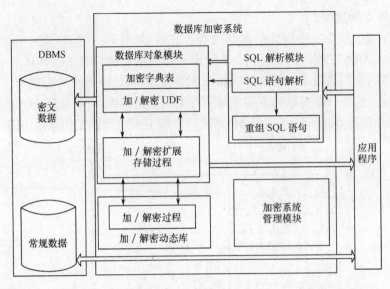

图 4.5　系统模型

对象模块:最后,应用程序通过数据库对象模块获取解密后的明文数据。

　　由于该模型的提出是基于扩展存储过程,而扩展存储过程的运行有其自身的特点,即运行时与 DBMS 共享内存地址空间,因此会对 DBMS 和密文数据的查询效率有一定的影响。

4.4　对加密数据的查询与管理

　　数据库加密技术的关键作用在于保护在服务器数据库中敏感信息的机密性。许多情况下,部分甚至全部数据都有可能被认为是敏感的,需要防止任何对服务器的非授权访问。加密后的最大挑战就是应该如何对加密数据进行查询和管理。

4.4.1　DAS 结构与安全模型

　　在 DAS 应用的典型结构中,有一个数据所有人、一个或多个数据客户(可与所有人相同)和一个服务器。所有人把数据存储在服务器上,客户根据访问权限远程查询或修改数据内容。有些数据组成部分(例如关系表的某些属性)是敏感的,需要保护不让敌手访问。敌手可能是某些不怀好意的个人或机构,也可能是需要对其隐藏敏感信息的特定实体。在 DAS 应用中,客户(所有人)方的环境假设是安全和可信的,因此主要的威胁来自服务器方的敌手。在大多数模型中,也假设服务供应商诚实地执行数据处理任务,主要考虑可能取得数据访问权限并危害所有人和客户的内部恶意人员(例如恶意的数据库管理员)。在这种情况下,数据的敏感部分必须在服务器上始终是加密的,加密密钥只能保存在客户端,数据只在客户端解密。这就是被动敌手模型,是应用最广的安全模型。在另一种情况下,服务器方可能是完全可信的,但为了保护数据不被外部黑客访问,最小需求可能是让数据在磁盘上是加密的,因为那是绝大多数时间数据所在的地方。

　　要防止主动敌手显然要困难得多,需要在客户端做更多工作,以保证系统正常运转。

84

这种情况下,身份验证和完整性检查就变得格外重要。

4.4.2 查询加密的关系数据

假设有个用户 Alice 外包了一个由下面两个关系表组成的数据库:

$$EMP\ (eid,ename,salary,addr,did)$$
$$DEPARTMENT\ (did,dname,mgr)$$

EMP 表的字段分别表示雇员的 ID、姓名、薪水、地址和所在部门的 ID。DEPART-MENT 表中的字段分别表示部门的 ID、名称和部门经理姓名。在 DAS 模型中,这两个表将存储在服务供应商处。由于服务供应商是不可信的,这两个关系表必须以加密的形式存储。除特别说明外,都假设数据是按行加密的,也就是说,表中的第一行加密成单独一个单元。这样,加密后的关系表就由加密的记录集组成。

1. 基本运算

客户会希望在数据库中执行 SQL 查询语句。例如,Alice 可能想要查询"为 Bob 工作的所有雇员的薪水总和"。该查询可用下面这条 SQL 语句表示:

SELECT SUM(E. salary) FROM EMP as E,DEPARTMENT as D

WHERE E. did = D. did AND D. mgr = "Bob"

Alice 可以请求服务器得到加密格式的 EMP 和 DEPARTMENT 表,客户端把表解密再执行查询。但这样又达不到数据库外购的目的,而实质上弱化成远程安全存储。与此不同的是,DAS 可以不需解密数据就可直接在服务器上执行查询。在讨论文献资料中提出的技术之前,先说明执行这样的查询,需要一定的机制支持对加密数据进行下列基本运算:

(1)比较运算,如 =、≠、<、≤、=、≥、>。这些运算可在给定记录的属性与常量之间进行比较(例如:DEPARTDEPARTMENT. sal > 45000 可作为选择查询条件)也可与其他属性进行比较(例如:EMP. did = DEPARTMENT. did 可作为联合条件)。

(2)算术运算,如加、乘、除。可对一个或多个关系表中的一批记录相关的属性值进行算术运算。这些运算是 SQL 查询语句的一部分。

上面给出的示例查询语句说明了这两类运算的用法。例如,要执行该查询语句,DE-PARTMENT 表中每条记录的 mgr 字段就都必须与"Bob"进行比较。而且,DEPARTMENT 表中 mgr 字段值为常量"Bob"的所有记录还要根据 did 字段的属性与 EMP 表的所有记录进行匹配。最后,符合查询条件的相应记录中的 salary 字段还要进行相加,产生最终的答案。

要对加密的关系表达式执行 SQL 查询语句,第一个挑战是要开发一定的机制,支持对加密数据进行比较和算术运算。文献资料中提出的这方面技术有下列两类:

1)基于新加密技术的方法

这些技术可以直接对加密表达式执行比较或算术运算。过去在密码学中有人研究过不解密就可执行有限运算的密码技术。例如秘密同态技术(PH),支持基本的算术运算。虽然 PH 能用来计算远程服务器集合查询,但不能执行比较运算,因此不能在其基础上设计对加密数据进行关系查询处理的技术。还有一种可维持原始数据顺序的数据转换技术,支持比较运算,因此可以在此基础上实现选择、合并、排序和分组等关系运算,但不支持服务器端的聚合。虽然这些新的密码方法十分有趣,但也存在局限性,它们只有在敌手对数据密文知之甚少的条件下才是安全的。这些技术在许多普通攻击下都不堪一击(例如,PH 在选择明文攻击下是不安全的),或者还没有进行在多种攻击下的安全分析。

2)基于信息隐藏的方法

与基于加密的方法不同,此类技术在加密数据上存储额外的辅助信息,实现在服务器端的比较和算法运算。这些以索引形式存储的辅助信息(称为安全索引)可能会向服务器泄露数据的部分信息。安全索引是利用信息隐藏机制小心设计的(在统计泄露控制的环境下开发的),限制了信息泄露的数量。用于泄露控制的基本技术如下:

(1)微扰(Perturbation)。为一条记录的数值型属性值加上一个随机数(选择服从某种分布的随机数,例如均值为 0 标准差为 σ 的正态分布)。

(2)一般化。用更为一般的值替换数值型或分类的值。对于数值型值,可以是覆盖原值的一个取值范围。对于分类数据,可以是更为一般的分类,例如用分类系统树中的前驱节点。

(3)交换。取出数据集中两条不同的记录,交换一定属性的取值(例如,把两个人记录中薪水字段的值互换)。

在所有泄露控制方法中,主要用来实现 DAS 功能的是一般化。在基于信息隐藏的方法中产生的泄露,其实质与基于密码方法中是不同的。后者中,泄露风险与破译加密方法的难度成反比,如果密码被破译就意味着明文取值完全泄露。相比之下,前者中信息泄露只是部分的或者实质上是概率的,也就是说,交换后的数据泄露敏感信息的概率是不能忽略的。

这里主要讨论基于信息隐藏的方法,是如何用来支持 SQL 查询的。信息隐藏方法可用来支持在服务器上执行比较运算,进而可作为实现 SPJ(Select-Project-Join)查询的基础,还可支持排序和分组运算,但不支持服务器上的聚合。少量文献把 PH 结合到信息隐藏方法中,能同时支持服务器端聚合和 SPJ 查询。当然,用 PH 实现聚合后,这些方法在很多攻击面前都变得更脆弱。下面讨论如何利用信息隐藏技术支持 SPJ 查询。

2. DAS 查询处理架构

DAS 查询控制流程如图 4.6 所示,信息隐藏技术用于表示服务器上的数据。DAS 模型有三种主要的实体:用户、客户和服务器。客户把数据存储在服务器上。服务器归服务供应商所有,称为服务器端。为了安全,数据任何时候都以加密格式存储在服务器端。加

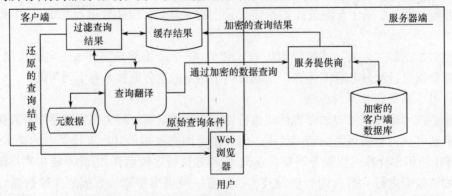

图 4.6　DAS 中的查询处理

密数据库中增加了额外信息(安全索引),在不危害数据隐私性的情况下,可以在服务器上执行一定数量的查询处理。客户维护元数据,可把用户查询转换为服务器上的适当表达式,并对服务器查询结果执行后继处理。根据存储的辅助信息,把原来对非加密关系表的查询分为两部分:

(1)在服务器上运行的对加密关系表的服务器查询。

(2)在客户端运行的客户查询和对服务器查询结果的后继处理。

通过开发一个可对加密表达式重写查询的数学模型实现了这一目标。

3. 查询语句的执行

给出查询语句 Q,目标是要实现让服务器和客户端分别执行 Q 的一部分。服务器将用前述关系运算尽可能多地完成计算,而把尽量少的计算留给客户端执行。查询处理过程优化的目标还是要让客户端完成最少的工作。这样查询的成本包括在服务器上执行查询的 I/O 与 CPU 开销、网络传输、客户端的 I/O 与 CPU 开销。例如,用下面的查询语句从 emp 表得到薪水高于 did = 1 的部门中雇员平均薪水的雇员名单:

SELECT emp. name FROM emp

WHERE emp. salary > (SELECT AVG(salary)

FROM emp WHERE did = 1;

相应的查询树和部分评估策略如图 4.7 ~ 图 4.10 所示。第一个策略如图 4.8 所示,把 emp 表简单转换到对查询进行评估的客户端。

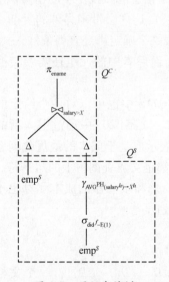

图 4.7　原始查询树

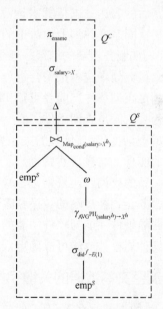

图 4.8　替换加密后的关系表

图 4.9 中的另一种策略是在服务器上计算部分内部查询,尽可能多地选择出对应 Map_{cond}(did = 1)的元组。服务器把加密后的 emp 表即 emp^{S},连同满足内部查询的元组集合加密后的表达式发送给客户端。客户端解密元组后完成剩余的查询。图 4.10 中的另一种策略是在服务器上完成整个内部查询。也就是说,选择出在 did = 1 的部门工作的雇员所对应的元组。客户端收到该结果后解密并计算出平均薪水。平均薪水由客户加密后

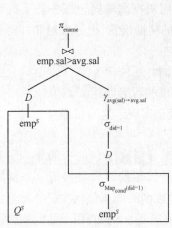

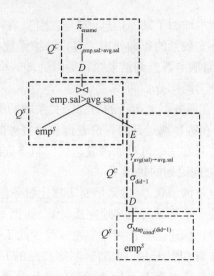

图 4.9　在服务器端执行选择语句　　　图 4.10　客户端与服务器之间的多次交互

再传回服务器,然后在服务器上计算合并。最后,结果只在客户端解密。

支持查询中的聚合:前面讨论的各种查询转换技术都是为了实现比较所必需的关系运算。虽然信息隐藏技术支持关系运算,却不支持像聚合等算术运算。虽然上面的查询语句中有聚合,但该聚合是解密后在客户端完成的。如果要在服务器端执行聚合,就必须用能够对加密后的表达式进行算术运算的密码技术来增强信息隐藏技术。文献[19]说明了如何把秘密同态合并到上面讨论的方法中。由于信息隐藏技术不能精确识别需要聚合的目标组(例如服务器端的结果一般含有误查结果),这样会带来另外的复杂度。该文献提出了一个代数处理技术把聚合组分为两个子集,一个确定满足查询条件,一个可能满足也可能不满足查询条件。前者可用 PH 直接聚合,而后者中的元组还需要转换到客户端以确定是否真的满足查询条件。

DAS 中的查询优化:与传统的关系查询相同,在 DAS 中也可以对一个给定的查询给出多个等价的实现。这样自然就提出了优化的要求。文献[20]中通过引入新的查询处理函数并定义新的查询转换规则,把 DAS 查询优化表示成基于成本的最优化问题。重要的是要把从服务器到客户端的转换和客户端的解密都定义成查询树上的运算符。根据客户端与服务器的硬件性能与软件功能的不同,对客户端和服务器的成本测算也不同。有一种新的查询计划枚举算法可以确定最少的成本计划。

4.4.3　对加密文本数据的关键字搜索

设 Alice 是数据的所有人,有一批文本文档记为 $D = \{D_1, \cdots, D_n\}$。一个文档是由单词组成的一个集合,记作 $D_i = \{W_1^D, \cdots, W_n^D\}$,每一个单词 $w \in W$,W 表示所有可能单词的集合。Alice 把这些文档存储在服务供应商处。由于服务供应商是不可信的,所以是加密存储的。每个文档是这样逐词加密的:把每个文档分成等长的单词,通常每个这样的单词相当于英语里的一个单词,并通过在末尾添加"0"或"1"使得所有单词长度相等。Alice 会向服务器提出查询请求,要找出文档的一个子集。查询语句本身就是一个单词集合。返回结果相当于一个含有所有查询关键字的文档集合,形式化表示如下:

$$Ans(q) = \{D_i \in D | \forall k_j \in q, k_j \in D_i\}$$

目标是要设计出的技术不仅能在文档中准确找到所要查询的关键字,更要在返回结果中不泄露任何信息。

人们对基本关键字搜索问题的不同变化情况已做了很多研究。文献[21]研究了如何把基于私钥的加密方案用来设计对加密后数据的匹配技术,以实现在文档中查找任何单词。文献[22]给出了一种安全的基于公钥的方案,可选定单词集,对由用户公钥加密的数据实现非交互式查找。文献[23]提出了一种文档索引方法,用优化过滤器提高关键字查找算法的速度,但有时会有误查结果。文献[24]对多关键字按与检索提出了一种安全方案,目标仍是在准确返回含有所有关键字的文档集合后,避免任何信息泄露。

下面介绍一种基于私钥的方法,是由文献[25]提出,并且是关于加密文本数据检索问题的最早发表的解决方案之一。该方法引起明显的开销,对每个文档需要复杂度为 $O(n)$ 的密码运算,其中 n 是文档中的单词数。

基于私钥的加密文本数据搜索方案如下:

假设数据所有人 Alice 想把一批文档存储在服务供应商 Bob 处。Alice 在存储之前先把每个文档 D 加密,并创建安全索引 $I(D)$ 存储到 Bob 处,帮助执行关键字搜索。安全索引不会向敌手泄露关于内容的任何信息。但是可以让敌手用一个与关键字关联的陷门来测试是否存在某些关键字,该陷门由客户端的密钥生成。当用户想要查找含有单词 w 的文档时,会为 w 生成一个陷门,该陷门就有可能被敌手利用来检索相应的文档。

安全索引是根据 D 中的关键字这样创建的:设文档 D 由单词序列 $w_1, \cdots, w_l$ 组成。Alice 用序列密码器产生伪随机比特流,并与明文执行按位异或运算(XOR, $\oplus$),生成索引。Alice 首先用序列密码器产生伪随机数序列 $s_1, \cdots, s_l$,其中每个 s_i 的长度为 $n - m$ 比特。再用一个以密钥 k_c 为种子的伪随机函数 $F_k(s_i)$ 对每个 s_i 生成一个随机的 m 比特序列。再由此计算一个 n 比特的序列 $t_i := <s_i, F_k(s_i)>$,其中 $\langle a, b \rangle$ 表示字符串 a 和 b 的联结。然后为了加密 n 比特的 w_i,对 w_i 和 t_i 执行按位异或运算,即密文 $c_i = w_i \oplus t_i$。因为只有 Alice 能产生伪随机序列 $t_1, \cdots, t_l$,所以其他人都不能解密 c_i。

对如上得出的文本文档是这样进行检索的:当 Alice 需要查找含有单词 w 的文件时,她把 w 和密钥 k_c 发送给服务器。Bob 在服务器上通过检查 $c_i \oplus w$ 是否具有 $\langle s, F_k(s) \rangle$ 的形式,在相应索引文件中查找 w。服务器把含有 w 的文档返回给 Alice,由 Alice 解密。

如果伪随机函数 F、用来生成 s_i 的序列密码器和文档 D 的加密过程是安全的,那么上述方法就是安全的。也就是说,对任何计算能力有限的敌手而言,t_i 的值是无法辨别的是真随机的。实际上,敌手仅凭密文是不可能知道文档内容的。

虽然上述方法是安全的,但也有一个重要的局限性,敌手可以知道客户查找的是什么关键字 w_i。该搜索策略会让敌手通过长期的查询日志知道哪些文档含有哪些关键字。而且,敌手还可以通过不需用户明确授权而查询自己的单词来发起攻击,进而知晓文档的内容。

防止服务器知道确切查找单词的一个简单策略就是,用一个确定的加密算法 E_k 和敌手不可见的私钥 k_p 把每个明文单词 w 单独预先加密。经过这样的预先加密过程之后,用户有一个加密后的单词序列 $x_1, \cdots, x_l$,然后再用与前面相同的序列密码发生器对该序列加密,得到 $c_i := x_i \oplus t_i$,其中 $x_i = E_{kp}(w_i)$,$t_i = \langle s_i, F_{kc}(x_i) \rangle$。在查找过程中,客户端不再泄露关键字,而是与服务器计算 $E_{kp}(w_i)$。

这个方法是安全的,还可保证不让敌手通过查询日志知道文档内容,形式化表示如下。

(1) k_p:用户私钥,$k_p \in \{0,1\}^s$,由用户私密保存。

(2) k_c:用户的集合键做密钥,$k_c \in \{0,1\}^s$,是公开的。

(3) 伪随机函数 $F:\{0,1\}^s \times \{0,1\}^{n-m} \to \{0,1\}^m$,可把一个 $n-m$ 比特的字符串和一个 s 比特的密钥,映射成一个 m 比特的随机字符串,是公开的。

(4) 陷门函数:令 T 表示一个陷门函数,输入一个私钥 k_p 和一个单词 w,输出 w 的陷门,例如,$T(k_p,w) = E_{kp}(w)$,其中 E 是一个确定的加密函数。对一个给定的文档,用 t_i 表示第 i 个单词的陷门。

(5) 索引构建函数 BuildIndex(D, k_p, k_c):构建文档 D 的索引,使用伪随机发生器 G 输出长度为 s 的随机字符串。函数伪码如下:

〈算法 1〉BuildIndex

1: Input:D, k_p, k_c;
2: Output:I_D/ $*$ The index for the document $*$/
3:
4: $I_D = \varphi$;
5: **for** all $wi \in D$ **do**
6:    Generate a pseudo-random string s_i using G;
7:    Compute trapdoor $T(w_i) = E_{kp}(w_i)$;
8:    Compute ciphertext $c_i = T(w_i) \oplus <s_i, F_{kc}(s_i)>$;
9:    $I_D = I_D \cup c_i$;
10: **end for**
11: Return I_D;

➢ 查找索引函数 $SearchIndex(ID, T(w))$:输入文档索引和待查单词 w 的陷门,如果找到 w,查找索引函数就返回文档 D。函数伪码如下:

〈算法 2〉SearchIndex

1: Input:$I_D, T(w)$
2: Output:D or φ
3:
4: **for** all $c_i \in I_D$ **do**
5:    **if** $c_i \oplus T(w)$ is of the form $<s, F_{kc}(s)>$ **then**
6:        Return D;
7:    **end if**
8: **end for**
9: Return φ;

上述对加密文本进行查找的方法有一个局限性,需要在服务器上执行复杂度为 $O(n)$ 的比较运算,来测试一个文档中是否含有给定的关键字,这里的 n 是文档中关键字的个数。虽然当文档较小或数量较少时这种开销是可以忍受的,但该方法实质上是不可扩展的。文献[23]通过对索引文档使用优化过滤器解决了这个局限。

4.4.4 查询加密的 XML 数据

虽然对 XML 数据的管理与查询已得到广泛的解决,但在加密 XML 数据管理领域还有相应工作需要完成。关于 XML 数据有一种新的研究角度越来越重要,那就是数据中的结构信息。文献[26]考虑到了在 DAS 模型中支持 XPath 查询的问题,其底层数据就是 XML 格式,并提出基于 Xpath 表达式的方法来定义安全约束(Security Constraints,SC)。这两种约束的区别在于,一种的目标是要隐藏树节点的值,另一种要隐藏不同属性之间的联系。例如,在一个存有病人数据的医学数据库中,用户可能会想要从以下几方面保护信息:每个病人的保险信息,哪个 SSN 是哪个病人的,病人与所患疾病之间的联系,等等。这些约束可用 XPath 表达式的形式定义,既可归为节点型约束(Node-Type Constraints),也可归为群丛型约束(Association-Type Constraints)。安全约束 SC 可强制执行,通过把内容加密而把 XML 树中某些节点子集的内容隐藏起来。当需要隐藏两个元素之间的联系时,只需加密其中任意一个节点即可强制执行安全约束。最优化问题需要有人来确定,为满足所有安全约束而要加密的一个节点最小集合。文献[26]采用了既定加密方案,一个明文总是被映射到相同的密文。这种既定加密是不安全的,不能抵御统计攻击。为了避免这一点,该文献提出使用诱饵值来隐藏真正的值。

查询处理过程按照前述典型 DAS 方法进行,有的元数据与加密后数据一起存储在服务器上,以便服务器端进行查询处理。有人提出使用双索引,用一个结构索引以实现树的遍历,用一个值索引实现像范围查询等按照取值进行的查询。前者叫做非连续结构区间索引(Discontinuous Structural Interval,DSI),在有序整环一定值域范围区间取值,表示树的节点。区间的大小随机选择,以免泄露关于一个节点有多少个子节点的任何信息。DSI 索引用两个表存储在服务器上,可以在不泄露结构信息的情况下得到 XML 文档树的子树。

要查找一个有序整环内的值,例如范围查询,可用保序加密方案把这些值从原值域变换到一个新的域。由于顺序被保留,可以用 B 树对这些修改后的值实现范围查询。要防止基于频率的攻击,可以插入少量 s_i 份与值 v_i 对应的密文 c_i。但这样会随着数据集大小的增长而增加开销,相应性能的降低情况还有待进一步研究。该方案似乎还需要大量的密钥,带来密钥管理方面的显著开销。由于使用的是保序加密方案,对已知明文攻击也是不安全的。当某些明密对被泄露给敌手后,还将遭受多种攻击。

服务器上的查询处理是用结构与值索引实现的,还会产生满足查询条件真正的节点集合的一个超集。这些加密的节点然后被返回给客户,其后继处理步骤会丢弃误查结果。

4.4.5 信息泄露风险的测量与对策

前面讨论了当数据以存储桶形式表示时,如何实现 DAS 的功能。这种存储桶表示会造成敏感信息的泄露。例如,有个敏感的数值型属性(像薪水)是用存储桶表示的,如果敌手以某种方式刚好知道了桶 B 中的最大值和最小值,就可以确定该桶中所有数据的取值范围是[min_B,max_B],进而导致 B 中数据元素敏感取值的部分泄露。如果敌手还知道桶中值的分布情况,还可以进一步推断出某些特殊的记录。大家自然会问,对给定的桶标,这种数据的一般化表示到底泄露了多少信息,对给定的实体,敌手对敏感属性的值会预测到什么程度。这依赖于数据被一般化的粒度。例如,把值域中的所有取值分配给一个存储桶,桶标就完全不会泄露任何信息。但这样就要求客户把每条记录都从服务器上取回。另一种极端是,每个可能的数据取值都有一个相应的存储桶,客户就没有任何机密性,尽管从服务器返回的记录不再含有误查内容。还需要在性能开销与泄露程度之间折中。文献[27]研究了这种折中,提出了一种策略,在强制降低性能的情况下使泄露达到最小。

下面看看这种情况,在一维有序数据集(例如数值型属性)上执行基于存储桶的一般化,查询类型也是一维的范围查询。文献[27]指出桶内取值分布的熵和方差与泄露风险成反比。熵体现的是与所选择服从某种概率分布的随机元素有关的一种不确定性。某种分布的熵越高,元素真实取值的不确定性就越大。例如,某域有 5 个明显不同的值,数据集有 20 个数据点,如果所有这 5 个值出现的次数相同,比如每个值都出现了 4 次,熵就最大。

在安全的基于索引的方案中,敌手只能看到数据元素 t 的桶标 B。如果敌手以某种方式知道了 B 内值的分布,他猜中 t 真实取值 $v*$ 的概率等于值为 $v*$ 的元素在 B 中所在的比例。对真实取值的不确定性可通过 B 内值分布的熵以总计的方式求出。非关联随机变量 X 的熵可能取值 $x_i = 1, \cdots, n$,相应概率为 $p_i, i = 1, \cdots, n$,熵的计算公式如下:

$$\mathrm{Entropy}(X) = H(X) = -\sum_{i=1}^{n} p_i \log_2(p_i)$$

如果属性值域是有序的,上面熵的定义还不能反映两个值之间的距离。在最坏情况下,敌手知道值的分布,每个桶分布越广,防泄露效果就越好。所以有人提出用桶分布的方差(计算公式如下)来反向表示其泄露风险。也就是说,值分布的方差越高,泄露风险就越低。

$$\mathrm{Variance}(X) = \sum_{i=1}^{n} p_i (x_i - E(X))^2, \text{where } E(X) = \frac{1}{n}\sum_{i=1}^{n} p_i x_i$$

文献[27]在介绍这些表示泄露风险的方法之后,还提出了一个 2 阶段算法来创建安全索引,目的是向数据所有人提供一个可调的算法,让所有人自己选择性能与安全的折中程度。第一阶段,把属性中出现的值分成由用户指定的 M 个桶,使得对所有可能的范围查询而言误查的平均数都最小。这一阶段创建的桶可能不符合安全标准,所以再进行第二阶段处理,用一种受控的方式把这些最优桶内的值重新分布到新的 M 个桶中,把桶内分布的熵和方差提高到性能允许的最大值。用户可调的参数确定了这个最大值,以保证性能。

文献[28]也为隐私保护数据发布提出了类似的泄露风险表示方法。其实现匿名的关键技术也是用与文献[27]中相似的分割方法实现数据的一般化。

上面只讨论了一维数据的情况。大多数实数集都有多种属性和相互关系。可能有像多维关系数据那样相互关系和多种函数依赖关系,也可能有像 XML 数据那样的结构依赖关系。从一个属性上得到的知识就有可能通过这些相互关系泄露出另一个属性的值。对这些数据的安全成本分析也明显不同。这里给出的分析都是对最坏情况的分析,现实中是不会出现这种最坏情况的。为了研究桶内的数据联合分布,需要的训练集大小以属性/

维的数量指数级增长,这使得"完全桶内"的假设对多维数据就更不成立。文献[29]提出了一种对多维数据新的分析泄露风险的方法,并把文献[27]的工作扩展到这种情况下。

4.5　小结

本章介绍了数据库加密技术的国内外发展现状,与加密相关的密钥管理、认证与完整性、秘密同态等技术,主流的数据库加密技术,以及如何对加密后的数据进行查询和管理。

虽然对 DAS 做了大量的研究,我们相信在实现能同时满足数据机密性与效率需求的安全数据管理服务之前,还存在许多更进一步的挑战。一些尚待解决的开放问题有:①支持动态更新的技术;②支持存储过程和在 SQL 处理中执行函数的机制;③支持像模式匹配等更完备的 SQL 查询。还需要对大家提出的不同 DAS 模型进行详细的比较分析,从可行性、对不同情况的适应性、效率、能达到的机密性等不同方面对这些方法做出评估。还需要对不同方案的抗攻击与隐私保护效果进行安全性分析。像参数选择、XML 数据的结构信息隐藏等其他安全问题也有待更深入的分析。在哪里使用密码技术、算法选择、密钥长度选取、密钥生成分配与撤销等这些问题仍需要更多的关注。

内部攻击给数据库带来了许多安全漏洞,对安全数据管理研究的丰硕成果必将成就安全数据库管理。目标是要能确定管理员至少必须知道哪些信息才能完成任务,而把那些可能会泄露的敏感信息尽可能多地隐藏起来。

参 考 文 献

[1] Hacigumus H,Iyer B,Mehrotra S. Providing Database as a Service[C]. ICDE,San Jose,California,USA,2002.

[2] 张敏,徐震,冯登国. 数据库安全[M]. 北京:科学出版社,2005:163 – 169.

[3] Hacigumus H,Mehrotra S. Performance concious key management in Encrypted Databases[C]. DBSec,2004.

[4] Hacigumus H,Mehrotra S. Efficient Key Updates in Encrypted Database Systems[C]. Secure Data Management,2005.

[5] Mykletun E,Narasimhan M,Tsudik G. Authentication and Integrity in Outsourced Databases[C]. NDSS,2004.

[6] Rivest R L,Adleman L,Detrouzos M L. On Data Banks and Privacy Homomorphism[M]. New York:Academic Press,
1978:169 – 179.

[7] Domingo F J. A New Privacy Homomorphism and Applications [J]. Information Processing Letters, 1996, 60 (5):
277 – 282.

[8] 王晓峰,王尚平. 秘密同态技术在数据库安全中的应用[J]. 计算机工程与应用,2003,39(14):194 – 196.

[9] Agrawal R,Kieman J,Srikant R,et al. Order Preserving Encryption for Numeric Data[C]. Proc. of SIGMOD'04,Paris,
France. 2004:563.

[10] 李亚秀,刘国华. 数据库中字符数据的加密方法[J]. 计算机工程,2007,33(6): 120 – 122.

[11] Hacigumus H,Iyer B,Mehrotra S. Providing Database as a Service[C]. In Proc. of ICDE,2002.

[12] Hacigumus H,Iyer B,Li C et al. Executing SQL over encrypted data in the database-service-provider model[C]. Proc. of
SIGMOD,2002.

[13] Iyer B,Mehrotra S,Mykletun·E,et al. A Framework for Efficient Storage Security in RDBMS In Proc. of EDBT 2004.

[14] Garcia-Molina H,Ullman J,Widom J. Database Systems:The Complete Book[M]. Prentice Hall,2002.

[15] 李现伟,刘国华,苑迎,等. 一种基于信息分解与合成的数据库加密方法[J]. 计算机工程与科学,2007,29(10):
54 – 60.

[16] 徐军,卢建朱. 数据库字段安全分级的加密方案[J]. 计算机工程,2008,34(4):179 – 180.

[17] 赵卓,刘博,厉京运. 基于 DBMS 外层的数据库加密系统研究与设计[J]. 计算机工程与设计,2008,29(12):3030 – 3033.

[18] 赵卫利,周昕,熊前兴,等. 基于扩展存储过程的数据库加密技术研究[J]. 计算机工程与设计,2007,28(11):2556 – 2558.

[19] Hacigumus H,Iyer B,Mehrotra S. Efficient Execution of Aggregation Queries over Encrypted Relational Databases[C]. DASFAA,2004.

[20] Hacigumus H,Iyer B,Mehrotra S. Query Optimization in Encrypted Database Systems[C]. DASFAA,2005.

[21] Chang Y,Mitzenmacher M. Privacy preserving keyword searches on remote encrypted data[C]. Third International Conference on Applied Cryptography and Network Security (ACNS 2005),Springer-Verlag,2005:442 – 455.

[22] Boneh D,di Crescenzo G,Ostrovsky R,et al. Public Key Encryption with Keyword Search[C]. Advances in Cryptology-Eurocrypt 2004,Springer-Verlag,2004:506 – 522.

[23] E-J. Goh Secure Indexes[R]. Technical report 2003/216,In IACR ePrint Cryptography Archive.

[24] Ballard L,Kamara S,Monrose F. Achieving Efficient conjunctive keyword searches over encrypted data[C]. ICICS,2005.

[25] Song D,Wagner D,Perrig A. Practical Techniques for Search on Encrypted Data[C]. Proc. of IEEE SRSP,2000.

[26] Wang H,Lakshmanan L. Efficient Secure Query Evaluation over Encrypted XML Databases[C]. VLDB,2006.

[27] Hore B,Mehrotra S,Tsudik G. A Privacy-Preserving Index for Range Queries[C]. Proc. of VLDB 2004.

[28] Machanavajjhala A,Gehrke J E,Kifer D,et al. Diversity:Privacy Beyond k-Anonymity[C]. ICDE,2006.

[29] Hore B. Storing and Querying Data Securely in Untrusted Environments[D]. University of California,Irvine:Department of Information and Computer Science,2007.

第 5 章　数据库审计

按照 TDI/TCSEC 标准中安全策略的要求,审计功能是 DBMS 达到 C2 以上安全级别必不可少的一项指标,因为数据库系统现有的任何安全机制都不可能完全解决数据库的安全问题,安全审计把用户对数据库的操作自动记录下来放入审计日志中。DBA 可以利用审计跟踪的信息,重现导致数据库现有状况的一系列事件,作为安全事件追踪分析和责任追究的依据。因此,安全审计对于数据库的安全来说尤为重要。目前,大多数商品化关系数据库管理系统都提供了 C2 级的审计保护功能,如 Oracle、Sybase、DB2、SQLServer 等,虽然实现方式和功能存在着不同,但都提供了较为完整的审计保护功能。

本章首先阐述了国际信息安全评估通用准则(Common Criteria,CC)中规定的安全审计系统的主要功能,并在此基础上分析了安全审计系统建设目标;其次介绍了一个由 Agrawal 等人所提出数据库审计模型实例;最后从审计类型、审计粒度和审计实现方式三个方面简要介绍了 Oracle 审计技术。

5.1　安全审计系统

5.1.1　审计的主要功能

国际信息安全评估通用准则 CC 阐述的安全审计系统的主要功能包括[1]安全审计数据产生(Security Audit Auto Response)、安全审计自动响应(Security Audit Data Generation)、安全审计分析(Security Audit Analysis)、安全审计浏览(Security Audit Review)、安全审计事件选择(Security Audit Event Selection)和安全审计事件存储(Security Audit Event Storage)等。

1. 安全审计数据产生

安全审计数据产生是指对在安全功能控制下发生的安全相关事件进行记录。它包括审计数据产生和用户相关标识两个组件定义。

(1)审计数据产生。定义了可审计事件的等级,规定了每条记录包含的数据信息。产生的审计数据有对敏感数据项的访问、目标对象的删除、访问权限或能力的授予和撤销、改变主体或客体的安全属性、标识的定义和用户授权认证功能的使用、事件发生的时间、事件类型、主标识、事件的结果等。

(2)用户相关标识。规定了将可审计事件和用户联系起来。数据产生功能能够把每个可审计事件和产生此事件的用户标识关联起来。

2. 安全审计自动响应

安全审计自动响应是指当安全审计系统检测出一个安全违规事件(或者是潜在的违规)时采取自动响应的措施。响应包括报警或行动,例如实时报警的生成、违例进程的终止、中断服务、用户账号的失效等或及时通知管理员系统发生的安全事件。

3. 安全审计分析

安全审计分析是指对系统行为和审计数据进行自动分析，发现潜在的或者实际发生的安全违规。安全审计分析的能力直接关系到能否识别真正的安全违规。它包括四个组件的定义：潜在违规分析、基于异常检测的描述、简单攻击试探法、复杂攻击试探法。

(1)潜在违规分析。建立一个固定的、由特征信息构成的规则集合并对其进行维护，以监视审计出的事件，通过累积或者合并已知的可审计事件来显示潜在的安全违规事件。

(2)基于异常检测的描述。每个特征描述代表特定目的组成员使用的某个历史模式。每个特定目的组的成员分配相应的阈值，来表明此用户当前行为是否符合已建立的该用户的使用模式。每个用户相关的阈值表示用户当前行为是否符合已建立的该用户的使用模式，当用户的阈值超过临界条件时，要能够表明即将来临的违规事件。

(3)简单攻击试探法。该功能应检测出代表重大威胁的特征事件的发生。对特征事件的搜索可以在实时或者批处理模式下分析实现。该功能应当能够维护特征事件（系统事件子集）的内部表示，可以表明违规事件，在对用于确定系统行为的信息检测中，能够从可辨认的系统行为记录中区别出特征事件，当系统事件匹配特征事件表明潜在违规时，能够表明即将发生的违规事件。

(4)复杂攻击试探法。该功能应能描绘和检测出多步骤的入侵攻击方案，能够对比系统事件（可能是多个个体实现）和事件序列来描绘出整个攻击方案，当发现某个特征事件序列时，能够表明发生了潜在的违规。在管理上应当做好对系统事件子集的维护和对系统事件序列集合的维护。在细节上能够维护已知攻击方案的事件序列（系统事件的序列表，表示已经发生了已知的渗透事件）和特征事件（系统事件的子集）的内部表示，能够表明发生了潜在的违规。在对用于确定系统行为的信息的检测中，能够从可辨认的系统行为记录中区别出特征事件和事件序列，当系统事件匹配特征事件或者事件序列表明潜在违规时，能够表明即将发生的违规事件。

4. 安全审计浏览

安全审计浏览是指经过授权的管理人员对审计记录的访问和浏览。安全系统需要提供审计浏览的工具，通常审计系统对审计数据的浏览有授权控制，审计记录只能被授权的用户有选择地浏览，包括一般审计浏览、受限审计浏览、可选审计浏览。

(1)一般审计浏览。提供从审计记录中读取信息的能力。系统为授权用户提供审计记录信息，并且能够做出相应翻译。当个人需要时，授权用户从审计记录中读取审计信息列表，信息将显示成个人能够理解的表达方式。

(2)受限审计浏览。除了经过鉴定的授权用户，没有其他任何用户可以读取信息。

(3)可选审计浏览。通过审计工具按照一定标准来选择审计数据进行浏览。

因此，系统应当对审计数据提供逻辑关系上的查询、排序等能力。

5. 安全审计事件选择

安全审计事件选择是指管理员可以从可审计的事件集合中选择接受审计的事件或者不接受审计的事件。一个系统通常不可能记录和分析所有的事件，因为选择过多的事件将无法实时处理和存储，所以安全审计事件选择的功能可以减少系统开销，提高审计的效率。此外，因为不同场合的需求不同，所以需要为特定场合配置特定的审计事件选择。安全审计系统能够维护、检查、修改审计事件的集合，并能够通过选择性审计组件能够选择对哪些安全属性进行审计。例如，从可审计事件集合中选择接受审计的事件或者不接受审计的事件；从可审计事件集合中按照对象标识、主体标识、主机标识、事件类型等属性选择接受或不接受审计的事件。

6. 安全审计事件存储

安全审计事件存储是指对安全审计跟踪记录的建立、维护，并保证其有效性。审计系统需要对审计记录、审计数据进行严密的保护，防止未授权的修改，还需要考虑在极端情况下保护审计数据有效性。审计系统在审计事件存储方面遇到的通常问题是磁盘用尽。单纯采用的覆盖最老记录的方法是不足的。审计系统应当能够在审计存储发生故障时或者在审计存储即将用尽时采取相应的动作。主要包括受保护的审计跟踪存储、审计数据有效性的保证、预防审计数据丢失。

（1）受保护的审计跟踪存储。需要存储好审计跟踪记录，防止未授权删除或修改或者检测出对审计记录的删除修改。

（2）审计数据有效性的保证。需要保证审计数据的有效性，维护好控制审计存储能力的参数，防止未授权删除修改，当存储介质异常、失效、系统受到攻击时，应该保证审计记录的有效性。

（3）预防审计数据丢失。当审计记录数目超过预设值时，为了防止可能出现的审计数据丢失，需要采取一定措施防止可能的存储失效。在审计跟踪记录用尽系统资源（一般情况下是硬盘存储容量）时，需要做出选择以预防审计数据的丢失。例如，忽略或禁止可审计事件、覆盖旧的存储的审计记录等措施。

5.1.2 与入侵检测的关系

与安全审计密切相关的技术就是入侵检测（Intrusion Detection），目前它已成为保证计算机系统安全必不可少的一项技术。入侵检测是识别那些非授权使用计算机的个体（如黑客）和虽有合法授权但滥用其权限的用户（如内部攻击）。它通过对计算机网络或计算机系统中的若干关键点收集信息并对其进行分析，从中发现网络或系统中是否有违反安全策略的行为和被攻击的迹象。相对安全审计是一种较为积极的安全措施，其通过监视系统活动，综合系统各个方面广泛收集数据，从中发现可能发生的来自内部或外部的入侵，并依照一定的策略主动采取适当的应对措施，限制和防止入侵行为破坏系统的安全性。因此，审计是入侵检测系统的基础，它为入侵检测提供所要分析的数据；而入侵检测是审计功能的升华，借助于入侵检测技术，审计数据能在保证系统安全方面发挥更大的作用。

Dorothv Denning 在 1987 年最早提出了入侵检测系统（Intrusion Detection System，IDS）的通用结构模型，1997 年 Teresa Lunt 等人在 IDS 已经得到充分发展的基础上提出了 IDS 的公共入侵检测框架（Common Intrusion Detection Framework，CIDF）[2]，标志着 IDS 在结构上已经相当成熟，CIDF 框架结构如图 5.1 所示。事件产生器的目的是从整个计算环境中收集数据并对数据进行初步加工，收集的数据可以是网络包、系统日志或审计数据等，并发送给系统中的其他部分。事件分析器接收由本地事件产生器和其他 IDS 发送来的数据，分析所得到的数据，并产生分析结果。响应单元则是对分析结果作出反应的功能单

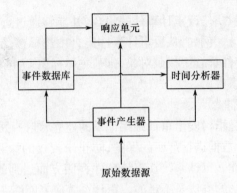

图 5.1 CIDF 结构图

元,它可以作出切断连接、改变文件属性等强烈反应,也可以只是简单的报警。事件数据库是存放各种中间和最终数据的地方,供 IDS 将来使用。

5.1.3 安全审计系统的建设目标

由 CC 规定可知,一个安全审计系统主要完成以下几个目标[4]:

1. 有效获取所需数据

审计系统如何获取所需的数据通常是最关键的,数据一般来源于以下几种方式:来自网络数据截获,如各类网络监听型的入侵检测和审计系统;来自系统、网络、防火墙、中间件等系统的日志;通过嵌入模块,主动收集系统内部事件;通过网络主动访问,获取信息;来自应用系统、安全系统的审计。

2. 提供事件分析机制

审计系统需具备评判异常、违规的能力。一个没有分析机制的审计系统虽然理论上可以获取和记录所有的信息,但实际上在需要多层次审计的环境中是不能发挥作用的。审计系统的分析机制通常包括实时分析和事后分析两种,实时分析指提供或获取数据的设备和软件应具备预分析能力,进行第一道筛选;事后分析指维护审计数据的机构对审计记录的事后分析。事后分析通常包括统计分析和数据挖掘两种技术。对于重要领域的信息系统而言,两方面的分析机制都是需要的。一般情况下审计系统都应具备实时分析能力,如果条件允许,也应具备事后分析的能力。

3. 保证审计功能不被绕过

采用各种增强审计系统的防绕性。通常采用以下手段增强审计系统的防绕性,通过技术手段(如网络监听和 wrapper 机制等)保证的强制审计;通过不同审计数据的相互印证,发现绕过审计系统的行为;通过对审计记录的一致性检查,发现绕过审计系统的行为;采用相应的管理手段,从多角度保证审计措施的有力贯彻。

4. 有效利用审计数据

如果一个审计系统,缺乏对审计数据的深度利用将无法发挥审计系统的作用。通常可采取以下的措施有效利用审计数据:根据需求进行二次开发,对审计数据进行深入的再分析,充分利用成熟的分析系统,实现关联分析、异常点分析、宏观决策支持等高层审计功能;对审计系统中安全事件建立相应的处理流程,并加强对事件处理的审计与评估;根据审计数据,对不同的安全部件建立有效的响应与联动措施;针对审计记录,有目的地进行应急处理以及预案和演习;建立相应的管理机制,实现技术和管理的有机结合。

5. 审计系统透明性

如何在实现审计的同时确保原有系统的正常运转是审计系统构建的关键,要尽量做到最小修改和影响系统性能最小。主要分为完全透明型、松散嵌入型和紧密嵌入型三类。完全透明型,原有系统根本察觉不到审计系统的存在;松散嵌入型,基本上不改变原有系统;紧密嵌入型,需要原有系统的平台层和部分应用做出较大改变;一体化设计,系统设计之初就考虑审计功能。所有模块都有与审计系统的接口。

5.2 数据库审计系统模型

数据库安全审计(Database Security Audit)是对数据库用户的行为进行监督管理,对数据库的工作过程进行详尽的跟踪,记录用户活动,记录系统管理,监控和捕捉各种安全事件,维护管理审计记录和审计日志。数据库安全审计系统不仅要收集和记录审计数据,而且还应当对审计数据进行相应的分析和响应。

文献[5]较全面地介绍了数据库审计系统模型。Agrawal 等人[6]针对 Hippocratic[7] 提出的数据库系统 10 条保密准则的第 10 条,给出了相应的审计方法和审计模型。其审计方法加在常规查询的处理之上,主要审计以往数据库中的查询是否访问了特定数据,审计的粒度可以是记录的单个字段值。

5.2.1 相关术语和形式化定义

1. 审计表达式

审计表达式采用近似 SQL 查询语句的语法,除了 Audit 代替 Select 之外,考虑到 distinct 短语会对聚集的审计结果产生影响,并假定 select 列表中没有 distinct 短语。其他部分的语法和 SPJ(Select-Project-Join)查询语法基本一致,审计表达式语法格式为:

otherthan <目标,接收对象>

during 起始时间 to 终止时间

audit 审计列表

from 基本表达式(和)视图序列

where 条件表达式

otherthan <目标,接收对象>子句定义信息发布的一致性;during 子句表示只审计设定时间段内查询。

2. 查询 Q 和审计 A

查询 Q 和审计 A 形式化地表示如下:

$$Q = \pi_{C_{OQ}}(\sigma_{PQ}(T \times R)), \quad A = \pi_{C_{OA}}(\sigma_{PA}(T \times S))$$

T、R、S 是关系模式中的表,其中,PQ 表示查询 Q 中的条件表达式,PA 表示审计 A 中的条件表达式,C_{OQ} 表示查询 Q 里 select 中的属性集合,C_{PQ} 表示 PQ 包含的属性集合,C_{OA} 表示审计 A 中的属性集合,C_{PA} 表示 PA 包含的属性集合。

定义 5.1 必不可少的元组(Indispensability-SPJ)

对 SPJ 查询 Q,元组 $t \in T$ 是必不可少的,如果将 t 从查询 Q 中删除,查询 Q 的结果将

会发生变化,即

$$\text{ind}(t,Q) \Leftrightarrow \pi_{CQ}(\sigma_{PQ}(R)) \neq \pi_{CQ}(\sigma_{PQ}(R-\{t\}))$$

定理 元组 $t \in T$ 对 SPJ 查询 Q 是必不可少的元组,如果

$$\text{ind}(t,Q) \Leftrightarrow \sigma_{PQ}(\{t\}) \times R \neq \varnothing$$

定义 5.2 最大公共元组(Maximal Virtual Tuple)

对查询和 Q_1 和 Q_2,如果元组 t 属于 Q_1 和 Q_2 中 from 子句里公共表的交集,那么元组 t 为最大公共元组(MVT)。

定义 5.3 候选查询(Candidate Query)

查询 Q,对审计表达式 A 而言,当且仅当 $C_Q \supseteq C_{OA}$ 时,Q 为候选查询。

定义 5.4 可疑查询(Suspicious Query)

对审计表达式 A,候选查询 Q 为可疑查询,如果 A 和 Q 有相同的必不可少的 MTV 元组 t,即:

当 $\text{susp}(Q,A) \Leftrightarrow \exists t \in T$,则 $\text{ind}(t,Q) \wedge \text{ind}(t,A)$。其中,$T = T_1 \times T_2 \times \cdots \times T_n$ 为 Q 和 A 中公共表的交集。

审计过程中,先找出候选查询($C_Q \supseteq C_{OA}$)缩小审计查询范围,只有在候选查询包含了审计表达式所定义的元组($\sigma_{PA}(\sigma_{PQ}(T)) \neq \varnothing$)时,候选查询才会成为最终的审计结果——可疑查询。

5.2.2 审计模型

为了支持审计的实现,系统需要维护一张关于所有查询的日志表以及包含所有数据的备份数据库。日志主要记录查询完成的时间,提交查询的用户 ID,查询目标,以及有关应用的信息。审计之前,先对查询日志做静态分析,减少审计查询量。要审计哪些查询访问了审计表达式所指定的信息,必须有选择地对历史进行回放,使用备份日志数据库,重建执行查询时数据库的状态。

备份日志数据库的组织形式分为时标组织(Time Stamped Organization)形式和间隔时标组织形式(Interval Stamped Organization)两种,索引方法分为立即更新索引和延迟更新索引两种。实验结果表明,使用时标组织形式和延迟更新的方法更可取。时标组织形式是除了表 T 中所有的列,备份表 T_b 还包含 TS 和 OP 两列,其中 TS 用来存储元组插入 T_b 的时间,OP 为操作 $\{'insert', 'delete', 'update'\}$。对每个表,使用了三个触发器来创建更新,插入触发器响应向中 T_b 中插入元组的操作,置 OP 列相应的值为 'insert';更新触发器响应 T_b 更新的操作,先插入一条元组,然后置 OP 列相应的值为 'update';删除触发器响应从 T_b 删除元组的操作,在删除元组之前,先插入一条元组,然后置列 OP 列相应的值为 'delete'。所有这三种情况,都将新元组 TS 列的值设置为操作执行的时间。为了能够恢复到 t 时刻 T 的状态,需要产生 t 时刻 T 的快照,,通过在日志表 T_b 上定义视图 T_t 来实现:

$$T' = \pi_{p \cdot c_1 \cdots c_m}(\{t | t \in T_b \wedge t. \text{TS} \leqslant t \wedge t. \text{OP} \neq 'delete' \wedge$$

$$\exists r \in T_b s. t. t. p = r. p \wedge r. \text{TS} \leqslant t \wedge r. \text{TS} > t. \text{TS}\})$$

对不同的键值,T. T'最多只含 T_b 中的一个元组,对 T_b 中有相同键值的一组元组,选中的元组 t 是 τ 时刻或之前创建的,且不是已删除的元组,但其创建时间却迟于 τ 的创建

100

时间。延迟更新策略是只在审计时才更新索引,否则 T_b 处于一种无序状态。其审计模型如图 5.2 所示。

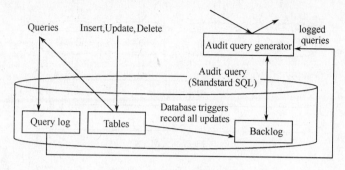

图 5.2　数据库审计模型

5.3　Oracle 审计子系统

Oracle 作为比较成熟的数据库产品,在其审计模型中,是用一张系统表来保存审计踪迹的,表中的每条记录包含疑问事件的大量信息。并且共对 180 余条 SQL 命令提供审计支持,每条 SQL 命令需要记录的信息各不相同。以 INSERT 操作和 CREAT USER 操作为例,前者需要记录对象标识符、对象名称、对象类型和对象模式等信息,而后者则需要记录用户的标识符和用户的名称等信息,从而导致 Oracle 的审计踪迹中存在许多空白项,空间严重浪费。SQL Server 的情况与之类似。DB2 引入了事件的概念,并针对每类事件分别定义了一张系统表,每张系统表都包含相似但不完全相同的一组信息。由于不同事件类别记录的审计项大致相同,而且一条 SQL 命令通常包含多个事件,因此,DB2 审计模型存在着巨大的信息冗余,同样导致了空间的浪费。

Oracle 是目前最流行数据库管理系统之一,其以良好的性能和稳定性成为市场占有率最高的大型数据库产品。随着 Oracle 广泛的应用,用户对其在数据库中数据保护和操作监控的安全性要求也日益提高。同时,Oracle 也在逐步加强和完善数据库产品在审计和日志记录方面的能力,如在 8i 之后,加入了对归档日志的分析工具 LogMiner,在 9i 中加入了细粒度审计 FGA 模块,最终在 OracleLog 产品中实现了对整体数据的详细审计功能。其数据库审计模块基本结构如图 5.3 所示[8],审计管理员通过审计控制开关来确定待审计的主体集、客体集、权限集和语句集。这样与被审计对象相关的操作都会写入系统审计表 AUD ＄中。在 SYS. ADU ＄表中,系统创建了多张系统视图,供用户查看审计踪迹。

5.3.1　Oracle 数据库的审计类型

Oracle 数据库具有审计发生在其内部的所有操作的能力。审计记录可以写入 SYS. AUD ＄表或操作系统的审计跟踪中。使用操作系统审计跟踪的能力依赖于操作系统。Oracle8i/9i 自带的审计功能在默认的状态下也是不被开启的。可以根据需要,设置对不同的数据库操作进行审计记录,有登录审计、语句审计和对象审计三种类型的审计操作[9]。

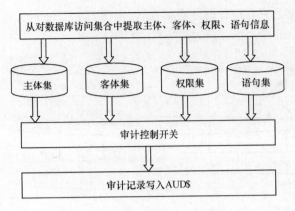

图 5.3　主流数据库审计模块图

1. 登录审计

每个连接数据库的企图都可以被审计,开始审计登录企图的命令为:audit session。

若只是审计成功或失败的连接企图,可使用命令 audit session whenever successful 或 audit session whenever not successful。如果审计记录存储于 SYS. AUD＄表中,这时就可以通过 DBA_AUDIT_SESSION 数据字典视图来查看该表。

如果要禁止审计,可以使用 no audit 命令:no audit session。

2. 语句审计

语句审计是指监视一个或者多个特定用户或者所有用户提交的 SQL 语句。影响数据库对象的任何操作都可以被审计。影响对象的可能操作(如 create、alter 和 drop)可以在审计时编成组。这些命令组可以减少建立和维护审计设置值所需管理工作量。

可以审计所有系统级命令并提供命令组。例如,若要审计影响角色的所有命令,可以输入命令:audit role。若要禁止这个设置,可输入命令:no audit role。

3. 对象审计

对象审计是指监视一个模式中在一个或者多个对象上发生的行为,除了系统级的对象操作外,还可以审计对象的数据处理操作。这些操作可能包括对表的选择、插入、更新和删除操作。

对象审计附加的子句是 by session 或 by access 子句。这个子句指定一个审计记录是为每个会话(by session)写入一次,还是每次访问对象(by access)时都写入一次。

由于数据库的审计跟踪表 SYS. AUD＄是存储在数据库中,所以任何写入这里的审计记录都必须得到保护。否则,用户就可能通过非法操作来删除其审计跟踪记录。

5.3.2　Oracle 数据库细粒度审计

在宏观级别上跟踪用户在对象上执行的操作,例如审计对某个表的 SELECT 语句,可以跟踪是谁从表中选择了数据,但是不知道选择了什么数据;使用触发器或 OracleLog Miner 实用程序可以捕获更改的内容,但因为 SELECT 语句既不启动触发器,也不记入到日志中,所以这两种技术在涉及 SELECT 语句的地方也无能为力。Oracle9i 推出了一种称为细粒度审计(FGA)的新特性,该特性允许对单个的 SELECT 语句进行审计。除了跟踪语句之外,FGA 还提供一种方法来模拟用于 SELECT 语句的触发器,即在用户每次选择特定的数据集时执行一段代码,作为对审计的响应。在 OracleLog 中,细粒度审计的功能更加完善,不但支持 SELECT 操作的审计,还支持 DML 的审计。

与标准审计相比,FGA 具有以下特点:能进行布尔类型的条件检查,就是说当某些条件满足时,才会审计;拥有列敏感性,可以单独对某列的值进行审计,当敏感列被查询并满足布尔条件时,才会审计;拥有时间处理能力,可以对指定的时间段期间的操作进行审计,该时间段以外不进行审计。但 FGA 只能够处理四种类型的语句:SELECT、INSERT、UPDATE 和 DELETE。相比而言,常规审计可以处理其它许多语句和权限,甚至会话连接和断开。细粒度审计的实现和管理使用 Oracle 提供的程序包 DBMS_FGA,所有的记录存储在 FGA_LOGS 表中,也可查看 dba_fga_audit_trail 视图中的审计记录。

5.3.3　Oracle 数据库审计实现

文献[9]给出了 Oracle 数据库审计的以下几种实现方法。

1. 使用触发器审计

对于基于内容的审计可以使用 Oracle 触发器,触发器一般由触发事件与结果过程两部分组成,其中触发事件给出了触发条件,当触发条件一旦出现,触发器则立刻调用对应的结果过程对触发事件进行处理。Oralce 不但提供了 DML 触发器、DDL 触发器,还提供了 logon、log off、startup、shutdown、servererror 数据库事件触发器。触发器审计提供了透明的审计方法,审计时不必修改应用程序,应用程序也感觉不到触发器审计操作。缺点是不支持 SELECT、TRUNCATE 等操作的审计,能够审计的信息较少,而且对于每一行或每一条语句都进行审计,比较消耗系统资源。利用触发器审计首先需要创建审计表,用来存放审计信息;其次创建更新审计表的过程和创建执行审计的触发器。

2. 利用日志分析(Logmnr)审计

Logminer 是 Oracle 公司从产品 8i 以后提供的一个实际非常有用的分析工具,使用该工具不仅可以获得 Oracle 日志文件中的具体内容,而且可以分析出所有对于数据库操作的 DML(INSERT、UPDATE、DELETE 等)语句及一些必要的回滚 SQL 语句。由于对 Oracle 数据库的每个操作首先记录在日志文件中,日志中记录的信息包括数据库的更改历史、更改类型(INSERT、UPDATE、DELETE、DDL 等)、更改对应的 SCN 号以及执行这些操作的用户信息等,通过分析各个时间段的日志文件内容,可以查看数据库的各种操作。若要查看日志文件的内容,可用 Logmnr 工具格式化日志文件,Logmnr 生成的信息存储在 V $ LOGMNR_CONTENTS 视图中,动态性能视图 V $ LOGMNR_CONTENTS 包含 Logminer 分析得到的所有的信息。利用 Logmnr 对数据库进行审计其缺点是不能对 SELECT 操作审计。

3. 利用回闪事务审计

OracleLog 提供了完善的闪回技术,利用闪回版本查询或闪回事务查询可以查看过去某个时间的数据,可以利用这些特性对数据库的操作进行审计。

闪回版本查询(Flashback Version Query),利用保存的回滚信息,可以看到表在特定的时间段内的任何修改,了解表在该期间的任何变化。Oracle 提供的伪列可以查看表列的新值、旧值、操作发生的时间以及操作的类型等信息。如:version_operation 列显示对该行执行了什么操作(INSERT/UPDATE/DELETE);列 versions_starttime、versions_endtime 显示了查询返回的行第一次修改和最后一次修改(第一个版本和最后版本)对应的时间;versions startscn 和 versions_endscn 显示第一次修改和最后一次修改对应的系统更改号;列 versions_xid 显示了更改该行的事务标识符。

回闪事务查询(Oracle Flashback Transaction Query)能够检查数据库在一个事务级别的任何改变,利用该特性可以审计事务。它其实是闪回版本查询的一个扩充,闪回版本查询说明了可以审计一段时间内表的所有改变,但仅仅能发现问题,对于错误的事务,没有好的处理办法。而回闪事务查提供了从 FLASHBACK_TRANSACTION_QUERY 视图中获得事务的历史信息以及回滚事务对应的 SQL 语句,也就是说,审计一个事务到底做了什么,甚至可以回滚一个已经提交的事务。通过查询 FLASHBACK_TRANSACTI ON_QUERY 视图,利用上例返回的事务 ID,可以获得执行过的事务的信息。

Oracle 数据库审计是数据库安全管理的重要环节,安全管理人员应根据数据库的安全需要,设计合理的审计方案,过多的审计选项不但产生很多无用信息,还会影响数据的性能;过少的审计选项不能满足数据库安全需要。另外,对于审计记录的保护,防止审计信息的丢失和篡改,确保审计记录的安全也是重要的工作;如何从大量的审计记录中挖掘出有用信息,也是一个值得考虑的问题。

5.4 小结

由于数据库系统的安全威胁多数源于内部人员攻击,而入侵检测和访问控制等机制对这类攻击的防范能力非常有限,因此安全审计是保证数据库安全的重要措施之一,也是数据库系统安全不可缺少的最后一道防线。

参 考 文 献

[1] 刘建波. 基于审计的数据库安全保护研究[D]. 北京:中国科学技术大学,2006.

[2] Klemettinen M, Mannfla H, Ronkainen P, et al. Finding Interesting Rules from Large Sets of Discovered Association Rules [C]. Proceedings of the 3rd International Conferenceon Information and Knowledge Management(CIKM'94). Gainthersburg, MD, 1994:401 – 407.

[3] 彭友,王延章. 信息系统内部安全审计机制[J]. 计算机工程,2006,32(18):169 – 167.

[4] 张世永. 信息安全审计技术的发展和应用[R]. 上海:复旦大学,2004.

[5] 严和平. 基于推理的访问控制与审计技术研究[D]. 上海:复旦大学,2006.

[6] Agrawal R, Bayardo R, Faloutsos C, el al. Auditing compliance with a Hippocratic database[C]. The 30th VLDB Conference, Toronto, Canada, 2004.

[7] Agrawal R, Kiernan J, Srikant R, el al. Hippocratic databases[C]. The 28th Int'1 Conf on Very Large Databases, Hong Kong, 2002.

[8] 曹晖,王青青,马义忠,等. 一种新型的数据库安全审计系统[J]. 计算机工程与应用,2007,43(5):163 – 164.

[9] 梁昌明. Oracle 数据库审计方法的探讨[J]. 中国医疗设备,2008,23(24):55 – 56.

第6章 推理控制与隐通道分析

尽管基于强制安全策略的系统可以防止低安全级的用户读到高安全级的数据,但不能防止恶意用户根据非敏感数据的语义和应用推理出敏感信息。推理是数据库中的数据和数据库结构的固有特性,Jajodia证实了数据库自身约束是造成多级关系数据库中大多数推理通道的原因[1]。数据库安全中的推理问题是恶意用户利用数据之间的相互联系推理出其不能直接访问的数据,从而造成敏感数据泄露的一种安全问题,这种推理过程称为推理通道。推理控制就是要切断数据之间的这种联系,防止敏感数据的推理泄露。推理控制功能是实现高安全等级的数据库管理系统的必备要素,也是提高数据库系统安全保护能力的重要补充。另外,由于系统设计缺陷和资源共享等原因导致系统中存在隐通道,即安全系统中具有较高安全级别的主体或进程根据事先约定好的编码方式,通过更改共享资源的属性并使低安全级别的主体或进程观察到这种变化,来传送违反系统安全策略的信息。1983年,美国国防部在其发布的可信计算机系统评估准则(TCSEC)中,最早明确地提出隐通道的问题,并规定在B2级及以上的高等级可信系统设计和开发过程中,必须进行隐通道分析。推理通道与隐通道本质上是不同的。推理通道只要有低安全级用户参与即可,因此推理通道是单方面的,而隐通道需要两个不同安全级的主体共同协作完成信息的传送,并且一般要有特洛伊木马的参与。

本章首先介绍了数据库管理系统中一些常见的推理问题和目前比较成熟的推理控制的方法,其次介绍了隐通道产生的背景,并对国内外学者提出的一些主流的关于识别隐通道和消除隐通道的各种重要方法进行了比较分析。

6.1 推理控制

6.1.1 推理问题描述

数据库管理系统中常见的推理问题包括基于查询的敏感数据的推理、主键完整性推理、外键完整性推理、函数依赖推理(FD)、多值依赖推理(MVD)、值约束推理和统计数据库推理等[2]。

1. 基于查询的敏感数据的推理

低安全级的用户通过SQL语句访问数据库,并利用这些查询进行推理,从而获得高安全级的信息。

例如:在一个多级安全数据库中,定义了关系EP(Employee-name,Project-name)和关系PT(Project-name,Project-type)。其中employee-name是关系EP的关键字,project-name是关系PT的关键字,且关系EP安全级为U,关系PT安全级为S。假设一安全级为U的用户执行以下的SQL查询操作:

SELECT　　EP. employee-name

FORM　　　EP,PT

WHERE EP. project-name = PT . project-name AND project-type = 'sid'

此时,虽然查询结果只有安全级为 U 的数据 employee-name,查询的条件部分却含有高安全级的数据,由于该查询语句的执行涉及到不同安全级的数据,因此,输出结果导致了敏感信息泄露,出现了推理通道。

2. 主键完整性推理

在关系模型中,主键完整性要求关系的每一个元组都必须有一个唯一的主键。主键完整性保证了在关系中每个元组的唯一性,从而减少了数据冗余。若关系中的所有关键字都具有相同的安全级,则约束不会产生推理通道。反之,主键完整性约束将产生推理问题。例如,一个低安全级的用户要在关系中插入一个元组,如果此时关系中已经存在具有同样主关键字且安全级较高的元组,为了保证数据库主关键字唯一性约束,DBMS 必须删除已经存在的元组或者拒绝用户当前操作。第一种情况下,低安全级用户的新增操作导致高安全级用户的数据丢失,虽然不会产生相应的信息泄露,但是可能导致严重的完整性问题或导致拒绝服务的攻击。而在第二种情况下,低安全级用户通过系统的拒绝操作可推理出高安全级数据的存在,产生了推理通道。

外键完整性引起的推理与此类似,可用来推理外关键字所引用的那个属性中某个值存在与否。

3. 函数依赖推理

定义 6.1　函数依赖

设 $R(U)$ 是属性集 U 上的关系模式,X、Y 是 U 的子集。若对 $R(U)$ 的任意一个可能的关系 r,r 中不可能存在着两个元组在 X 上的属性值相等,而在 Y 上的属性值不相等,则称 X 函数确定 Y,或 Y 函数依赖于 X,记作 $X \rightarrow Y$。

函数依赖极为普遍地存在于现实生活中。例如描述一个员工奖金关系模式为(姓名,业绩,奖金),其中,员工的奖金由员工的业绩决定,即同一业绩的员工的奖金是一样的。因此,当"业绩"值确定之后,员工"奖金"的值也就唯一确定了,称业绩→奖金。

设 t 是 r 中的某个元组,u 是具有安全级 $L(u)$ 的任一用户。如果:

(1) $\forall X_i \in X, \exists Y_j \in Y$, 有 $L(Y_j) > L(u) \geqslant L(X_i)$;

(2)用户 u 通过查询授权信息 $t[X_i]$ 和利用 X、Y 之间的映射关系能够推导出非授权信息 $t[Y_j]$,则称函数依赖 $X \rightarrow Y$ 存在函数依赖推理[2]。

下面是一个典型的函数依赖的例子:

假设存在定义为一个关系模式奖金(姓名,业绩,奖金),"奖金"的安全级为(S),业绩的安全级为(C),且存在函数依赖业绩→奖金。如果安全级为 C 的用户知道业绩和奖金之间存在函数依赖的关系,尽管奖金的保密等级为 S 级,此时,用户还是可根据自己的奖金信息推理出与他业绩相等的员工的奖金信息。

4. 多值依赖(MVD)推理

定义 6.2　多值依赖

设 $R(U)$ 是属性集 U 上的关系模式。X、Y、Z 是 U 的子集,并且 $Z = U - X - Y$。关系模式 $R(U)$ 中多值依赖 $X \rightarrow\rightarrow Y$ 成立,当且仅当对 $R(U)$ 的任一关系 r,给定的一对 (x,z)

值,有一组 Y 的值,这组值仅仅取决于 x 而与 z 值无关。

例如,描述一个武器仓库的关系模式为 $WS(S,E,W)$,S 表示仓库,E 表示保管员,W 表示武器,部分实例如图 6.1 所示。假设每个仓库有若干个保管员,有若干种武器,每个保管员保管所在的仓库的所有武器,每种武器被所有保管员保管。因此,按照语义对于仓库 S 中的每一个值 Si,武器 W 有一个完整的集合与之对应而不论保管员 E 取何值,所以 $S \rightarrow \rightarrow W$。

同样,多值依赖也存在多值依赖推理通道。假设一用户提交以下查询语句:

SELECT * FROM WS WHERE S = "s1" AND E = "e1";
SELECT * FROM WS WHERE S = "s2" AND E = "e2";

若用户知道在关系 WS 中存在 $S \rightarrow \rightarrow W$,其在获取查询结果 1、4 之后,可推理出关系 WS 中的 2、3 元组。

记录号	S	E	W	记录号	S	E	W
1	s_1	e_1	w_1	3	s_3	e_3	w_3
2	s_2	e_2	w_2	4	s_4	e_4	w_4

图 6.1　WS 关系示例图

5. 值约束推理

在实际应用中,数据库中的数据往往要满足一些条件,例如员工的年龄应在 $18 \sim 60$。元数据中的断言、触发器、属性值的值域等元数据用于记录这些约束条件。安全数据库不仅要对存储的信息进行保护,也要保护这些约束规则。当一个用户对数据库中的内容进行增加、删除、修改操作的时侯,如果违反了这些约束,操作将不被接受,用户可推理出约束规则的内容。元数据值约束是指涉及多个数据项上的多个值的约束关系。如果一个值的约束所涉及的数据项具有不同的安全级,那么约束的使用就导致推理通道的存在。

例如:属性 A 的安全级为 U,而属性 B 是安全级为 S。此时约束 $A + B \leqslant 100$,对于安全级为 U 的用户 A 是可用的,B 是不可用。由于约束关系的存在,此时用户通过 A 的取值可推理出 B 所取的可能值,产生了推理通道。

6. 统计数据库推理

统计数据库产生了最早的数据库推理问题。统计数据库是指只进行 MEAN、MEDI-AN、STANDARD DEVIATION 等统计操作,而不涉及个体信息要求的数据库系统。统计推理是指根据对一个数据项的集合的不同统计数据进行比较而推理出单独一个数据项的信息。对于统计数据库安全的威胁就是一个攻击者可能通过一定时间的统计查询,在所接受到的结果集上进行代数操作,同时使用所知的涉及个体信息集的尺寸和自然信息来进行推理。

例如:攻击者希望获得 $A1$ 的 Salary,可以通过分别求 $\text{AVG}(A1,A2,A3)$,$\text{AVG}(A2,A3,A4,A5)$,$\text{AVG}(A4,A5)$ 的值,而获得 $A1$ 的值。或者,通过查询一些个体集的平均值,如果此时这个个体集只有 $A1$ 一个元素,同样会造成 $A1$ 的信息泄露。

6.1.2　推理通道分类

推理通道的分类有多种方式,依据低安全级主体能够推测敏感信息的程度可划分为:

（1）演绎推理通道（Deductive Channel）。低安全级主体通过演绎推理可以得到敏感信息并能提供形式化证明。

（2）诱导推理通道（Abductive Channel）。低安全级主体通过演绎推理可以得到敏感信息但必须借助一些假设的公理才能证明。

（3）概率性推理通道（Probabilistic Channel）。低安全级主体借助一些假定的公理降低敏感信息的不确定性，但不能完全确定出敏感信息的内容。

根据推理通道存在时间可以划分为静态推理通道和动态推理通道：

（1）静态推理通道（Static Inference Channel）根据低密级信息和约束条件推理出高安全级信息。

（2）动态推理通道（Dynamic Inference Channel）在数据库处于特定状态时才存在的推理通道。

推理通道的存在是多级安全系统中的重大安全隐患，系统必须提供一个机制来检测和排除推理通道。

6.1.3　推理控制

推理控制是指推理通道的检测与消除。数据库推理控制的研究始于 20 世纪 70 年代末，由于推理通道问题本身的多样性与不确定性，尚未有一个通用的能够解决所有推理问题的方案。目前相对成熟的研究成果主要用于解决一些特定类型的推理问题。Tzong 针对多层关系数据库的函数依赖与多值函数依赖进行了推理控制研究，并且证明了在函数依赖控制中寻找最小信息损耗是一个 NP 完全问题[3]。Hinke 提出了基于语义图的检测工具来表示语义关系和检测推理通道的方法，由节点和连接组成语义网，节点代表实体、事件和概念，连接代表节点间的关系[4]。Donald、Raymond 和 Brodsky 分别提出了不同的推理控制方法，基于用户查询历史检测并拒绝可能导致推理泄露的查询请求[5-7]；Staddon 首次提出了推理通道的概念，通过在查询期间对推理通道的对象进行控制，达到防止推理泄露的目的[8]。

目前，常用的推理控制方法有语义数据模型方法、形式化方法、多实例方法和查询限制方法等。

1. 语义数据模型方法

语义数据模型方法常用于数据库设计中的推理控制，利用语义数据模型技术检测推理通道，然后重新设计数据库使得这些通道不再存在。在理想情况下，为了阻止所有未经授权的信息泄露，一个数据项的安全级别应该支配所有影响它的数据的安全级别。如果一个数据项的值不被其安全级支配的数据影响，信息流就会流向其他安全级。现有的技术主要包括使用安全约束在多安全级数据库设计期间为数据库模式指定适当的安全级别，并将安全约束以语义数据模型进行表示。

利用语义数据建模技术最早的例子是 Hinke 的 ASD Views 工程[4]，在数据库设计中通过构造语义关系图来表示可能的推理通道。其中，数据项被表示为节点，它们之间的关系由连接节点的边表示。如果两个节点之间存在两条路径，一个路径上包含了图中所有的边，而另一条路径上不包括图上所有的边，那么两节点之间就有可能存在推理通道。然后进一步分析确认是不是真正的推理通道。相应的解决方法是提升边的级别，直到所有的推理通道被关闭。其缺点是通过提高导致推理问题发生的数据项的安全级的方法在实际中受到限制,另外多实例也能提供部分解决方法。

Smith 提出了一种新的使用语义数据模型的模式,它允许用户表达不同类型的关系[9]。在 Smith 的系统中,定义了大量可能类型的数据项和它们之间的关系。这些数据项包括抽象类、属性、标识符、关系、外部的标识符、概括和不相交的子类。这些数据项中的任何一个都可以被划分为不同安全级。如果希望隐藏仓库和武器之间的关系,只需要提升这个关系的安全级,而仓库和武器的级别都不需改变。

Mazumdar、Stemple 和 Sheard 建立了一个能够评估事务的安全性的系统[10]。他们使用一个定理证明器来判断是否某个预定义的机密信息能够从数据库的完整性约束、事务的前提条件和输入事务的数据的类型中推导出来。他们的技术不依赖于存储在数据库中的任何特定的数据,所以在事务编译的时候可应用到一个事务上,判断事务的安全级别。而且 Mazumdar 指出它们能够被用来测试数据库的安全性,并给出重新设计使之更安全的方法。

2. 形式化方法

Tong 和 Ozsoyoglu 给出了消除函数依赖和多值依赖推理的形式化算法[3]。在该算法中,函数依赖的安全级粒度是属性级,多值依赖的安全级粒度是记录级。对于函数依赖推理,采用提高属性的安全级的算法来消除推理通道;对于多值依赖推理,其核心思想是把存在多值依赖推理的关系实例中的某些元组的安全级升高,经过元组的安全级调整后,新的关系实例不再存在多值依赖推理。

Rizvi 利用参数化视图实现更细粒度的访问控制,粒度不仅可以是元组、属性,而且还可以是某些特定元素,并给出了有效查询的推导规则,但没有考虑推理控制问题[71]。严和平针对按元素划分安全级的数据库提出安全推理控制算法,引入了基于视图的推理控制方法[12]。

3. 多实例方法

如前所述,多实例允许数据库中存在关键字相同但安全级别不同的元组,即把安全级别作为主关键字的一部分。这样,即使数据库中存在高安全级别的元组,也允许低安全级别的数据插入,从而解决了利用主关键字的完整性进行推理的问题。多实例方法的缺点是使数据库失去了实体完整性,同时增加了数据库中数据关系的复杂性。

4. 查询限制方法

通过分析查询的方法来解决推理通道问题。为了在数据库会话中阻塞推理通道,对用户的查询采取限制的方法主要有修改查询语句和修改查询结果两类。

1)查询在执行前修改

当系统接收到用户提交的查询的时候,首先判断该查询是否会导致敏感信息的推理,如果可以,那么必须对查询进行转换,使其不能导致敏感信息的导出。Thruaisingham 提出了查询限制的方法,当系统接受用户提交的查询的时候,首先判断该查询是否可以导致敏感信息的推理[14]。如果可以,那么必须对查询进行转换,使其不能导致敏感信息的导出。Donald G 提出了通过检查用户 SQL 语言来分析推理通道的方法[15]。该方法假定数据库由一个全局关系组成,全局关系可以通过所有关系的笛卡儿积得到。从查询、谓词和模式在表示数据库元组等价的角度出发,通过检查 SQL 语言的 Where 子句,可以发现大部分推理通道。

2) 修改查询结果

方法 1) 虽然阻止了用户做非法查询,但恶意用户可以通过比较合法查询与非法查询的区别导出推理信息。因此,通过引入不确定性修改查询结果成为研究的焦点,图 6.2 是一种典型数据库推理问题控制器原型(DBIC System Configuration)的示意图。

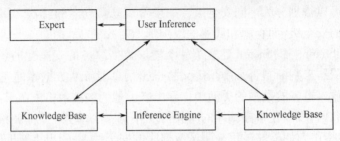

图 6.2　数据库推理问题控制器原型

它是一个由系统安全员使用的基于知识的工具,用来检测和制止推理,推理引擎根据规则进行以下动作:

(1) 判断哪些查询及相关结果可以返回给用户;

(2) 检查返回给用户的数据的完整性和一致性;

(3) 启动对推理风险的概率的计算并确认推理通道;

(4) 根据用户提交的数据和(3)的结果修改知识库;

(5) 对安全标示/安全级别的修改提出建议。

在某些系统中,审计被用来控制推理问题。例如,利用审计保存一个用户进行的查询的历史记录,每当用户进行一个查询,就对历史记录进行分析以判断当用户的查询响应与以前的查询相关联时是否导致推理问题的产生。在 LDV[16] 项目中就利用审计来实现对推理的控制。

查询限制法也存在许多不足,其需保存以前访问的历史,并且在评估一个查询的安全级别时使用这个历史,防止低级用户通过使用重复的查询积累起来的低级信息推出高级信息。在某些环境中,这可能使系统容易遭受拒绝服务攻击。

6.2　隐通道分析

6.2.1　隐通道分类

隐通道是指系统的一个用户通过违反系统安全策略的方式传送信息给另一用户的机制。它通过系统原本不用于数据传送的系统资源来传送信息,并且这种通信方式往往不被系统的存取控制机制所检测和控制。通常隐通道分为存储隐通道和定时隐通道两类。存储隐通道是指发送方通过改变某些共享资源的属性并使接收方感知到这种变化而实现的从高安全级主体到较低或具有不可比安全级主体的信息通道。特殊地,如果这种共享资源是系统的响应时间,则称为时间隐通道。因此,隐通道存在的主要原因是系统中存在共享资源,且这些共享资源可以被系统原语查看和修改。在数据库系统中,共享资源如表名或视图名及其访问权限也可能会引入存储隐通道。下面举一个在数据库中存在存储隐通道的例子[17]。

例如:在一个采用了多级安全模型的数据库管理系统中,采用自主访问控制和强制访问控制策略防止了数据库中的数据信息从高安全级流向低安全级,但是一个具有高安全级的不可信的主体仍然可以通过其他方式使得信息从高安全级流向低安全级。设该系统中有一高安全级的用户 H 和另一低安全级的用户 L,他们的安全级的访问范畴相同但密级不同,且系统操作遵循下列规则:

(1)创建一基表时,基表的安全级被设置为空,即无安全级,也即具有最低安全级;

(2)系统实行自主存取控制,任何主体都可以将所建表的使用权限授予其他用户,并且这个授权的提交过程是系统自动完成的;

(3)系统的任一用户可以查询数据字典,了解自己对系统哪些资源具有操作权限、资源的创建者是谁等;

(4)系统实行强制存取控制,使得主体对客体的所有存取遵循"向下读,向上写"的原则,主要用于防止信息从高安全级流向低安全级。

由规则(1)用户 H 创建一基表 T,按照规则(2),他将 T 的使用权限授予用户 L(编码1)或不授予用户 L(编码0)。按照规则(3),L 可以通过查询数据字典了解他具有(编码1)或不具有(编码0)对表 T 操作的权限。使用表名 T 及其存取权限可以实现从 H 传送一位信息到 L,从而引起了信息从高安全级流向低安全级,这种信息传送机制在规则(4)的解释中是非法的。尽管系统采用了强制访问控制策略,但这种非法的信息传送机制绕过了强制存取机制的控制,这就是一个存储隐通道。

6.2.2 隐通道的形式化定义

在一个可信系统中,没有信息的流动,就不存在信息泄露的问题。首先来定义产生信息传导的几个相关要素[18]。

定义 6.3 主体

在一个信息传导过程中,引起信息传导的实体 S 称为主体,它具有明确的安全等级 $L(S)$。

定义 6.4 客体

在一个信息传导过程中,某个实体 O 用作该信息传导的介质,具有明确的安全等级 $L(O)$,这样的实体称为客体。

定义 6.5 传导方法

信息传导过程中,对某一主体 S_1 所持有的源信息 I 进行加工处理,另一主体 S_2 最终所得信息 I_1 与源信息 I 之间存在的关系称为传导方法 F,记为 $I_1 = F(I)$。传导方法 F 可分类成读、写和感知三种类型,记为 $F \in \{r, w, a\}$。

定义 6.6 安全策略

用自然语言对某一给定的可信系统所描述的安全约束条件的集合称为该系统的安全策略,记作 λ。

每一安全策略对应着一个安全约束条件的集合:$\lambda(L_i) = <P_1, P_2, \cdots, P_n>$。此处 L 表示系统的安全等级,P 表示安全约束条件。

定义 6.7　隐通道元

在某个信息通道中,主体 S_1 利用传导方法 F 在 t 时刻将信息 I 通过客体 O 传输到主体 S_2,这个信息传导称为一个通道元 T。记为 $T = <I,F,S_1 \rightarrow S_2,t>$。如果 $T \in \Omega(\lambda)$,其中 $\Omega(\lambda)$ 表示安全策略 λ 所确定的最大空间,那么将其称为隐通道元。通道元模型如图6.3所示。

在这个通道元模型 $T = <I,F,S_1 \rightarrow S_2,t>$ 中,可在时间维上将其分为三个有序的动作。

动作 1:在 t_1 时刻,主体 S_1 将信息 I 利用传导方法 F_1 送至客体 O。

动作 2:在 t_2 时刻,主体 S_2 从客体 O 利用传导方法 F_2 获得信息 I_1。这里 $I_1 \in I$。

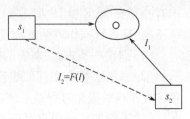

图 6.3　一个通道元模型

动作 3:在 t_3 时刻,主体 S_2 从主体 S_1 利用传导方法 F 获得信息 I_2。这里 F 是 F_1 和 F_2 的叉积,即 $F = F_1 \times F_2$。

三个动作不一定是连续发生的,但动作发生的时刻一定满足 $t_1 < t_2 \leq t_3$ 的关系。

在一个可信计算机系统中,主体 S_1 将信息 I 送至客体 O 以及主体 S_2 从客体 O 获得信息 I_1 这两个动作,是两个物理动作。通常,传导方法 F_1、F_2 是读或写类型,它们必须通过系统安全机制的检查,而且必须满足安全模型,才能被执行。动作 3 是一个逻辑动作,并没有发生实在的物理动作,所以,不存在通过系统安全机制检查的过程。另外,传导方法 F 是动作 1 和动作 2 中两个传导方法 F_1、F_2 的累积效应。通常,传导方法 F 是一个感知类型。这就意味着,即使 F_1、F_2 满足某一安全模型,也不能保证其累积效应 F 满足系统的安全策略 λ。

定义 6.8　信息通道

n 个通道元,通过 $n-1$ 次依赖 $(\cdots(T_1 \rightarrow T_2) \cdots \rightarrow) \cdots \rightarrow T_{n-1})$,形成信息传导,使得一个信息 I 成功地从通道的一端 S_1(源主体)到达通道的另一端 S_n(终极主体),此通道元的依赖链称为一个信息通道,则 S_1 与 S_n 之间存在一个等价的信息通道 $<I,F,S_1 \rightarrow S_n,t>$,这里 $S_2,S_3,\cdots,S_{n-1}$ 均为共享主体。

定义 6.9　隐通道

如果一个信息通道 $C = (\cdots(T_1 \rightarrow T_2) \cdots \rightarrow) \cdots \rightarrow T_{n-1}) \notin \Omega(\lambda)$,即通过 $n-1$ 次通道元依赖的操作结果不满足 λ 安全策略,称主体 S_1 与主体 S_n 之间存在一个隐通道 C。

根据隐通道的定义,可推导出它的几条性质:

性质 1　信息传导过程中,发送方和接收方对同一共享资源进行存取是形成隐通道的必要条件。

性质 2　隐通道模型中,存在某种方法,它借之高安全级的发送方能够改变该客体的共享属性是形成隐通道的必要条件。

性质 3　隐通道模型中,发送方和接收方之间的满足时间序通信是形成隐通道的必要条件。

6.2.3　隐通道标识

隐通道是因缺乏对信息流的必要保护引起的,隐通道的分析本质上就是对系统中的非法信息流的分析。原则上,隐通道分析可以在系统任何一个层次上进行。分析的抽象层次越高,越容易在早期发现系统开发时引入的安全漏洞。隐通道的分析主要包括隐通道标识、隐通道审计和隐通道消除三部分。文献[17]对隐通道标识做了较全面的介绍。目前,国外一些专家和学者已经提出的影响较大的隐通道标识方法有:信息流分析法、共享资源矩阵法、隐蔽流树法和无干扰分析法等。信息流分析法是在信息流模型的基础上提出的,也是最基本的方法,包括符号信息流分析法和语义信息流分析法,该方法能检测出合法通道和存储隐通道,不能检测时间隐通道;共享资源矩阵法是在存取控制模型的基础是提出的,采用矩阵数据结构对共享资源进行隐通道分析;隐蔽流树法和共享资源矩阵法类似,只不过是采用了不同的数据结构,对资源属性构造二叉树,采取不同的搜索算法进行隐通道分析;无干扰法是在无干扰安全模型的基础上提出的,和信息流分析法类似,只是在信息流不同的状态进行隐通道分析。下面将分别对这几种方法进行介绍。

1. 信息流分析法

Denning 的信息流格模型[18]是语法信息流方法中最著名的一个,也是最初的系统分析隐通道的方法。分析从系统调用函数开始,找出信息流并检验是否违反信息流规则,直到函数中的每个表达式被分析过,并把每一对变量之间的信息流写作一个流语句;然后用信息流规则加以检验,找出非法流,标记为隐通道。该方法假定每个变量或客体要么显式、要么隐式地带有特定安全级,如果没有就强行指定安全级,这样做可能会导致伪非法流,因为有的变量不可能具有固定的安全级。其具体分析步骤如下:

将信息流语义附加在每个语句之后。例如,当 b 不为常数时,赋值语句 $a:=b$ 产生由 b 到 a 的信息流,将变量 a 和 b 之间的信息流用 $a \leftarrow b$ 表示,并称之为"明流"。类似地,条件语句产生暗流。例如,if $x=a$ then $y:=b$ else $z:=c$ 产生的暗流是 $y \leftarrow x$ 和 $z \leftarrow x$,同时存在明流 $y \leftarrow b$ 和 $z \leftarrow c$。

定义安全信息流策略。例如,若 $a:=b$,信息从变量 b 流向变量 a,则 a 的安全级必须支配 b 的安全级。

将流策略应用于形式化顶层规范或源代码,生成信息流公式。例如,$a:=b$ 的流公式为 $SL(a) \geqslant SL(b)$,其中 $SL(x)$ 表示变量 x 的安全级。

证明流公式的正确性。如果无法证明某个流公式的正确性,则需要进一步对语句进行语义分析,并判断该信息流是否为非法流以及是否能够产生隐通道。

信息流分析法的主要优点有:可应用于形式化顶层规范和源代码,并易于进行自动分析;可以增量分析单个函数或 TCB 原语;不会漏掉可能产生隐通道的非法信息流。

信息流分析法的主要缺点有:不适于非形式化说明顶层规范;产生大量需要手工语义分析消除的伪非法流;不能确定放置隐通道处理代码的 TCB 位置。

2. 共享资源矩阵法

1983 年,Kemmerer 提出了共享资源矩阵法[19],简称 SRM 方法,是到目前为止表示系统中信息流最简洁的方法。该方法的分析步骤是:

(1)分析 TCB 的所有原语操作。

(2)构造共享资源矩阵,矩阵的行对应于用户可见的 TCB 原语,列对应于用户可见/可修改的共享资源属性。如果一个原语可以读一个变量(资源属性),则将该矩阵项 <TCB 原语,变量> 标记为 R。同样,如果一个原语可以修改一个变量,将该矩阵项

<TCB原语,变量>标记为M。最后,将既不能读又不能写的变量合并,在分析时将它们视为一个变量。

(3)对共享资源矩阵项完成传递闭包操作,并加入相应矩阵项。这一步将标识所有间接的对变量的读。具体步骤如下:在矩阵中搜索包含标记R的每一项,如果该项所在的行中出现M标记,则检查包含该M项的所在列。如果在该列的任意一个行中出现R标记,且该行与原始R项所在列的对应行中没有R标记,则在该矩阵项中增加间接读标记r。重复以上操作,直到矩阵中无法再增加r项时为止。注意,这里区分r与R仅表明,r为间接读,R为直接读。在后续分析中,将r等同地视为R。

(4)分析包含行项是R和M的每一矩阵列,每当这些列的变量由一个进程来读而由另一变量来写,且前一进程的优先级不支配后一进程的优先级时,这些列的变量可能支持隐通道。对共享资源矩阵的分析将导致四种可能的结果:

①在两个通信进程间存在合法的通道,将它标记为L;

②不能从一个通道获得有用的信息,将它标记为N;

③发送进程与接收进程是同一个进程,将它标记为S;

④存在潜在的隐通道,将它标记为P。

SRM 方法的优点主要有:适用于形式化或非形式化 TCB 软硬件规范和 TCB 源代码;适用于存储隐通道和定时隐通道;不要求对矩阵的内部 TCB 变量分配安全级别,避免产生大量的伪非法信息流。

SRM 方法的缺点主要有:不能证明单个的 TCB 原语或原语对是安全隔离的,因此增量分析新的 TCB 原语非常复杂;迄今没有自动工具可以应用,手工使用共享资源矩阵法对 TCB 源代码进行隐通道分析不仅效率低且容易出错;可能会标识一些在信息流分析法中可以自动消除的隐通道。

SRM 方法自问世以来,出现了各种衍生方法。例如,Porras 和 Kemmerer 提出的隐蔽流树,在某种意义上可以看作是对 SRM 方法的补充和发展。

3. 隐蔽流树法

Porras 和 Kemmerer 提出的隐蔽流树法(Covert Chancel Tree,CFT)[20],使用了树的数据结构描述信息从一个共享资源向另一个共享资源的流动,能够系统地搜索到通过共享变量属性发送且能被监听进程所检测到的信息传送方式。构造隐蔽流树所需的信息与构造基本共享资源矩阵所需的信息基本相同,每个操作都分别用引用表、修改表和返回表表示,返回表包含更新用户输出时被引用的资源属性。该方法的分析步骤为:

(1)首先确定一个重点分析的资源属性,CFT 树由发送者所作的对资源属性的修改动作和由接收者对该资源属性的修改的认可动作序列组成。即树的根节点表示一个待分析的资源属性,左子树由发送者所作的对资源属性的修改的一系列调用序列组成;右子树由接收者所作的认可资源属性修改的一系列操作序列组成。CFT 树的构造过程是将修改列表中所包含的对象的任一操作加入到认可路径的直接认可分支,将在引用列表中所包含的对象的任意操作加入到导出的认可分支操作中。

(2)在上述加入的资源属性修改列表中,加入直接和间接的认可操作。

(3)反复进行(2)的过程,直到所有的路径以直接认可结束或达到预先指定的深度并且剩余的导出认可路径以 false 标记。

114

（4）遍历 CFT 树得到由发送者和接收者传送信息的操作序列，将这些序列简化，删除冗余的操作对或加入建立某一操作的有效操作的前提条件的操作（如在读一文件前先打开该文件等）。这些操作序列被检查并确定哪些表示合法操作，将合法操作删除。

（5）对剩余的序列进行分析看它们是否可以建立隐通道。

CFT 方法采用树生长的方式表示隐通道的形成过程，它能发现其他方法检测不到的隐通道。但是其缺点是隐蔽流树生长得太快，一个简单的文件系统其所对应的隐蔽流树已经超过了 104 个节点。构造和遍历这样一棵庞大的隐蔽流树，不但需要消耗大量的 CPU 和内存资源，而且也不利于隐通道的图形化表示。此外，用户也需要手工地对算法产生的隐通道操作序列进行分析。

4. 无干扰分析法

Goguen 和 Meseguer 引入无干扰方法[21]，要求 TCB 视为一个状态机，并定义了两个用户进程之间的无干扰概念。假设状态机有一个初始状态，如果从初始状态开始，删除第一个进程所有的输入（等价于从来没有这些输入）时，第二个进程的输出没有任何变化，则称这两个进程是无干扰的。可以证明，进程之间无干扰具有以下性质：如果一个进程的输入不能影响另一个进程的输出，则不可能从第一个进程向第二个进程传输信息。

下面介绍无干扰的形式化定义：

给定一个状态机 TCB，令 X 和 Y 为两个用户进程，W 为一个输入序列，它的结果是 Y 的输入。令 W/X 表示从 W 中删除所有 X 的输入后剩下的子序列。假设在初始状态输入 W 后，Y 得到的输出为 $Y(W)$。如果对于所有可能的以 Y 的输入为结尾的输入序列 W，都有 $Y(W) = Y(W/X)$，称进程 X 与进程 Y 无干扰。

无干扰将整个输入序列包括许多 X - 输入与单个 Y - 输出相联系，在隐通道分析中，传统的观点是一旦 X 和 Y 间存在隐通道，每一个单个的 X - 输入都对下一个 Y - 输出有影响。而无干扰分析提出了另一种观点，Y 的每一个输出都不影响所有的以前的 X 输入。由于当前状态由所有的必要的信息可确定下一个 Y - 输出，无须分析从机器的初始状态以来的所有历史输入。于是 X 和 Y 间无干扰可以用当前状态而不是所有输入的历史状态表示，若 X 与 Y 间无干扰，X 的输入对 Y 的任何后续输出都无影响。

为避免分析无界的输入序列，将 TCB 的状态分成不同的等价类，不必区分是使用现在的还是后续的 Y 输出。称两个状态是 Y - 等价的，如果：①对同一个 X 输入具有相同的 Y 输出；②对于任何输入后相应的下一个状态也是 Y 等价的，即，X 与 Y 间无干扰当且仅当每个 X 的辅入占据一个等价于 Y 的状态。利用这种方法即可查找系统中的隐通道。

在实际检验无干扰性时，必须应用下面 Goguen 和 Meseguer 给出的展开定理。进程 X 与进程 Y 无干扰，当且仅当对于 X 的任何输入，都使当前状态迁移到一个 Y 等价状态。因此，展开定理使得用户能够分析单独的 TCB 函数和原语。只要给出说明 TCB 状态和状态迁移的形式化规范，用户就可以应用展开定理进行无干扰分析。

无干扰分析法的主要优点有：既适用 TCB 顶层形式化描述规范也适用于源代码；可以避免标识伪非法流；可以增量分析单个的 TCB 函数和原语。

无干扰分析法的主要缺点有：没有支持的自动工具，单纯依靠手工分析不仅工作量大，而且增加人为因素，容易出错；该方法是一种"乐观"方法，它假定在 TCB 描述或源代码中不出现干扰。因此，该方法适于分析可信进程隔离的 TCB 规范，不适于分析包含大量共享变量的内核。

综上所述,目前尚无理论上健壮、实用上行之有效的隐通道标识方法。因此,彻底搜索隐通道仍然是一项困难的任务。困难的程度,依赖于具体的系统和所采用的分析方法。一般地说,系统规模越大,系统越复杂,分析的难度就越高。

6.2.4　隐通道处理

文献[22]对隐通道处理做了较全面的介绍。

1. 隐通道审计

隐通道审计就是评估系统中的隐通道对系统安全的危害程度。专家们在研究中发现,许多隐通道尽管存在,但在一定条件下,它们并不会对系统安全性造成危害。根据TCSEC 的规定,带宽在 100bit/s 以下的隐通道可以不作处理,带宽在 100bit/s 及以上的隐通道必须作消除处理。而带宽介于两者之间的隐通道,将依据审计的结论而定。所以,在搜索出系统中潜在的隐通道之后,就必须评估隐通道对系统安全所构成的威胁程度。审计工作一般可采用“带宽”和“小消息标准”两种度量标准,其中以“带宽”作为度量隐通道危害程度的标准最为常用。下面分别加以说明:

1) 带宽

带宽是指信息通过信道传送的速率,在给定时间通过信道可以传送的信息量,通常以bit/s 为单位。这个标准比较适用于较长时间内大量数据泄露的情况。在实际实用中,怎样处理隐通道在很大程度上取决于隐通道的带宽。带宽越高,单位时间内泄露的信息量就越多,对系统的安全性威胁就越大。

通常都采用“带宽”来度量隐通道的危害。在对带宽进行度量时,可运用 Millen 在1989 年提出的基于信息论的方法[23]。该方法首先假定隐通道是无噪声的,即在通道操作期间除了发送者和接收者外,没有其他程序的干扰;其次假定发送者与接收者之间同步所使用的时间量可以忽略不计。在这两个假定条件下,可以计算得到隐通道的最大可获带宽。

2) 小消息标准

由于通道容量是一个渐近的定义,适用于一段较长时间内发送一个很大文件的情况。当待传送的信息比较短时,为了得到可以容忍的传送度量,Kang 和 Moskowitz 提出了“小消息标准”[24]。小消息标准(SMC)依赖于一个三元组(n,t,r),其中,n 表示信息的长度,t 表示传送所需的时间,r 是指信息的保真度,即一个少量的长度为 n 位的信息在 t 时间内传送的保真度为 $r\%$ 的情况,是系统可以容忍的泄露。

当系统中存在隐通道时,通过 SMC 可以给出一个可以容忍的隐式泄露的标准。在对整个系统安全进行分析时,小消息标准必须与容量结合在一起使用。

通常在对系统中的隐通道进行处理之前,首先需要判断隐通道是否为有害隐通道,然后估计隐通道的最大可获带宽,用于衡量隐通道威胁的限度,针对危害程度确定处理方式。

2. 隐通道消除

隐通道消除就是采取一定的措施消除系统中隐通道构成的安全威胁。从理论上讲,如果能打破形成某一隐通道的必要条件,那么就可消除这一隐通道。隐通道存在的必要条件可归纳为以下几点[26]:

116

（1）发送方和接收方必须能对共享资源的同一属性进行存取；

（2）必须存在一种方法，借之高安全级发送方能够改变该共享属性；

（3）必须存在一种方法，借之低安全级的接收方能够察觉这一改变；

（4）必须保证发送方和接收方之间的通信以正确的顺序进行。

作为必要条件，只要能彻底破坏其中一条就可消除隐通道，但这种做法在实践中一般不能采用，因为隐通道的消除工作，首先必须保证系统正确的运行，其次不能导致系统性能的显著下降。较为普遍的隐通道消除方法是通过对必要条件中的一项或多项进行弱化，进而使得系统中某一类型的隐通道被消除，或是将其带宽降低到用户可以接受的程度。

目前流行的方法是通过在源代码级"打破时间同步"消除隐通道，其本质是破坏必要条件（4），此类方法的典型代表是混沌时间法[28]、存储转发法[29]和泵协议法[30]等。P. M. Melliar-Smith 等提出的"操作隔离法"[31]即本质是破坏必要条件（1）。

存储转发法和泵协议法的基本思想是，让从高安全级到低安全级的通信信号，经过一个可信的代理中转后才被发往低安全级。而在此中转过程中，一些可能有害系统安全的信息将被过滤掉。存储转发法和泵协议法，在处理存储隐通道方面是有效的，但在一些极限情况下，如缓冲区满，这两种方法都无法消除时间隐通道。关于这个问题的直观解释是，这两种方法控制的客体都是可以加载到系统内存中的变量，而时间也是一种客体，但它并不在存储转发协议和泵协议的控制之下。

"混沌时间法"控制的共享客体是时间，用来消除系统中时间隐通道。其基本思想是，首先构造一个混沌函数 Fuzz(t.)，t. 是种子，当高安全级的主体执行了某一个操作后，系统需要在间隔 Fuzz(t.) 之后再响应。这样，低安全级的主体就不能通过自己等待响应的时间，来感知高安全级主体发送来的信息，因而时间隐通道被消除。但这种方法的缺点是，因为人为地添加了等待时间 Fuzz(t.)，所以会导致系统性能的显著下降。

操作隔离法基本思想是，通过取消共享资源来隔断高安全级主体和低安全级主体之间的通信，由于取消的共享资源，包含了"时间"，所以这种方法可以同时消除时间隐通道和存储隐通道。但这种方法的缺点是比较保守，可能会排除一些完全合法的程序，另外，在精度高时它会变得相当复杂，因而导致系统性能降低和空间开销的增大。

6.3 小结

由于数据库中可用来进行推理的信息和技术非常丰富，对数据库中的推理很难完全考虑，目前尚未有一个通用的能够解决所有推理问题的方法。在实际应用中，从数据库的设计到实现都应遵循一定的安全性约束，力求在最大程度上消除数据库中的推理通道。隐通道是指高安全级的发送方通过改变某些共享资源的属性并使低安全级的接收方感知到这种变化所实现的信息从高安全级主体到较低安全级主体的信息通道，并且这种通信方式往往不被系统的存取控制机制所检测和控制。尽管隐通道消除法在理论上可以保证系统中完全不存在隐通道的威胁，但是在实际应用时（例如完全取消不同级别间的资源共享），代价非常昂贵，显著降低系统性能和资源利用率。通常只是在某一个时间段内采用这种方法。

参 考 文 献

[1] Jajodia S, Meadows C. Inference problems in multilevel secure database management systems. //Abrams M, Jajodia S, Podell H, eds. Information Security: An Integrated Collection of Essays[M]. Los Alamitos: IEEE Computer Society Press, 1995:570 – 584.

[2] 蒋明. 多级安全数据库的推理控制[D]. 南京:南京大学,2003:12 – 16.

[3] Tzong, Ozsoyoglu G. Controlling FD and MVD inferences in multilevel relational database systems[C]. IEEE Trans. on Knowledge and Data Engineering,1991,3(4):474 – 485.

[4] Hinke T. Inference aggregation detection in database management systems[C]. Proc. of the IEEE Symp. on Security and Privacy,1998:96 – 106.

[5] Donald G M. Inference in MLS Database Systems[J]. IEEE Trans. on Knowledge and Data Engineering,1996,8(1):46 – 55.

[6] Raymond W Y, Karl N L. Data Level Inference Detection in Database Systems[C]. Proc. of the 11th IEEE Computer Security Foundations Workshop, Rockport, Massachusetts,1998:179 – 189.

[7] Brodsky A, Farkas C, Jajodia S. Secure Databases: Constraints, Inference Channels, and Monitoring Disclosures[J]. IEEE Trans. on Knowledge and Data Engineering,2000,12(6):900 – 919.

[8] Staddon J. Dynamic Inference Control[C]. Proc. of the 8th ACM SIGMOD Workshop on Research Issues in Data Mining an d Knowledge Discovery, San Diego, California,2003:94 – 100.

[9] Smith G W. Modeling Security Relevant Data Semantics[C]. Proc. IEEE Symposium on Research in Security and Privacy, 1990:384 – 391.

[10] Mazumdar S, Stemple D, Sheard T. Resolving the Tension between Integrity and Security Using a Theorem Prover[C]. Proc. ACM Int'1 Conference on Management of Data, ACM, New York,1988:233 – 242.

[11] Rizvi S, Mendelzon A, Sudarshan S, et al. Extending query rewriting techniques for fine-grained access control[C]. ACM SIGMOD Conf, Paris,2004:551 – 562.

[12] 严和平,汪卫,施伯乐. 安全数据库的推理控制[J]. 软件学报,2006,17(4):756 – 758.

[13] 朱勤,韩忠明,乐嘉锦. 基于推理控制的数据库隐私保护[J]. 南通大学学报(自然科学版),2006,5(3):66 – 67.

[14] Thruaisingham B. Recursion theoretic properties of the inference problem in database Security [R]. Bedford: MITRE Corp,1991:21 – 33.

[15] Donald G M. Inference in MLS database systems[J]. IEEE Transaction on Knowledge and Data Engineering,1996, 8(1):46 – 55

[16] Stachour P, Thuraisingham B. Design of LDV: A Multilevel Secure Relational Database Management System[J]. IEEE Transaction on Knowledge and Data Engineering. 1990,2(2):190 – 209.

[17] 朱虹,冯玉. 隐通道识别技术研究[J]. 计算机科学 2000,27(5):100 – 103.

[18] Denning D E. A Lattice Model of Secure Information Flow[J]. Communications ofthe ACM,1976,19(5):236 – 243.

[19] Kemmerer R A. Shared Resource Matrix Methodology: An approach to ldentifying Storage and Timing Channels[J]. ACM Transactions on Computer Systems,1983,1(3).

[20] Porras P A, Kemmever R A. Covert Flow Trees: A Technique for Identifying and Analyzing Covert Storage Chanaels[C]. 1991 IEEE Computer Seciety Symposium on Research in Security and Privacy, Oakland, CA, May,1991:36 – 51.

[21] Goguen J A, Meseguer J. Security Policies and Security Models[C]. Proceedings of the l EEE Symposium on Security and Privacy, Oackland, Califomia. 1982 – 04:11 – 20.

[22] 杨珍. 隐通道消除技术研究及其在空间数据库 Sec_VISTA 中的实现[D]. 南京:江苏大学,2004:7 – 16.

[23] Millen J K, Finite-state noiseless covert channels[C]. Proceedings of the Computer Security Foundations Workshop Ⅱ, June 1989.

［24］ Moskowitz I S, Kang M H. Covert channels-Here to stay［C］. Proceedings of COMPASS'94, 1994:235 – 243.

［25］ 王昌达, 鞠时光, 宋香梅. 一种动态的隐通道消除算法［J］. 小型微型计算机系统, 2009, 30(2):236 – 237.

［26］ 王昌达, 鞠时光, 杨珍, 等. 隐通道存在的最小条件及其应用［J］. 计算机科学, 2005, 32(1):77 – 79.

［27］ 杨珍, 鞠时光, 王昌达, 等. 隐通道消除技术［J］. 计算机工程, 2004, 30(18):122 – 123.

［28］ Hu Weiming. Reducing timing channels with fuzzy time［C］. Proceedings, 1991 IEEE Computer Society Symposium. 2002 May:8 – 20.

［29］ Ogurtsov N, Orman H, Schroeppel R, et al. Experimental results of covert channel limitation in one-way communication systems［C］, Network and Distributed System Security, 10 – 11 Feb. 1997:2 – 15.

［30］ Kang M H, Moskowitz I S. A pump for rapid. reliable, secure communication［C］. 1st ACM Conference on Computer and-Communications Security, Fairfax, Virginia, November 1993:19 – 29.

［31］ Melliar-Smith P M, Moser L E. Protection against covert storage and timing channels［C］. IEEE, 1991.

第7章 数据仓库和 OLAP 系统中的安全问题

随着信息化水平的不断提高,信息系统积累了与日常工作相关的大量数据,如企业数据库中存储着反映进货、销售、库存、员工业绩、客户以及竞争者的数据,这些数据为进一步认识数据下层所蕴涵的规律,进行高层的辅助决策提供了条件。企业为在日趋激烈的竞争中立于不败之地,需要利用数据仓库(Data Warehouse, DW)和在线联机分析处理(On-Line Analytical Processing, OLAP)工具,分析当前和历史的生产业务数据,自动快速获取其中有用的趋势信息和决策信息,为企业提供及时、准确和方便的决策支持,提高企业的管理水平和竞争能力。而正在兴起的信息服务企业也收集了大量的经济、市场、产业等方面的数据,建立某一领域或某一行业的数据仓库和数据集市,以便为相关企业等用户提供决策信息服务而从中牟利。

与传统的操作型系统(Operational System)和联机事务处理(On-line Transactional Processing)系统不同,数据仓库和 OLAP 系统的使用者主要是企业各个业务部门或高层的管理和决策人员,一般允许执行的操作是查询类操作,因此,数据仓库的安全性隐患主要是指数据的保密性。数据仓库包含的数据是用于决策分析的聚集型数据,它们描述了企业的历史和发展趋势,是企业发展极具价值的资产,一旦被窃取就会给企业带来严重的损失;同时,数据仓库的用户可能利用已经获取的权限,通过多次组合查询,推演出一些他不应得到的细节性数据,以达到收集和保留企业或个人隐私数据的目的,这也会给企业和当事人带来意想不到的麻烦;另外,国家机构(如信息中心、统计部门等)的数据仓库的信息泄露,将会给国家安全造成难以估量的损失。随着数据仓库数据量的增大和概括度的增加,其数据价值的含金量越来越高,数据仓库已成为黑客和竞争对手攻击的目标,数据仓库的安全控制显得尤其重要。

本章将首先介绍数据仓库和 OLAP 的相关概念,分析其安全需求和安全策略;然后从访问控制和推演控制两个方面阐述数据仓库和 OLAP 系统的安全机制;最后,介绍目前数据仓库和 OLAP 产品中的安全措施。

7.1 数据仓库和 OLAP 系统

7.1.1 数据仓库和 OLAP 的概念

数据仓库概念首次出现是在被誉为"数据仓库之父"William H. Inmon 的 *Building the Data Warehouse* 一书中,Inmon 把数据仓库描述为一个"面向主题的、集成的、与时间相关的、稳定的、用于支持决策管理的数据集合"[1]。这里,"主题"是指用户使用数据仓库进行决策时所关心的重点方面,如收入、客户、销售渠道等;"面向主题"是指数据仓库内的信息是按主题进行组织的,而不是像业务处理系统那样是按照业务功能进行组织的;"集成"是指数据仓库中的信息不是从各个业务系统中简单抽取出来的,而是经过一系列加工、净化、整理和汇总的过程,因此数据仓库中的信息是关于整个企业的一致的全局信息;"与时间相关"是指数据仓库内的信息并不只是反映企业的当前状态,而是记录了从过去各个历史阶段的聚集型(如和、平均值等)信息,通过这些信息,可以对企业的发展历程和未来趋势做出定量分析和预测;"稳定"是指对数据装载由数据仓库系统周期性地刷新操作完成,以聚集新的历史时段的数据,一旦数据进入数据仓库后,一般用户不允许进行实时更新,仅可对信息进行查询操作。

基于数据仓库的决策支持系统的体系结构如图 7.1 所示。在仓库管理工具的管理下,数据仓库系统将从"数据源"中抽取相关的数据到"数据准备区";在"数据准备区"中经过净化、转换和整合处理后,再加载到数据仓库中,将聚集型信息准确、可靠地放入数据仓库的数据结构中,最后根据用户的需求将数据导入"数据集市"中,供管理人员进行分析,通过查询、报表、OLAP、数据挖掘(Data Mining,DM)工具使用,以进行决策支持应用。

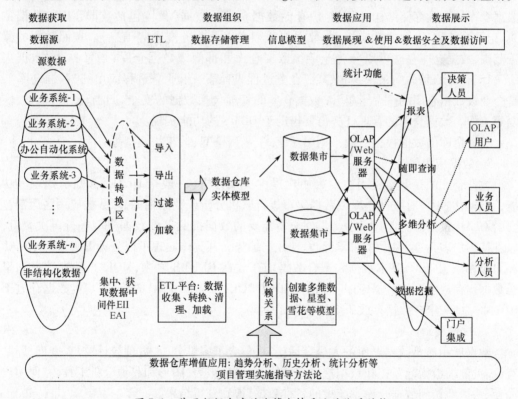

图 7.1 基于数据仓库的决策支持系统的体系结构

数据仓库的实施分数据获取、数据组织、数据应用和数据展示四个功能区。

1. 数据获取区

数据获取区主要包含源数据、数据转换区、数据质量管理三个组成部分,实现数据仓库模型建设、数据质量管理、数据源的定义、数据抽取、转换清洗及加载等功能。

1)源数据

数据仓库的数据来源于多个数据源,包括企业内部业务系统中的数据、办公数据,以及市场调查报告、政府统计部门提供的统计数据及各种文档之类的外部数据。

2）数据转换区（ETL）

在确定数据仓库的信息需求后，首先进行数据建模，然后确定从源数据到数据仓库的数据抽取、清洗和转化过程。由于数据仓库的数据来源十分复杂，这些数据在进入数据仓库之前必须在数据转换区内进行预处理，完成数据获取、数据转换、数据加载等工作，并实现数据质量跟踪监控以及元数据抽取与创建等工作。

3）数据质量管理

数据仓库的数据质量不但影响数据抽取转换的开发周期和日常维护，并且还直接影响到最终结果。因此在数据仓库的项目中，将数据质量的评估、管理和清洗设计进去，并融合在数据仓库和 ETL 的建设过程中。

2. 数据组织区

数据组织区主要实现数据的存储与管理，是整个数据仓库系统的核心。在现有各业务系统的基础上，对数据进行抽取、清理，并有效集成，按照主题进行重新组织，最终确定数据仓库的物理存储结构，同时组织存储数据仓库元数据（具体包括数据仓库的数据字典、记录系统定义、数据转换规则、数据加载频率以及业务规则等信息）。按照数据的覆盖范围，数据仓库存储可以分为企业级数据仓库和部门级数据仓库（通常称为“数据集市”，Data Mart，是面向某一主题、某一业务过程或者某一组业务过程应用的“数据仓库”，是企业级数据仓库的一个子集）。数据仓库的管理包括数据的安全、归档、备份、维护、恢复等工作。数据仓库的管理任务需要借助于 DBMS 的功能实现。

数据仓库的数据模型一般采用第三范式、星型模型、雪花状模型等。

3. 数据应用区

数据仓库的存取与使用主要为用户提供决策分析（一般指 OLAP）和知识挖掘等功能，用于帮助用户对数据仓库或数据集市进行联机分析或数据挖掘，以数据应用区通常包含的 OLAP 服务为例，OLAP 服务器对分析需要的数据按照多维数据模型进行再次重组，以支持用户多角度、多层次的分析，发现数据趋势。其具体实现可以分为 ROLAP、MOLAP 和 HOLAP。ROLAP 基本数据和聚合数据均存放在 RDBMS 之中；MOLAP 基本数据和聚合数据均存放于多维数据库中；而 HOLAP 是 ROLAP 与 MOLAP 的综合，基本数据存放于 RDBMS 之中，聚合数据存放于多维数据库中。

4. 数据展示区

数据展示区是数据仓库的人机会话接口，包含了多维分析、数理统计、报表查询、即席查询、关键绩效指标监控和数据挖掘等功能，并通过报表、图形和其他分析工具，方便用户简便、快捷地访问数据仓库系统中的各种数据，得到分析结果。

用户在使用数据仓库时，主要利用两类应用工具：一类是 OLAP，主要用于分析历史发展变化；另一类是 DM，主要用于预测未来趋势走向。OLAP 是为满足决策支持或多维环境特定的查询和报表需求，供分析人员、管理人员或执行人员从多种角度对数据仓库中的数据进行快速分析和展现的工具。数据仓库侧重于存储和管理面向决策主题的数据；而 OLAP 侧重于数据仓库的数据分析，并将其转换成辅助决策信息。OLAP 的一个主要特点是多维数据分析，这与数据仓库的多维数据组织正好形成相互结合、相互补充的关系。

7.1.2　数据仓库的数据模型

由于 OLAP 的要求,数据仓库中数据的逻辑组织形式是一种多维数据模型,在实现中一般有两种途径,即两种物理结构。

(1)基于关系数据库的星型模式(由关系型的事实表和维表组成)。星型模式由事实表及其围绕着它的许多维表组成,它仍沿用了关系型数据库的数据模型。事实表中包含两种属性,一种称为维,另一种称为度量。每一个维与一个维表相关,该维表表示了一个维分层结构,如 < Day,Month,Year,All >,维表中包含有支持商业运作的相关项的文字说明,通常具有文本性和离散性的特点,并在分析结果中提供标题。度量(Measure)属性的取值是用于进行分析的数值型数据,通常是聚集型(如求和、平均值、中值和标准偏差)数据,如总销售额、月银行存款额、货运量等。

采用星型模式的 OLAP 也称为 ROLAP,ROLAP 中提供了转换工具将多维查询转化为 SQL 查询以供后台关系型数据库处理。产品包括 Informix Metacube、Microsoft SQL Server OLAP Services、Microsoft Strategy 等。

(2)基于多维数据库的空间超立方体,又称数据立方体(Data Cube)。基于关系数据库的星型模式,通过标准的 SQL 查询,可以完成联机分析处理任务,然而,随即查询所需的连接运算会随着基表的维度的增加而呈指数级地增长,造成查询语句非常复杂,多表查询使查询变得低效。因此针对 OLAP 的聚集型操作的需求,提出了数据立方体数据模型。数据立方体是一种按多维数据集组织的物化视图。物化视图是指与传统数据库中的视图概念不同,数据仓库中不仅存储形成数据立方体的定义,而且存储实际的数据。

一个典型的数据立方体如图 7.2 所示,它描述了某百货销售企业的产品在不同时期不同地点的销售数量和销售收入的情况。该立方体包含三个维:时间(Time)维、地点(Location)维和产品(Product)维。Time 维有四个属性 Day ≤ Month ≤ Year ≤ ALL,Location 维有五个属性 Store ≤ City ≤ Region ≤ Country ≤ ALL,Product 维有四个属性 Product ≤ SubCategory ≤ Category ≤ ALL。各维的这些属性之间是从属性偏序关系(≤),属性及其偏序

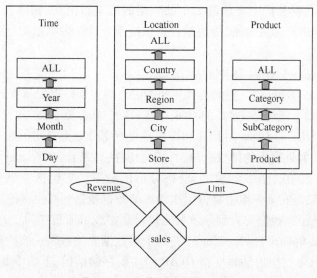

图 7.2　一个典型的数据立方体

123

关系组成了对应该维的格。对于每个维 Hd 均有一个特定的 ALL $\in$ Hd, All 表示该维的最高层次的聚集属性。三个维对应的格的乘积构成了立方体格。对于立方体格中的一个三元组 $<T,L,P>$（其中 T 是 Time 维的某个属性，L 是 Location 维的某个属性，P 是 Product 维的某个属性），对应一个称为 cuboid（立方体）的三维阵列。$<T,L,P>$ 立方体的每个单元（cell）也是一个三元组 $<t,l,p>$（其中 t 是属性 T 的属性值，l 是属性 L 的属性值，p 是属性 P 的属性值）。维属性的依赖关系也扩展到了属性值上，例如，单元 <2008,郑州,电视机> 的值将是 <2008.1,郑州,电视机>、<2008.2,郑州,电视机>、<2008.3,郑州,电视机>……<2008.12,郑州,电视机> 的值的总和。因此，这些单元也组成了一个依赖性格。

在该立方体中，粒度最细的聚集型数据存放于 cuboid <Day,Store,Product> 中，它反映了某天、某个商店、某个产品的度量属性 Revenue（销售收入）和 Unit（销售数量）的取值情况。该 cuboid 中的度量属性的数据值从数据源（一般是关系数据库的基表）中的数据聚集（本例为求和）得到，如果在数据源处 Revenue（销售收入）和 Unit（销售数量）数据不存在，则 <Day,Store,Product> 的相应单元为空（或取 NULL）。采用相同的聚集函数，下层（聚集粒度较细的）cuboid 中的数据聚集到上层（聚集粒度较粗的）cuboid 中，这样，所有的 cuboid 中的数据就生成了，该数据立方体也就形成了。本例中，在进行数据聚集（求和）操作时，空的单元的值将以 0 值对待。

与多维数据库的空间超立方体模式相对应的 OLAP 也称为 MOLAP，MOLAP 不依赖于关系模型，而是实现了实际存储聚集型数据的物化的多维视图，超立方体模式能够快速有效地响应用户查询、旋转、切片、切块、上钻、下钻、钻透等 OLAP 请求，在查询效率和支持 OLAP 方面具有一定的优势。目前，采用超立方体模式的产品包括 Cognos 的 Powerplay、Hyperion 的 Essbase 和微软的 Analysis Service、Oracle 的 OLAP Express 产品等。

对数据密集型部分使用 MOLAP，而其他部分使用 ROLAP，这种结构称为混合 OLAP（Hybrid OLAP, HOLAP）。

7.1.3 OLAP 系统对多维数据的操作

OLAP 的多维数据分析主要通过对多维数据的维进行剖切、钻取和旋转来实现对数据库所提供的数据进行深入分析，为决策者提供决策支持。多维结构是决策支持的支柱，也是 OLAP 的核心。

OLAP 系统对多维数据的操作包括：

（1）查询（Query/Report）。查询类操作是 OLAP 对多维数据最基本的操作。

（2）旋转（Pivot）。旋转是变换维的方向，即在表格中重新安排维的放置（例如行列互换）。

切片和切块（Slice and Dice）：切片和切块是在一部分维上选定值后，关心度量数据在剩余维上的分布。如果剩余的维只有两个，则是切片；如果有三个，则是切块。

（3）钻取。钻取是改变维的层次，变换分析的粒度。它包括上钻（Roll-up）和下钻（Drill-down）。上钻是在某一维上将低层次的细节数据概括到高层次的汇总数据，或者减少维数；下钻是：从汇总数据深入到细节数据进行观察或增加新维。

（4）钻透（drill through）。指 Cube 钻透到下层数据库关系表一级的操作。

由于多维立方体数据模型是支持 OLAP 的主要存储结构，下面主要讨论该数据模型下的安全性问题。

7.2 安全需求与安全策略

7.2.1 数据仓库的特定安全需求

数据仓库包含着用于分析和决策的聚集型数据,包含了不同概括度的数据,对这些数据进一步分析,又可获得许多有助于业务决策方面的关键信息,而随着数据的逐渐积累,其综合价值也在不断提升。因此,数据仓库的安全性也显得十分重要。

与其他系统一样,通用的安全需求(如完整性、保密性、可用性等)也适用于数据仓库和 OLAP 系统,但由于其数据的性质、采用的数据模型以及对其操作的不同,对数据仓库和 OLAP 系统有一些特殊的安全需求。首先,数据仓库中的数据模型反映了"主题"的概念,它是一个多维立体的数据空间,需要使用特定的操作对多维数据立方体进行访问,因此授权和访问控制需要增加针对 OLAP 对多维数据操作的授权和访问控制模型和机制;其次,对数据仓库的分析访问方式是不规则的、复杂的、随意的和动态的,难以事先编制一个预定义的查询来适用于分析工具的复杂查询,诸如视图等传统的安全机制不适用于数据仓库;第三,数据仓库中含有对应维的不同层次的不同粒度的数据,它们需要不同程度的安全性,数据仓库中受保护的对象不是表,而是立方体、立方体中不同粒度上的聚集型数据、维、维层次等;最后,由于数据仓库数据的聚集特性,还要防止用户通过推理得到不应得到的数据。数据仓库的特定安全需求如图 7.3 所示,访问控制需求(包括基本需求和高级需求)和推理控制需求。下面将以图 7.3 所示的百货公司销售情况数据立方体为例,说明这些安全需求[3]。

序号	需 求		
11	推理控制需求		
10	动态/数据驱动策略	访问控制需求	高级需求
9	隐藏某些切块上的维层次		
8	隐藏某些切块上的度量		
7	隐藏某些切片上的维层次		
6	隐藏某些切片上的度量值		
5	隐藏立方体的维层次		基本需求
4	隐藏立方体中的某些切块		
3	隐藏立方体中的某些切片		
2	隐藏立方体中的某些度量值		
1	隐藏整个立方体		

图 7.3 数据仓库的安全需求

(1)隐藏整个立方体是最直接的安全需求。例如,数据仓库中存在"年报销售分析"立方体、"月报销售分析"和"季报销售分析"立方体数据,指定用户只能查看"年报销售分析"立方体的数据,不能查看"月报销售分析"和"季报分析"立方体中的数据。

(2)隐藏立方体中的某些度量值。如规定某用户只能查看销售收入情况,而不允许该用户查询销售数量情况。

（3）隐藏立方体中的某些切片。如果不允许部分用户查看某些特定的维成员上的数据，对这些用户就需要隐藏立方体的某些切片。例如，仅允许某用户查看 2003 年、2005年销售情况，而其他年份的相关情况则不允许该用户查看。

（4）隐藏立方体中的某些切块。与隐藏切片类似，隐藏切片是指仅允许用户查看某一区间维成员的数据。例如，仅允许某用户查看 2008 年以来的数据。

（5）隐藏立方体的维层次。不同粒度的数据安全级别不同，通常粒度越细，安全级别越高，所以有时限制对低于某个维层次的数据的访问，即隐藏维层次。例如，如不允许某用户访问在时间维上比"月"更细粒度的数据，即不能访问每天的数据。

（6）隐藏某些切片上的度量值。需求 2、3 的组合，例如仅允许某用户查看 2003 年、2005 年销售收入情况。

（7）隐藏某些切片上的维层次。需求 3、5 的组合，例如仅允许某用户查看 2003 年、2005 年销售情况，并且不允许访问比"月"更细粒度的数据。

（8）隐藏某些切块上的度量值。需求 2、4 的组合，例如仅允许某用户查看 2008 年以来的销售收入情况。

（9）隐藏某些切块上的维层次。需求 4、5 的组合，例如仅允许某用户查看 2008 年以来的销售情况，并且不允许访问比"月"更细粒度的数据。

（10）动态/数据驱动策略。特殊环境下需要动态的、数据驱动的安全策略，访问请求是否许可依赖于维成员或度量的取值等。例如，如果某个单元的销售数量取值小于 2，则不公开该单元对应的销售收入情况。

（11）推理控制需求。由于数据仓库和 OLAP 系统中存放了大量汇总型数据。具有相关访问权限的使用者可能通过分析多次查询的结果，推导出一些其不应得到的敏感数据。推理控制就是要避免用户通过智能查询推断出其权限之外的敏感信息。推理威胁和推理控制机制将在 7.4 节中专门阐述。

除单纯地考虑安全性（防止对存储于数据仓库的敏感数据的未经授权访问和恶意推理外），在实现一个安全的数据仓库时，还要考虑安全策略和机制的适用性（不依赖于不切实际的假设，例如，在统计数据库中所做的假设一般在 OLAP 应用中是不可接受的）、可用性（保证具有合法权限的用户正常访问数据）、高效性（在计算上是可行的，查询时间开销小，用户可容忍）、实用性（不应大量修改 OLAP 系统已存的基础架构）。当然，以上的需求和目标常常发生矛盾，具有可证明安全性和合理的可用性通常意味着复杂的在线计算，需要在它们之间折中和平衡。

7.2.2 数据仓库的安全策略

信息安全策略是为了保障信息安全而制定和必须遵守的一系列准则。由于数据仓库的特殊性，数据仓库通常采用以下的安全策略。

由于数据仓库系统特殊的数据模型，数据价值和数据操作与传统数据库也有所不同，进而产生出不同访问特性的应用程序。数据仓库的访问控制策略的重点在于数据仓库的前端访问，OLAP 应用程序是数据仓库的主要前端工具，所以此处数据仓库的访问控制策略特指对 OLAP 的安全策略。通常数据仓库访问控制策略采用"让用户查询到他需要知道的数据"（Need to Know），即"最小权限"（Close World）的策略，即只让用户得到相应权限的信息。

数据仓库中存放的是来自不同的数据源和数据属主的聚集数据，很难根据数据属主的不同实施自主的访问控制策略，因此数据仓库和 OLAP 系统一般采用集中式的强制访问控制策略。

7.3　数据仓库访问控制

访问控制在对访问主体身份识别的基础上，根据身份对提出的资源访问请求加以控制。如果数据仓库采用基于关系数据库的星型模式数据模型实现，其访问控制可以通过扩展原有的 SQL 或数据库管理系统实现，以支持数据仓库的访问语义；如果数据仓库基于超立方体数据模型实现，则需要定义不同于数据库的、针对超立方体数据模型的访问控制模型和机制。

7.3.1　数据仓库访问控制模型

目前，按照建立方法的不同，数据仓库安全模型大致分为以下几类。

1. 基于角色的访问控制模型[2-5]

该方法按照 OLAP 多维数据的语义，对(S,O,A)模型进行扩展，定义角色能够访问到的多维数据，并将角色赋予用户来达到间接访问控制的目的。

2. 基于元数据的访问控制模型[6]

元数据是数据仓库中的数据字典，它包含了数据仓库中数据模型的标识、结构和位置等信息。该方法根据用户的访问需求，为不同的用户组构造不同的元数据，然后将这些元数据分别赋予相应用户组访问的权限。因为只有有限内容的元数据，用户也就只能访问允许访问的数据。

3. 基于数据源的访问控制模型[7]

数据仓库中的数据可以来自于具有不同安全要求的多个数据源，这些安全要求也必须反映到数据仓库中，否则整个数据仓库系统缺乏一致的安全性。该方法通过视图作为数据源和数据仓库之间的连接纽带，自动从数据源访问许可派生出数据仓库访问许可，并通过对视图的访问许可来控制对源数据的访问。

4. 基于多维数据库的超立方体数据模型的访问控制模型[8-10]

该方法构造基于数据仓库语义环境的授权模型，该模型定义了数据仓库中多维数据模型的客体（维度、层次、事实）、主体以及相应的 OLAP 操作（读、下钻、上钻、切片、切块等）。

前三种访问控制模型都是在 SQL 语义环境下提出的，其实现需要对 SQL 访问现有访问模型和机制进行扩展；第四种访问控制模型是一种针对数据仓库多维数据模型的访问控制模型。下面重点介绍对第四种模型及其实现机制。

7.3.2　基于多维数据库的超立方体数据模型的访问控制模型

根据数据仓库和 OLAP 多维数据库的特定安全需求，对超立方体数据模型的访问控制的主体是联机分析角色或用户，客体（保护对象）是维、维中的分层结构以及立方体中的事实数据(即度量值),而主体对客体的操作权限则包括读、下钻(Drill-down)、上钻(Roll-up)、切片(Slice)、切块(Dice)和钻透(Drill-through)等。

下面以 Edgar Weippl 等提出的一种数据仓库和 OLAP 授权模型[8]为例,说明超立方体数据模型的访问控制模型与机制。

S(主体):用户或角色。

F(事实集):事实(度量值)的集合。

D(维集):维的集合。

T(允许的操作集):$T = \{Read, Drill\text{-}down, Roll\text{-}up, Slice, Dice, Drill\text{-}through\}$。

对于每个维 $d \in D$,对应有一个表示维分层结构的集合 Hd,例如,对于时间维,其分层结构为 $\{Day, Month, Year, ALL\}$。

对于每一个操作 $t \in T$ 和维 $d \in D$,对应有一个可应用于 d 中 t 上的谓词集 $P_{t,d}$,这些谓词为布尔表达式,说明了授权形成的条件。一个访问控制记录(s, F', DA)是一个三元组,其中 $s \in S$,$F' \subset F, F \neq \{\}$,DA 是一个全映射,它将 D 中的每一个 d 映射到一个非空的(t, p)对集合(该集合形成了一个 T 到 P 的部分映射关系),其中 $t \in T, p \in P_{t,d}$,即

$$DA : D \rightarrow (T \xrightarrow{\text{partial}} P)$$

其中

$$P := \bigcup_{t \in T, d \in D} P_{t,d}$$

对于所有 $d \in D$,有 $DA_d \neq \{\}$,$DA_d(t) \in DA$。

一个访问控制记录(s, F', DA)实质上定义了多维数据立方体的一个子空间。

例如:访问控制记录(授权)

(Alice, {Unit},

　　{(Time, {(Read, All), (Drill-Down, Month)}),

　　(Location, {(Drill-Down, Country), (Roll-Up, Region)}),

　　(Product, {(Drill-Down, Category), (Roll-Up, Product)})})

该授权说明了 Alice 访问 Unit 度量值的权限。在 Time 维上,允许其访问 All 层的 Unit 度量值,并可下钻到月,但未授权其访问每年、每天的 Unit 度量值;在 Location(地点)维上,允许其访问每个国家、每个地区的 Unit 度量值,但未授权其访问每个城市、每个商店的 Unit 度量值;在 Product 维上,允许其下钻访问到产品大类 Category 的和每种产品 Product 的 Unit 度量值,未授权其访问每个商品子类 Sub-Category 的 Unit 度量值。

如果又增加了以下访问控制记录(授权)

(Alice, {Unit, Revenue},

　　{(Time, {(Drill-Down, Year)}),

　　(Location, {(Drill-Down, Country), (Roll-Up, Store), (Slice, City ="郑州")}),

　　(Product, {(Drill-Down, Category), (Roll-Up, Product)})})

在 Alice 将拥有访问所有坐落于"郑州"的所有商店的 Unit 度量值和 Revenue 度量值的访问权限。有了这两个许可集,Alice 就可以完成坐落于郑州的商店的管理工作,并将这些商店的业绩与其他商店进行整体上的比较。

该模型采用 CLOSED WORLD 假设,即除非显式授权,否则操作是不允许的,由于负授权是不允许的,授权集的重叠不会产生冲突的授权。

7.4　数据仓库中的推理控制问题

推理控制就是要避免用户通过多次权限内的查询,分析查询结果,进而推断出其权限之外的敏感信息。本节首先简单介绍传统统计数据库中的推理控制方法,然后以多维数据立方体数据模型为例说明针对数据仓库和 OLAP 系统推理威胁的存在性,最后介绍推理控制的方法。

7.4.1　统计数据库中的推理控制方法

统计数据库推理控制的研究已经进行了三十多年了,其方法大致分为基于约束的(Restriction-based)技术和基于扰乱的(Perturbation-based)技术。

基于约束的推理控制方法通过拒绝不安全访问来防止恶意的推理,具体方法包括单元拟制(Cell suppression)、分区(Partitioning)、微聚集(Microaggregation)等。为了保护统计表中的细节性数据,含有较小 COUNT 值的单元格被抑制(不包含在查询结果中),然后使用基于线性规划技术检测和消除通过被抑制单元进行推理的可能性。分区技术定义了一个敏感数据的分区,并限制仅能对该分区完整的块进行聚集查询,而不能查询分区中更细节性的数据。与分区类似,微聚集用平均值代替敏感数据。然而,上述基于约束的方法并不适用于数据仓库和 OLAP 系统,其原因如下:①推理检测必须考虑所有可能的查询结果组合,在二维的情况下是可行的,而在三维或多维的情况下,在线计算量和数据存储量巨大,推理检测难以实现;②分区和微聚集不是基于维层次的固有数据,因此,查询结果可能含有许多没有意义的数据。

基于扰乱的技术通过向敏感数据的查询返回结果中加入随机噪声来防止泄密,它是为了在数据挖掘中保护隐私数据而提出的(详见第 11 章)。随机噪声掩盖了敏感数据,而数据的整个统计分布属性保持不变,数据挖掘任务可以从被扰乱的数据中重建统计属性。数据仓库和 OLAP 系统与数据挖掘的目的有所不同,被扰乱的数据会让 OLAP 用户看不到数据的内部细节,影响数据的准确性和可信性。

由于传统的统计数据库中的推理控制方法并不完全适用于数据仓库和 OLAP 系统,因此,必须找到解决数据仓库和 OLAP 系统中推理控制问题的新方法。

7.4.2　针对多维数据立方体的推理威胁分析

在传统数据库中,主要关注的是防止未经授权的访问,而在数据仓库和 OLAP 系统中,攻击者可以轻易地从合法查询的结果推断出被禁止查询的数据。下面通过几个具体实例分析针对多维数据立方体的推理控制威胁。

例 1:一维推理。

某用户被禁止访问 < Month, Store, SubCategory > 立方体,但可以访问 < Month, City, SubCategory > 立方体。假设该用户通过外部渠道获知某城市的只有一个商店或者除某个商店营业之外其他商店均未营业(销售数据量和销售收入均为零),则该用户即可推理得到该商店的销售情况就是该城市的销售情况。

例 2:聚集函数为 SUM 的立方体的 m 维推理。

某用户被禁止访问 < Month, Store, Product > 立方体,但可以访问 < Year, Store, Product >

和 < Month, City, Product > 立方体。假设该用户通过外部渠道获知城市 C_1 的商店有 S_1、S_2、S_3 三个商店，并且 S_1、S_2 这两个商店在 1 月份尚未开业。该用户访问 < Year, Store, Product > 得知 2008 年商店 S_1、S_2、S_3 某产品的销售数量分别为 10000、12000、8000，访问 < Month, City, Product >，并求和得知 2 月 – 12 月 C_1 城市该产品的销售数量为 24000，然后，该用户可以通过推理得到 2008 年 1 月份商店 S_3 该产品的销售数量为（10000 + 12000 + 8000）– 24000 = 6000（个）。

例 3：聚集函数为 MAX 的立方体的 m 维推理。

前提条件同例 2。某用户求单元集 MAX(< 2008, S_1, P_1 >) 得知 2008 年某月份商店 S_1 产品 P_1 的最大销售数量为 10000，求 MAX(< 2008.12, C_1, $P1$ >) 得知 2008 年 12 月 C_1 城市该产品的销售数量为 8000，则该用户可以推理得知，商店 S_1 产品 P_1 具有最大销售数量的月份不可能是 2008 年 12 月（10000 > 8000）；采用相同的方法，它可以排除商店 S_1 产品 P_1 具有最大销售数量的其他月份，如果该用户可以排除共 11 个月份，则可以得到剩余的那个月份商店 S_1 产品 P_1 的销售数量。

从上述三个例子可以看出，攻击者通过多次查询和推理得到敏感数据的可能性是存在的，攻击者如果将多次查询尝试和推理用计算机程序实现，则数据仓库和 OLAP 系统的数据将面临更大的威胁。

7.4.3 OLAP 数据立方体推理控制

数据立方体是数据仓库和 OLAP 系统的主要数据模型，本节将介绍防止针对数据立方体的推理攻击方法。

1. 推理控制体系结构

统计数据库推理控制体系结构一般采用两层结构：敏感数据和聚集查询。当用户发出查询时，推理控制机制实时判断本查询加上以前响应过的查询是否可能造成对敏感数据的推理威胁。然而，直接将这种两层结构应用到 OLAP 系统中是不适用的：①由于必须对查询集而不是单个查询请求作 m – d 推理检查，检查复杂性高，实时推理检查将带来对查询的不可接受的延迟；②推理控制方法在两层体系下不能利用 OLAP 应用的优点。例如，对 OLAP 查询请求通常采用物化视图进行响应，如数据立方体，在这种数据模型下，推理控制的在线开销将大大减小。

为实现推理控制，并使用户得到快速的响应，数据仓库和 OLAP 系统通常采用三层安全体系结构，该体系在数据层和查询层之间增加了预定义的聚集层。推理控制在聚集层与数据层之间实施，以保证不造成推理威胁的数据才进入聚集层；访问控制在查询层和聚集层之间实施，以保证仅安全的数据聚集用于响应用户查询结果。由于推理控制这种计算密集型操作可以预先离线进行，减少了在线查询时的计算开销，缩短了对用户的响应时间。

2. 仅含和运算 SUM 的数据立方体的推理控制

首先讨论仅含和运算 SUM 的数据立方体的情况。假定仅粒度最细的核心立方体（如，在图 7.2 的例子中，粒度最细的核心立方体是 < Day, Store, Product > ）的数据是秘密的。

1）基于基数的方法（Cardinality-Based Method）[11]

基于基数的方法通过查询结果的数目来确定推理的存在。从 7.4.2 节例 1 可以看到,一维推理与空单元的数目存在直接联系,攻击者可以通过外部途径知道这些单元是空的,并且在求和时,这些空的单元将被看做是 0 值。这样,当求和得到的聚集数据在数据立方体中仅存在一个非空单元时,攻击者就会通过一维推理得到立方体中的具体数值。m 维推理与空单元的数目之间也存在类似但不太直接的联系。

为检测推理存在与否,可将仅含求和 SUM 的立方体中的数据聚集关系用线性方程描述。为简化描述,假设 Time 维是包含两个属性 Year $\leqslant$ All 的两层结构,Location 维是包含两个属性 Store $\leqslant$ All 的两层结构,核心立方体是仅有两个属性的立方体 $<$ Year, Store $>$,而聚集立方体是 $<$ ALL, Store $>$、$<$ Year, ALL $>$ 和 $<$ ALL, ALL $>$,并假设核心立方体中单元的数值是保密的,空单元的值以 0 值对待,攻击者可以通过外部渠道得知这些空单元的值的情况。设上述四个立方体之间存在表 7.1 所列的聚集关系(表中的数值表示销售数量 Unit 的值),则这些立方体中的数据聚集关系可以用以下线性方程描述:

表 7.1　各数据立方体之间的聚集关系

	2005	2006	2007	2008	All
人民店	x_1	x_2	x_3		8500
花园店		x_4	x_5		10000
未来店	x_6			x_7	6100
大学店	x_8			x_9	12400
All	10000	6000	11000	9000	36000

$$
\begin{pmatrix}
1 & 1 & 1 & 0 & 0 & 0 & 0 & 0 & 0 \\
0 & 0 & 0 & 1 & 1 & 0 & 0 & 0 & 0 \\
0 & 0 & 0 & 0 & 0 & 1 & 1 & 0 & 0 \\
0 & 0 & 0 & 0 & 0 & 0 & 0 & 1 & 1 \\
1 & 0 & 0 & 0 & 0 & 1 & 0 & 1 & 0 \\
0 & 1 & 0 & 1 & 0 & 0 & 0 & 0 & 0 \\
0 & 0 & 1 & 0 & 1 & 0 & 0 & 0 & 0 \\
0 & 0 & 0 & 0 & 0 & 0 & 1 & 0 & 1 \\
1 & 1 & 1 & 1 & 1 & 1 & 1 & 1 & 1
\end{pmatrix}
\times
\begin{pmatrix}
x_1 \\ x_2 \\ x_3 \\ x_4 \\ x_5 \\ x_6 \\ x_7 \\ x_8 \\ x_9
\end{pmatrix}
=
\begin{pmatrix}
8500 \\ 10000 \\ 6100 \\ 12400 \\ 10000 \\ 6000 \\ 11000 \\ 9000 \\ 36000
\end{pmatrix}
$$

将上述线性方程进行一系列的行运算,方程左边的系数矩阵可以在 $O(m^2 \times n)$ 时间复杂度内(其中 m 为矩阵的行数,n 为矩阵的列数)变换为

$$
\begin{pmatrix}
1 & 0 & 0 & 0 & 0 & 0 & 0 & 0 & 0 \\
0 & 1 & 0 & 0 & -1 & 0 & 0 & 0 & 0 \\
0 & 0 & 1 & 0 & 1 & 0 & 0 & 0 & 0 \\
0 & 0 & 0 & 1 & 1 & 0 & 0 & 0 & 0 \\
0 & 0 & 0 & 0 & 0 & 1 & 0 & 0 & -1 \\
0 & 0 & 0 & 0 & 0 & 0 & 1 & 0 & 1 \\
0 & 0 & 0 & 0 & 0 & 0 & 0 & 1 & 1 \\
0 & 0 & 0 & 0 & 0 & 0 & 0 & 0 & 0 \\
0 & 0 & 0 & 0 & 0 & 0 & 0 & 0 & 0
\end{pmatrix}
$$

该矩阵的第一行仅有一个不为 0 的值,这就意味着攻击者可以通过聚集数值的加减变换最终推出人民店在 2005 年的销售数量。同理,该矩阵的某一行仅有一个不为 0 的值,是存在推理攻击的充分必要条件。

另外,在两种极端的情况下,也可以根据空单元的个数检测一维推理是否存在:①核心立方体没有空单元,则只要所有属性都至少有两个取值,一维推理就不会出现;②核心立方体仅有少于 $2^{k-1} \times d_{max}$(其中,k 是维数,d_{max} 是所有维中最大的维值域的大小)的非空单元,则一维推理一定存在。如果空单元的数目介于这两种情况之间,则无法只通过空元组的数目来判断一维推理是否存在。

m 维推理与空元组的数目之间也存在一定关系,定理 7.1 给出存在 m 维推理的空单元数目上限,一旦空单元数目超过该数值,就无法判断 m 维推理是否存在。该定理的详细证明见文献[11]。注意该定理只适用于判断 m 维推理是否存在,而不适用于一维推理。

定理7.1 (m 维推理判定定理)在任何一个仅有两个维层次的 k 维数据立方体中,C_c 是核心立方体,C_{all} 是所有聚集立方体的集合。假设 C_c 的第 i 个属性有 d_i 个值,d_u 和 d_v 是 d_i 个值中的最小两个值,则如果 C_c 中空元组的数目少于 $2(d_u-4)+2(d_v-4)-1$ 且对所有 $1 \leqslant i \leqslant k$ 有 $d_i \geqslant 4$ 时,C_c 中不存在 m 维推理;而对任意整数 w,若 $w \geqslant 2(d_u-4)+2(d_v-4)-1$,则一定存在一个含有 w 个空元组数据立方体存在 m 维推理。

2)基于奇偶性的方法 Parity-Based Method[10,12,13]

基于奇偶性的方法是统计数据库推理控制的一种传统方法,它基于一个基本的事实,即偶数对加法和减法运算是封闭的。m 维推理的本质是对单元集合不断地进行加减操作(严格地说是集合并和差的操作),最终得到一个单一单元的数值。这样,如果所有的查询响应仅包含偶数个单元,则通过集合运算得到一个单元及其相应的数值是非常困难的;然而,下述例子表明,这种可能性是存在的。考虑多维范围查询(MDR)的情况,它是对核心立方体沿各轴某一范围内切块的查询。记 $q*(u,v)$ 表示一个 MDR 查询,其中 u 和 v 是任意两个给定的单元,表示查询 u、v 两个单元覆盖区域所有单元的合计数值。表 7.2 列出了若干 MDR 查询及其结果。

表 7.2 多维范围查询示例

(a)核心立方体

	2005	2006	2007	2008
人民店	x_1	x_2	x_3	
花园店		x_4	x_5	x_6

(b)MDR 查询

MDR 查询	查询计算公式	响应结果
q * (<2005,人民店> , <2008,花园店>)	$x_1+x_2+x_3+x_4+x_5+x_6$	6600
q * (<2005,人民店> , <2006,人民店>)	x_1+x_2	1500
q * (<2006,人民店> , <2007,人民店>)	x_2+x_3	2000
q * (<2006,人民店> , <2006,花园店>)	x_2+x_4	1500
q * (<2007,花园店> , <2008,花园店>)	x_5+x_6	2500

表 7.2 中,MDR 查询被限制为只含偶数数目的单元,然而,如果把后四个查询响应结果相加,减去第一个查询响应结果,就会得到 $3 \times x_2 = 900$,从而得到 $x_2 = 300$,即人民店在 2006 年度的销售数量为 300。

因此,基于奇偶性的方法并不能完全避免推理所造成的信息泄露。因此,需要将该方法进行扩展,引入查询集之间派生和等价这两个关系。

派生是指如果一个查询集可以从另一个查询集中推演出来,则前者的响应结果可以从后者的响应结果计算得到。根据该定义,如果后者不造成推理威胁,则前者也不造成推理威胁,反之则不一定成立。

为了判断的一组含偶数单元的 MDR 查询(该集合记为 $Q*$),可以试图找到另一组与 $Q*$ 等价的、可以更容易判断是否存在推理威胁的查询集。寻找等价查询集的方法可采用将 $Q*$ 中的查询逐步分解到最小的含偶数单元的范围查询,即仅包含相邻成对单元的范围查询得到。表 7.3 列出了与表 7.2 数据立方体对应的含偶数单元的 MDR 查询集。例如,含偶数单元的 MDR 查询集{q*(<2006,人民店>,<2007,花园店>)}可以分解为仅含偶数单元的查询集{q*(<2006,人民店>,<2007,人民店>),q*(<2006,花园店>,<2007,花园店>)}。然而,有时 $Q*$ 中的某些查询并不能转换为包含于 $Q*$ 的仅包含相邻成对单元的查询集,例如,查询 q*(<2005,人民店>,<2008,花园店>)并不能由包含于 $Q*$ 的仅包含相邻成对单元的查询集得到;另外,有些不要求含偶数单元的 MDR 查询,也不能从 $Q*$ 中查询派生得到。

表 7.3　与表 7.2 数据立方体对应的含偶数单元的 MDR 查询集 $Q*$

仅含相邻成对单元的	q*(<2005,人民店>,<2006,人民店>)
	q*(<2006,人民店>,<2007,人民店>)
	q*(<2006,花园店>,<2007,花园店>)
	q*(<2006,人民店>,<2006,花园店>)
	q*(<2007,人民店>,<2007,花园店>)
	q*(<2007,花园店>,<2008,花园店>)
非相邻成对单元的	q*(<2005,人民店>,<2008,花园店>)
	q*(<2006,人民店>,<2007,花园店>)

文献[12]给出了定理 7.2 及其证明,说明了对于一组含偶数单元的 MDR 查询 $Q*$ 总存在一个成对单元(这些成对单元不一定是相邻的,即 $q<x,y>$ 不一定属于 $Q*$)所组成的集合 Q^p 与之等价,并给出了构造 Q^p 的算法。

定理 7.2　对于任意给定的数据立方体,假设 C_c 是其核心方体,且含偶数单元的 MDR 查询集为 $Q*$,则一定可以在时间复杂度为 $O(|C_c| \cdot |Q*|)$ 时间内,找到一个成对单元所组成的集合 $Q^p = \{\{u,v\} \mid u \in C_c, v \in C_c, u \neq v\}$,使 $Q* \equiv_d Q^p$。

例如,对 q*(<2005,人民店>,<2008,花园店>),可以找到成对单元集{(<2005,人民店>,<2006,人民店>),(<2006,花园店>,<2007,花园店>),(<2007,人民店>,

< 2008, 花园店 >)}与之等价。表 7.4 示出了与表 7.3 所示 $Q*$ 等价 Q^p。可以证明 7.4 中的 Q^p 确实与表 7.3 中的 $Q*$ 等价。第一,任何一个 $Q*$ 中的查询都可以从 Q^p 中的相关单元对子集派生得到。第二,Q^p 中的每个单元对都可以从 $Q*$ 中查询做减法运算得到。

表 7.4　与表 7.3 $Q*$ 等价的成对单元集 Q^p

属于 $Q*$	(< 2005, 人民店 > , < 2006, 人民店 >)
	(< 2006, 人民店 > , < 2007, 人民店 >)
	(< 2006, 花园店 > , < 2007, 花园店 >)
	(< 2006, 花园店 > , < 2006, 花园店 >)
	(< 2007, 人民店 > , < 2007, 花园店 >)
	(< 2007, 花园店 > , < 2008, 花园店 >)
不属于 $Q*$	(< 2007, 人民店 > , < 2008, 花园店 >)

将 $Q*$ 转化为与之等价的 Q^p 后,只需要判断后者是否能存在推理威胁即可。采用的方法是:首先将 Q^p 表示为一个简单无向图 $G(C_c, Q^p)$,其中核心方体是顶点集,Q^p 是边集;然后应用 Chin 的结论[14],即一个成对单元集 Q^p 是不存在推理威胁,当且仅当其对应的 $G(C_c, Q^p)$ 不含有由奇数边构成的环。是否存在由奇数边构成的环可以通过广度优先算法在时间复杂度 $O(|C_c| + |Q^p|)$ 时间内判定。例如,表 7.4 中 Q^p 的所对应的 $G(C_c, Q^p)$ 有一个由三条边构成的环,因此它存在前面所描述的推理威胁。

上述基于基数的方法和基于奇偶性的方法,均可以基于三层推理控制结构实现初步的推理威胁判定和推理控制,从而提高查询效率,缩短用户查询的响应时间。

3. 通用数据立方体的推理控制

基于基数的和基于奇偶性的方法仅适用于仅含求和 SUM 运算的数据立方体的推理威胁检测和推理控制,对于含有 SUM、MAX、MIN、COUNT、AVERAGE 等综合运算的数据立方体的推理威胁检测和推理控制是十分困难的,目前还没有有效的方法。

文献[10]给出了一种基于格的推理控制方法。该方法不考虑具体的推理模型,而采用防止 m 维推理和消除一维推理的思想,通过对造成推理因素的约减,达到仅处理满足给定格代数性质的推理的目的。具体地说,给定一个数据立方体中的任意两个单元集 S 和 T,定义 c 是关于 T 冗余的,如果 S 包含 c 以及所有 c 在单一立方体中的祖先(格中的上一层中的数值);定义一个单元 c 对 T 是不可比较的,如果对每个 $c' \in T$,c 既不是 c' 的祖先,也不是 c' 的子孙。定义一个推理是可约减的,如果对 T 来说冗余或不可比较的任何 $c \in S$,则 S 能够造成对 T 的推理当且仅当 $S - \{c\}$ 能够造成对 T 的推理,也就是说,推理检查可以忽略冗余或者不可比的单元。这样,推理威胁检测可以逐步得到简化,最终实现推理威胁检测和控制推理。

7.5　数据仓库和 OLAP 商业产品中的安全机制

由于采用的数据模型不同,目前商业数据仓库和 OLAP 产品的安全策略、安全特性、安全机制及其实现方法也不尽相同,提供的安全功能也各有不同。表7.5给出了目前主要的数据仓库和OLAP产品安全特性的比较。

表7.5 主要数据仓库和OLAP产品安全特性的比较

	产品	ROLAP 产品	Micorsoft SQL Server 2000	Micro Strategy	Cognos PowerPlay	Oracle Express
产品信息	版本	N/A	8.0BETA	7.0BEAT	6.0	6.2
	支持的安全特性	SQL 视图	单元级和维级安全	访问控制列表和安全过滤	用户分类和维视图	许可程序
	实现安全性的部件	DBMS	OLAP 服务器和OLAP前端工具	OLAP 服务器和OLAP前端工具	OLAP 前端工具	OLAP 服务器
	一般的途径	视图	混合机制	视图	视图	规则
	安全策略	Closed world	Open world	Open world	Open world	Open world
	安全管理员	属主	管理员	属主	管理员	管理员
具体安全特性	隐藏整个立方体	√	√	√	√	√
	隐藏立方体中的某些度量值	√	√	√	√	√
	隐藏立方体中的某些切片	√	√	√	√	√
	隐藏立方体中的某些切块	√	√	√	√	√
	隐藏立方体的维层次	√	√	√	×	√
	隐藏某些切片上的度量值	√	√	×	√	√
	隐藏某些切片上的维层次	√	√	×	×	√
	隐藏某些切块上的度量	√	√	×	×	√
	隐藏某些切块上的维层次	×	√	×	×	√
	动态/数据驱动策略	×	×	×	×	×
	推理控制	×	×	×	×	×

7.6 小结

本章分析了数据仓库和OLAP系统的安全需求,探讨的数据仓库的访问控制模型,对数据仓库中的推理控制问题进行了初步的讨论,并对数据仓库产品的安全特性进行了简单的比较。数据仓库的安全研究目前处于非常初级的阶段,需要做大量的后续研究工作。

参 考 文 献

[1] Inmon W H. Building the Data Warehouse[M]. NY:John Wiley & Sons Inc. ,1996.

[2] 徐兰芳,潘芸. 数据仓库安全需求模型研究[J]. 华中科技大学学报(自然科学版),2005(7):44–46.

[3] Kirkgoze R,Katic N,Stolba M. A Security Concept for OLAP[J]. IEEE Computer,1997:53–59.

[4] 伍昌莉. 数据仓库的基于角色访问控制模型研究与实现[D]. 武汉:华中科技大学,2005.

[5] 马艳飞. 基于角色的数据仓库安全模型与实现[D]. 昆明:昆明理工大学,2008.

[6] Katic N,Quirchmayr G. A Prototype Model for Data Warehouse Security Based on Metadata[J]. IEEE Computer,1999: 68–79.

[7] Rosenthal A,Sciore E. View security as the basis for data warehouse Security[C]. Proc. of the international workshop on Design and Management of Data Warehouse (DMDW. 2000),2000.

[8] Weippl E,Mangisengi O,Essmayr W,et al. An authorization model for data warehouses and OLAP[C]. Workshop on Security in Distributed Data Warehousing,New Orleans,Louisiana,USA,2001.

[9] 杨科华. 基于数据立方体维层次的 OLAP 安全策略[J]. 应用科学学报,2008,26(2).

[10] Wang Lingyu,Jajodia S. Security in data warehouse and OLAP System[M]. NY,OSA:Springer press,2008.

[11] Wang L, Wijesekera D,Jajodia S. Cardinality – based inference control in data cubes[J]. Journal of Computer Security, 2004,12(5):655–692.

[12] Wang L,Li Y J,Wijesekera D,et al. Precisely answering multidimensional range queries without privacy breaches[C]. Proceedings of the Eighth European Symposium on Research in Computer Security (ESORICS'03),2003:100–115.

[13] Wang L,Jajodia S,Wijesekera D. Securing OLAP data cubes against privacy breaches[C]. Proceedings of the 2004 IEEE Symposium on Security and Privacy (S&P'04),2004:161–175.

[14] Yu C T, Chin F Y. A study on the protection of statistical data bases[C]. Proceedings of the ACM SIGMOD International Conference on Management of Data (SIGMOD'77),1977:169–181.

第8章 数据库水印技术

随着关系数据库的广泛应用,同多媒体数据一样,数据库也面临着版权问题。很多提供信息的服务机构,其主要资产是以数据库形式存储的大量数据。Internet 的快速发展将促使内容提供商提供数据库远程访问服务,这将会为终端用户提供极大的方便,但内容提供商也同时面临数据被窃取的危险。如果不法分子将从数据库里获得的大量数据转卖给他人,这些信息服务公司必然蒙受巨大的经济损失。因此需要一种机制来表明数据库的所有权,这就带来了数据库的版权保护问题。

数据库内容的安全可以通过数据加密技术来实现,使非法使用者无法从密文获得有用的信息,从而达到内容安全的目的。传统的加密技术把有意义的明文转换成看上去没有意义的密文信息,但同时也暴露了信息的重要性,这就造成了新的不安全性;数据的加密解密及密钥管理机制均涉及比较复杂的运算,在一定程度上限制了数据库系统的可用性;用户要使用数据必须对密文数据解密,数据将面临用户将解密后的数据进行扩散的风险,对此数据库机密技术就无能为力了。因此,加密技术只能作为数据库内容保护的手段,而不能作为数据版权保护的手段。

数据库数据经过若干年的积累,往往蕴含有巨大的社会价值与经济价值,成为宝贵的数据资源。随着网络数据共享和数据交换需求的不断增多,如果缺乏数据库完整性验证的有效措施,一旦出现对数据库数据的恶意篡改,而无法证明其真伪,后果则无法想象。验证数据库数据内容的完整性,常用的方法是传统的数字签名技术。首先计算数据库关系的 Hash 值,然后用数据库拥有者的私钥签名,最后将所得结果附在数据库之后或者分别存储。这种方法虽然易于实现,但它具有以下几方面的缺点:该方法仅能用于检测数据库是否被修改,而不能确定修改的位置及修改类型;对于大型的数据库,如果不能快速地验证数据库的完整性,那么将会降低其可用性;如果对数据库进行正常的修改,就不得不丢弃先前的签名,重新计算新的签名。

在数据库中嵌入水印信息,是数据库安全研究的一个新的研究方向,可以较好地解决数据库数据的版权保护和完整性验证问题,本章首先回顾了数据水印的基本知识,接着介绍了数据库水印的定义和基本原理,然后探讨了针对数据库水印的攻击及其对策,最后,分析了数据库水印技术的研究现状和进展。

8.1 数据水印技术

随着信息技术和 Internet 的发展,各种形式的多媒体数字作品(图像、视频、音频等)纷纷以网络形式发表,并以低成本、高速度地被复制和传播,这些特性为我们带来便利的同时也容易被盗版者所利用。因而,采用多种手段对数字作品进行保护、对侵权者进行惩罚已经成为十分迫切的工作。数字水印技术的研究就是在这种应用要求下迅速发展起来的。

数字水印技术[1,2]是一种可以在开放的网络环境下保护版权和认证来源及完整性的技术,在不破坏数字产品可用性的前提下,在原数字产品中嵌入秘密信息——水印来证实数字产品的所有权,并可作为鉴定起诉非法侵权的证据,同时通过对水印的检测和分析保证数字产品的完整性和可靠性,从而对数据窃取与攻击行为起到电子举证的作用。数据水印技术弥补了加密—解密技术不能对解密后的数据提供进一步保护的不足,水印信息一旦嵌入到数字产品中,其保护作用长期有效;克服了数字签名不能在原始数据中一次性嵌入大量信息的弱点;弥补了数字标签容易被修改和剔除的缺点,使水印信息与被保护对象融为一体,增加了攻击者破坏水印信息的难度;打破了数字指纹仅能给出破坏者信息的局限,数字水印技术还能提供被保护对象被破坏的程度及破坏类型。

从信号处理的角度看,嵌入载体对象的水印信号可以视为在强背景下叠加一个弱信号,只要叠加的水印信号强度低于人视觉系统(HVS)对比度门限或听觉系统(HAS)对声音的感知门限,HVS 或 HAS 就无法感知到信号的存在。由于 HVS 和 HAS 受空间、时间和频率特性的限制,因此通过对载体对象作一定的调整,就有可能在不引起人感知的情况下嵌入一些信息。从数字通信的角度看,水印嵌入可以理解为在一个宽带信道(载体对象)上用扩频通信技术传输一个窄带信号(水印)。尽管水印信号具有一定的能量,由于水印信号与载体对象相比具有的能量几乎可以忽略不计,所以分布到信道中任一频率上的能量是难以检测到的。水印信号的检测与提取可以看做是在含噪信道中检测及提取弱信号。

一般的数字水印可以分为嵌入和检测/提取两部分。水印嵌入部分主要问题是将水印以什么样的方式嵌入,在什么位置嵌入,在不可见性和鲁棒性之间找到一个折中。水印检测阶段主要是设计一个与嵌入过程对应的检测算法,用于判断待检测数据中是否含有指定的水印信号。检测结果可以是恢复的水印,也可以是基于统计原理的结果,以判断水印是否存在。水印嵌入、检测/提取模型[2]如图 8.1 所示。

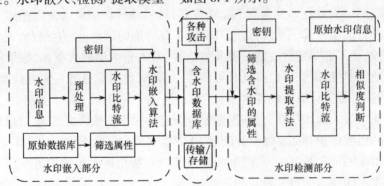

图 8.1　数字水印的嵌入/检测模型

8.2　数据库水印的定义

定义 8.1　数据库水印

在不破坏数据库数据可用性的前提下,用信号处理的方法在数据库数据中嵌入不易察觉且难以移除的标记,达到保护数据库版权及验证数据库数据完整性的目的。

8.2.1　数据库水印的主要特征

数据库数据具有冗余空间小、容易被修改、更新比较频繁的特性,在数据库中嵌入的水印应具有以下特征[3-6]。

(1)隐蔽性。隐蔽性也称为不可感知性、透明性。对合法的数据库使用者而言,水印信号应是不可感知的,不影响载体数据的可用性。

(2)鲁棒性。鲁棒性也称稳健性、顽健性,是指含水印的数据库经过常规的数据库操作及常见攻击后仍能保持水印信号的能力。用于版权保护的数据库水印应具有鲁棒性,水印信号应难以擦除或伪造;数据的正常更新应该不破坏已存在的水印;水印检测应具有较低的虚警率与漏检率。

(3)盲检性。一般数据库更新比较频繁,水印的检测与提取应无需原始数据库的参与,一般只需凭借密钥即可完成对水印的检测与提取。

(4)可证明性。当发生数据库版权纠纷时,水印应能为受到保护的载体数据库提供可靠的证据。水印算法应能够识别被嵌入到数据库数据中的水印信息,并能在需要时将水印信息提取出来。水印信息应该具有判别数据库的版权归属、验证数据真实性与完整性等功能。

(5)动态更新能力。这是数据库水印区别于多媒体水印的显著特点,一般数据库数据更新比较频繁,因此要求数据库的正常操作不应破坏嵌入数据中的水印;新嵌入的水印应随着数据的更新动态嵌入,只需对新增或被修改的部分元组运行水印算法。

(6)安全性。安全性主要是指从密码学的角度反映的水印抵抗恶意攻击的能力。安全性以鲁棒性为基础,水印算法是公开的,系统的安全性主要依赖于密钥。攻击者可以在知道部分或全部数字水印算法的情况下,进行各种恶意攻击。这就要求水印算法应该是安全的;密钥的搜索空间应尽量大;密钥管理机制安全可靠。

8.2.2　数据库水印的分类

对于数据库水印,可以分别从水印特性、水印属性、水印用途、水印载体数据类型等不同角度进行分类[2,5]。

按水印的特性可以分为鲁棒性水印和脆弱性水印。鲁棒性水印是指嵌入到数据库数据中的水印信息在经过常规数据库操作或恶意攻击后,仍能被检测出来,并且提取出的水印信息准确率很高。鲁棒性水印一般用于保护数据库的版权,即发生版权纠纷时,作为判断数据库版权归属的证据。脆弱水印最重要的特性就是脆弱性,也称易碎性、易损性。当嵌入水印的数据遭到篡改时,通过检测的水印与原始水印信息的比对,可以对载体数据是否被修改及何处被修改等进行评定。脆弱性水印一般用于验证数据库内容的完整性。

按水印属性可以分为伪随机序列水印、文本水印、图像水印[7-10]和音频水印[11]。最初研究数据库水印技术时,都是将随机 0/1 序列作为嵌入数据库数据的水印信息;随着研究的深入,研究者开始使用有意义的文本信息、图像或者音频等作为代表版权的信息嵌入到数据库数据中。

按水印的用途可以分为版权保护水印、验证水印与拷贝控制水印。版权保护水印用来标识数据库版权的归属,当发生版权纠纷时,将从数据库数据中提取的水印信息作为证据来判断版权的归属,一般通过鲁棒性水印来实现;验证水印是用来鉴定数据库内容的真实性、完整性等,对攻击者对数据的篡改进行检测、定位及恢复,一般通过脆弱性水印来实现;拷贝控制水印是用来监控数据库的非法拷贝,能根据在盗版数据库检测出的水印信息,追踪提供盗版的叛逆用户,一般通过数字指纹技术[12]来实现。

按水印的载体数据类型可以分为数值型水印和非数值型水印。数据库水印技术最初的研究是从在数值型属性中嵌入水印信息开始的,主要是根据属性值在一定精度范围内允许的误差,通过在数据中引入微小失真实现水印的嵌入。而非数值型属性,如地名、姓名等,一般难以容忍哪怕很小的数据失真,也就难以利用类似数值型属性的水印载体信道来实现水印信息的嵌入,目前研究者采用简单替换[13,14]的方法实现在非数值型属性中嵌入水印信息的目的。

8.2.3 数据库水印的应用

虽然数据库水印技术的研究历史不长,但已显示出其应用前景及潜在的应用价值。一般地,数据库水印技术主要有以下一些应用领域:版权保护、完整性验证、盗版追踪及访问控制等。

1. 版权保护

版权保护是数据库水印最基本也是最典型的应用。数据库拥有者选取代表版权的信息作为嵌入的水印,运用密钥控制的水印嵌入算法将其嵌入载体数据库数据中,然后公开发布含水印的数据库。当发生版权纠纷时,数据库拥有者(或可信第三方)可以利用水印提取算法对疑似盗版的数据库进行水印检测与提取,根据提取出的水印信息证明数据库版权的归属。这类水印最主要的特点是鲁棒性,即经历攻击者对水印的多种攻击后仍能成功检测出证明版权的水印信息。

2. 内容完整性验证

可以利用脆弱性水印对载体数据库内容的真实性、完整性进行验证,根据检测出来的水印信息的破坏程度判断载体数据来源的真实性、内容的完整性等,并能对数据篡改进行定性与定位,即判定原始数据遭到了何种类型的篡改,篡改发生在哪些元组、哪些属性。

3. 盗版追踪

严格地说,用于盗版追踪的水印称为"数字指纹",是一种广义的数字水印。在出售给不同用户的数据库中嵌入具有唯一性的版权标识信息[12,15],该标识不但包含数据库版权所有者的信息,还包括了被授权用户的信息,相当于在载体数据库中记录了合法用户的指纹。当出现疑似盗版数据库时,提取数据库中的数字指纹,与数字指纹库中的相匹配,来判定提供盗版的被授权用户,实现追踪背叛版权协议用户的目的。

4. 访问控制

郑吉平等运用数字水印技术实现了一种数据库访问控制的应用模型[16]。在现有基于角色的访问控制机制的基础上,通过数字水印生成算法将授权角色信息(角色版权信息)嵌入到数据库对象中,实现了角色版权信息隐式地嵌在数据库对象中;在任何时刻权限管理器都可以通过水印生成器对每个数据库对象生成新的水印,在不同时刻相同角色所获取的权限不存在关联。这样就将授权和配置策略隐式和动态地表达出来,从而提高数据库访问控制的安全性。

目前,虽然数字水印技术一般并不用于实时的数据库内容保护,也难以直接阻止对数据库文件的非法拷贝,但它能提供对已遭盗版或篡改的数据库文件的版权认证、完整性验证及盗版追踪,从而对数据窃取与攻击行为起到事先威慑、事后验证的作用。

8.3 数据库水印的基本原理

本节主要分析数据库水印的特殊性,给出了水印对数据库载体的要求、数据库对水印技术的要求,在建立数据库水印系统的基础上从水印信号的生成、水印载体信道的获得、元组标记、水印嵌入、水印检测与提取等方面阐述数据库水印技术的基本原理。

8.3.1 关系数据库与多媒体数据的区别

从 20 世纪 90 年代开始的多媒体水印技术已取得了许多研究成果,一些成果可以有效借鉴、迁移到数据库水印技术中。然而,与多媒体数据相比,关系数据库具有特殊性,在其中难以直接获得能插入水印标记的可辨认冗余空间,因而数据库水印算法的研究具有一定的难度。而数据库水印的特殊性主要体现在数据库数据相对于多媒体数据的不同。

关系数据库与多媒体数据的主要区别在于[2-5]:

多媒体数据对象是由大量的位组成的,并且许多位是冗余的,而关系数据库则是由许多独立的元组组成,难以找到可辨认的冗余空间。

多媒体数据对象各个点之间主要存在空间上有序关系,而组成关系数据库的元组之间以及元组的属性之间是无序的,数据间一般存在语义上的依赖关系。

多媒体数据对象某个部分的删除或替换,很容易引起知觉上的变化,而关系数据库却可以随机删除一些元组或者用其他类似的关系数据库中的元组来代替而不易被发觉,这使得数据库水印易于被攻击且难以被发现。

数据库数据主要被机器程序读取和处理,无法像多媒体数据那样基于人类视觉模型(HVS)或听觉模型(HAS)实现数字水印的隐蔽嵌入。

一般情况下,静态的多媒体数据很少进行更新,而数据库更新频繁,这就要求数据库水印有较高的鲁棒性,能容忍常规的数据增加、删除、修改、排序等操作,保持水印信号的同步。同时,要求水印信号的检测与提取不需要原始数据库与原始水印的参与,实现水印的盲检测。

8.3.2 水印的数据库载体

水印嵌入的实质是通过修改载体数据值或数据格式等标记策略添加标识信息。当然,这种修改以不影响数据的正常使用[17]为前提。在该前提下,定义:

(1)MSD/LSD 为关系数据库中某些数值型属性值允许有微小的变化,称这些属性为水印候选属性。这些属性值中允许有微小变化而不影响数据使用的数位,称为不重要位,记作 LSD(Less Significant Digit);另外有些数位会因为微小变化而严重影响数据可用性,称为重要位,记作 MSD(Most Significant Digit)。LSD 一般取属性值的末几位,MSD 一般取首位。

(2)MSA 为数据库中某些关键属性(如主码)是不允许改动的,数据窃取者一旦改变了这些属性值,将会影响到很多针对数据库的正常操作(如选择、投影、联接等),将这些关键属性记为 MSA(Most Significant Attributes)。

给定数据库关系表 $R(\text{MSA}, \text{attr}_i, \cdots, \text{attr}_n)$,MSA 可以只有一个属性,也可以包括多个,每个属性记为 A_i。用 t 表示 R 中的任意一个元组,那么 t, attr_i 就表示属性 attr_i 在元组 t 上的取值。

8.3.3 关系数据库水印技术的要求

任何载体的数字水印技术,嵌入的水印信息都不应该影响载体的正常使用,关系数据库水印技术也不例外。由于关系数据库是一种比较特殊的记录数据的载体,它对水印技术有以下要求[3,18-21]:

(1)可嵌入性。由于数据库中数据冗余空间非常小,因此在关系数据库中较难找到水印的嵌入位置,只能在不影响原始数据可用性的基础上嵌入水印信息。一般地,关系数据库的数据具有很强的语法结构和语义,因此在水印嵌入后的数据不得与原有的语法结构和语义相矛盾,即使某些数据存在冗余空间,它也是不能被修改的,这样的数据就不能嵌入水印信息。

(2)可操作性。关系数据库中的数据经常需要进行一系列的代数运算,因此在数据经过代数运算后,仍能保证水印信息附着于关系数据库数据之上。这就要求嵌入的水印必须与数据库数据融为一体,并均匀分布于整个数据库数据。

(3)动态性。数据库拥有者对带有水印的数据库数据进行更新时,水印信息应该随着数据的更新而更新,且这些数据中更新的水印信息应与原数据中的水印信息保持一致。

(4)盲检性。水印检测时,既不需要原始的水印信息,也不需要原始数据就可以从关系数据库的水印数据中检测并提取出水印信息,实现水印的盲提取。

(5)可管理性。带有水印的数据形成的数字产品,转移到带有水印管理功能的或者兼容的数据库管理系统中仍然能够运行,水印可以随数字产品一起迁移,不会轻易丢失。

8.3.4 数据库水印系统

一般的数据库水印系统的工作原理如图8.2所示。

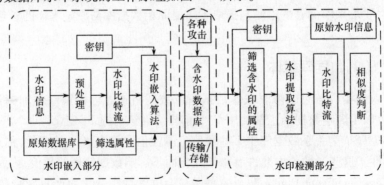

图 8.2 数据库水印系统的原理图

在图 8.2 所示的系统中,水印信息可能是代表数据库版权拥有者信息的字符串、商标图案等,一般都要对其进行预处理,转换为二进制比特流,在密钥的参与下选取适合嵌入水印的信道。检测的过程无需原始数据库的参与,在密钥的控制下实现水印的盲检。将检测出的水印比特流与原始水印比特流相比,根据相似度判断数据库版权的归属。

数据库水印处理过程中涉及几个严重影响数据库水印性能的关键算法步骤,主要是水印信息的生成、水印载体信道的获取、关系数据库元组的标记、水印信息的嵌入、水印信息的检测及提取等,下面分别从这几方面进行分析。

1. 数据库水印信息

水印信息的生成是数据库水印嵌入过程中的第一个关键步骤。为了满足数据库水印的隐蔽性与安全性要求,构成水印信息的序列通常应该具有类似于噪声信号的随机性与均衡性。

1)水印信号类型

0/1 序列:最早出现的数据库水印算法[3,20],以没有任何规律的、无意义的 0/1 序列作为嵌入的水印信息。

伪随机序列:具有类似高斯白噪声的性质,但又具有周期性和规律性,可以人为地加以产生和复制。通常可以采用混沌序列[21]及二值 m 序列[22]等。

根据数据库拥有者的信息所生成的随机序列:选取标识数据库拥有者信息的商标图案[7,8,11]、字符串、音频[8]等生成的二值序列作为产生随机序列的种子,进行伪随机处理,如异或、相乘等。

2)水印信息生成

水印信息生成的过程就是在密钥 K 的控制下,由数据库拥有者的认证信息等生成适合于嵌入到载体数据库中的水印信息的过程。为了提高水印生成算法的安全性、鲁棒性,需要对最终生成的水印信息做进一步的变换处理。对原始水印进行变换处理,包括分解、变换、纠错编码等处理,得到最终用于嵌入的数据库水印信息。数据库水印常用的变换处理方法有以下几种:

(1)载体数据自适应。为了实现水印对数据库的版权认证及内容完整性的验证,一般要求所生成的水印信息对载体数据库数据具有自适应能力。通常可以采用 Hash 函数提取载体数据的特征,如 SHA 函数、MD5 等,都能用来获得关系数据库数据的自适应水印信息。这种由原始数据库特征决定的水印生成方式,能够使水印具有抵制多种进攻的能力。根据不同的认证粒度,可以取元组或元组不同属性的散列值,也可以先对关系数据库的元组按一定规则进行分组,再求组内元组的散列值以生成自适应水印信息。

(2)分解。数据库水印嵌入位置的信息通常以 0、1 二值形式存在。因此,当采用图像作为水印信息时,一般要对图像进行二值化分解,这样也能保证数据库数据以较小的冗余空间嵌入有意义的水印信息。常用的水印信息分解技术有基于独立分量分析(ICA)的水印生成[34]、基于位分解的水印生成、基于奇异值分解的水印生成等。

(3)纠错编码。为了提高数据库水印信息的鲁棒性,可以采用通信技术中的纠错编码机制,对将嵌入到数据库数据中的水印信息进行纠错编码,以提高抗攻击能力。数据库水印信息的纠错编码,就是按一定的规则在水印信息的基础上增加一些监督码,使增加的监督码与原始水印信息之间建立一定的关系。检测水印信息时,可以根据水印信息与监督码之间的特殊关系进行纠错,在一定程度上恢复水印信息。常用的数据库水印纠错编码有 CRC 码[8]、BCH 码[7,23]、汉明码[24]等。

通常,不同类型的数据库水印,对信息变换的要求也不同。一般来说,用于版权认证的鲁棒性水印对水印信息的安全性与鲁棒性要求比较高,通常对水印信息进行纠错编码等处理;用于数据篡改检测与定位的脆弱性水印强调其对数据库数据特征的自适应性。

2. 数据库水印载体信道

在关系数据库中,数据是由相对独立的元组组成,元组各属性都有确定的取值,所以可供水印信息直接嵌入到数据库数据中的冗余空间很小。在保证水印嵌入的隐蔽性与数据可用性的前提下,为了将水印信息嵌入到关系数据库数据中,就必须扩展关系数据库数据的冗余空间,获得水印的载体信道。

一般情况下,数据库属性的类型决定获取数据库水印载体信道的方式。数值型载体数据和非数值型载体数据一般采用不同的方式来获取水印载体信道。目前获取数据库水印载体信道的方法有以下几种。

1)基于 LSB 的水印载体信道

基于 LSB 的水印载体信道的实质是通过数值型载体数据的微小失真来获得数据库数据的冗余空间,如地理数据、金融数据等许多数值型数据,对数据的精度要求不高,在最低有效位(LSB)存在一定的冗余,在失真允许的范围内 LSB 数值的微小改变并不影响数据的正常使用[4-8,16]。

2)基于分组数据分布特征的水印载体信道

首先对元组进行秘密排序,基于"均方差"特性构造子集。在子集内部取连续序列数据作为嵌入水印的基本单位,在数据的有效性界限内,通过调整关键属性数据改变子集内连续序列数据的分布特征来嵌入 0/1 水印信息,实际上是由每个数据子集的分布特性来记录嵌入的水印信息,由此获得数据库水印载体信道[4]。这种方法适用于数值型、具有相同分布、数据相差不大的载体数据。

3)基于数字向量概率统计特征的水印载体信道

在保持数字向量的平均值与方差(协方差)指标的前提下,从统计学的角度建立数字向量水印的数学模型,用伪随机序列对水印信息进行扩频处理,通过调整频谱的参数,用数据的微小失真来换取数据库数据的冗余空间,将得到的冗余空间作为水印载体信道[25,26]。这种方法也只适用于数值型载体数据。

4)基于属性值频率直方图的非数值型载体水印载体信道

目前,基于非数值型载体的数据库水印算法成熟的还很少。针对字符型数据,Solanas A 等用简单的同义词替换嵌入水印信息[13],董晓梅等在此基础上通过调整属性值频率直方图来获取水印载体信道[14,27],首先分析原始数据库属性域的统计特征,计算每个属性值对应的频率,利用部分水印信息对所得的频率值做小波变换,并记录在数据库所有者所规定的范围内的最大频率和最小频率,然后利用属性值的同义词替换来嵌入水印信息,若嵌入水印信息后属性值的统计特征仍在允许范围内,则嵌入水印信息,否则回滚数据。实现这种方法时会遇到如相似程度的度量、同义词表的建立与标准化等许多困难。

3. 元组标记

关系数据库中的数据具有无序的特点:元组与元组之间是无序的,属性与属性之间也是无序的。而对数据库的正常操作,如元组/属性插入、删除、重排等,会引起元组/属性顺序的频繁变化。数据库水印信息需要分散地嵌入到数据库中,而且要求均匀隐藏在原始数据中:①由于水印信息的某一特定位要嵌入在特定的元组属性值里,而在检测和提取水印信息时需要找到嵌入水印时所用的元组,并记录嵌入在该元组属性值中的水印位在整体水印信息中的位置;②为了保持水印与关系数据库数据的动态更新,必须建立起水印信号与无序的关系数据库元组之间的有序的同步关系。这样才能保证在频繁的数据库操作后,还能准确地检测到水印信息。为了实现这种同步关系,首先要对元组进行标记,使得无序的关系数据库元组变得有序,将得到标记与水印位建立同步关系。

元组标记是实现数据库水印鲁棒性的前提,所以该标记必须是唯一的、秘密的。只有唯一,才能保持水印与元组的同步,由于关系数据的主键具有唯一性,通常被用来作为水印同步信息的标记依据;只有秘密,才能保持水印的隐蔽与安全。而且攻击者不可能通过对加水印信息的数据进行分析而得到这个有序序列,即元组稳定的有序序列应该在数据库所有者控制之中,可以运用密钥来管理和控制这个有序序列,这个标记的算法应该是单向的。而单向 Hash 函数由于具有较高的安全性,一般被用来作为元组标记的工具。

定义 8.2　单向 Hash 函数

对于 Hash 函数 $H:A \rightarrow \{0,1\}^n$ 而言,如果给定某个随机数 x,在多项式时间内无法找到其原象 $y \in A$,满足 $H(y) = x$,就说 H 是单向的 Hash 函数。

单向 Hash 函数的作用主要是提供数据完整性和消息认证,因此这些函数应当满足以下特性:

(1) 压缩性(Compression)。给定任意有限长度的输入 x,$H(x)$ 返回一个固定长度的输出 y。

(2) 效率(Efficiency)。给定输入 x,很容易计算 $H(x)$。

(3) 单向性(One-wayness)。给定 $y = H(x)$,反向计算 x 是困难的。这一特性有两重意思:①抗原象碰撞(Preimage Resistance),即在不知道原输入的情况下,对所有的输出 y,找到 x 使 $H(x) = y$ 是计算上困难的;②抗第二原象碰撞(2nd-Preimage Resistance),即给定 x,找到 $x' \neq x$ 使 $H(x) = H(x')$ 是计算上困难的。

(4) 冲突避免(Collision-avoidance)。找到一个对偶 (x, x') 满足 $H(x) = H(x')$ 是计算上困难的。

在元组标记算法中采用 Hash 函数的好处是:可破坏数据库关系表中元组的某些数学结构,使即使相似的元组有完全不同的嵌入方式;可打乱元组顺序,抵抗重排攻击,更好地隐藏水印嵌入位。

其中一种典型的数据库元组标记算法为

$$\text{ID}_i = \text{Hash}(P_i \parallel \text{msb}(A_i) \parallel K) \tag{8.1}$$

式中:ID_i 为第 i 个元组的标记编号;P_i 为元组主键;K 为水印密钥;函数 $\text{msb}()$ 表示取元组各属性的 MSB 位值;运算符"$\parallel$"表示位连接运算。

4. 数据库水印嵌入

数据库水印的嵌入就是根据数据库数据与水印信息的特点,在保证数据库数据可用的情况下,将水印信息嵌入到对应的关系数据库元组属性值中的过程。目前,对数据库水印的研究基本上是基于时空域的,本节也以时空域的数据库水印嵌入为讨论对象。

设原始数据库载体数据为 $R = \{r_0(i), 0 < i \leqslant n\}$；设水印信息为 $W = \{w(i), 0 < i \leqslant m\}$，取 $n = xm$（x 为水印信息重复嵌入的次数）。数据库水印嵌入规则一般可表示为

$$r_w(i) = r_0(i) \oplus h(i)w(i) \tag{8.2}$$

式中：$\oplus$ 为某种叠加操作；$H = \{h(i)\}$ 为嵌入水印的掩码，也称为水印模板。常用的水印嵌入准则[38]如下：

$$加性准则\quad r_w(i) = r_0(i) + aw(i) \tag{8.3}$$
$$乘性准则\quad r_w(i) = r_0(i)(1 + aw(i)) \tag{8.4}$$

这里，参数 a 为水印的嵌入因子，可以代表嵌入水印的能量，水印的能量越大则鲁棒性越好，但同时隐蔽性越差。现有的数据库水印嵌入算法都采用时空域方法和加性准则。变换域方法及乘性准则在多媒体水印中被广泛应用，可以获得更好的隐蔽性和鲁棒性，目前也是数据库水印技术研究亟待突破的领域。常用的数据库水印嵌入方法有以下几种：

1）LSB 替换嵌入

该方法是目前数值型载体数据水印嵌入最常用也是最易于实现的方法。在密钥的控制下，以某种规则对数据库数据的 LSB 位进行替换实现水印信息的嵌入。水印的嵌入一般采用加性规则。所以基于 LSB 位的替换嵌入算法可以表示如下：

$$R_W = \{r_w(i) \mid r_w(i) = \mathrm{lsb}\{(r_0(i)) + w(i)\}, 0 < i \leqslant n\} \tag{8.5}$$

式中：函数 $\mathrm{lsb}()$ 表示取最低有效位上的值；$w(i)$ 表示待嵌入的水印信息位。

基于 LSB 替换的水印嵌入算法的鲁棒性比较差，嵌在数据中的水印信息容易受到近似值量化、滤波等攻击破坏。

2）分组嵌入

如果直接对数据元组进行处理，数据量大且水印嵌入和提取效率不高，所以有必要对数据作进一步的处理。如对数据进行分组管理，这样可以加快水印算法嵌入和提取的速度，在检测和提取水印的时候不需要预先遍历所有数据，只需知道分组的情况，就可以提取水印信息位[4,6]，同时提高水印的抗攻击能力。根据不同的设计需求，可以在不同的分组中嵌入不同的水印信息，也可以嵌入相同的水印信息。对于不同分组中嵌入的相同认证水印信息，其实是一种水印信息的重复嵌入，这样可以提高水印的抗攻击能力。

分组的划分一般借助于单向 Hash 函数。一种通用的关系数据元组分组算法描述如下：

$$L_i = \mathrm{Hash}(P_i \parallel \mathrm{msb}(A_i) \parallel K) \bmod e \tag{8.6}$$

式中：L_i 为元组的分组编号；e 为需要的分组数目（是水印信息序列的整数倍）；变量 P_i、K、运算符"$\parallel$"及函数 $\mathrm{msb}()$ 的定义同式(8.1)。

由于 Hash 函数是不可逆的、安全的，因此分组信息 L_i 也是安全的，在分组数据中嵌入水印信息继承了这种安全性。

3）基于统计特征嵌入

首先在密钥的控制下，提取数据库数据的统计特征，然后利用统计特征嵌入数据库水印[13,14,25,28]。其主要思想是通过修改原始载体数据，使其某些统计特征（如平均值、标准偏差、分布特征等）发生变化，检测/提取水印信息时只需查看含水印载体数据的相应统计特征，从而实现水印的盲检。

4）基于特征关系嵌入

该方法首先对数据库元组进行分组,在分组的基础上利用数量大小、位置先后、数据元素与统计特征间关系等嵌入水印,可以顺利地实现盲检测。例如:文献[4]利用调整数据元素与分组数据的统计特征间的相互关系嵌入逻辑值水印;文献[16]利用分组元组的物理存储位置与组内秘密排序之间的相互关系来嵌入水印。

5)自适应嵌入

自适应嵌入方法主要根据原始载体数据库数据的局部特征,使得嵌入水印的位置、嵌入的强度等随着载体数据库数据的局部特征的变化而变化。在基于 LSB 嵌入方法的数值型载体数据库水印算法中,通常要综合考虑数据库属性值允许的误差范围及当前元组属性值的可用冗余 LSB 位的总数,动态地确定嵌入位置及嵌入强度。自适应嵌入方法通常结合自适应水印生成方法使用,以求得隐蔽性与鲁棒性的折中。文献[30,31]就是根据数据库中原始数据的特点自适应地选择最佳的嵌入位置。

6)混沌嵌入

混沌序列是基于混沌方程产生的,具有初值敏感性和迭代不重复性。利用混沌序列的随机性与均衡性,可以将混沌序列作为嵌入水印信息的控制信号,即根据混沌序列伪随机排序选择位置进行水印嵌入[32]。

7)零水印嵌入

"零水印"就是根据载体数据库数据本身的特征而构造出的水印信息[33],但并不修改载体数据。然后经由可信第三方对生成的水印信息进行注册、认证。零水印的好处是在不破坏原始数据库数据的情况下嵌入水印信息,是一种无损水印。但它本质上更接近于报文摘要与数字签名技术。对于零水印究竟是不是真正的水印,还有待研究证实。

5. 数据库水印检测与提取

数据库水印的检测是根据密钥执行水印检测算法,根据检测结果判断数据库数据中是否含有水印。数据库水印的提取就是在密钥控制下,执行水印提取算法在数据库中相应位置提取出长度等于原始水印的序列。如果水印检测与提取应用于数据库内容的完整性验证,还包括对篡改的定位定性等过程。

与图像数据不同的是关系数据库一般存储较大规模的数据,更新比较频繁,如果保存每个更新前的数据库,将浪费大量的存储空间。因此,一般要求数据库水印的检测在没有原始载体数据库参与的情况下进行,即实现盲检测。

一般情况下,水印的嵌入规则决定水印检测算法的设计方法,因为水印检测是水印嵌入的逆过程。由于数字水印的嵌入可等效为一个在宽带信道上用于传输一个窄带信号的通信模型,因此,水印的检测可以等效为一个有噪信道中弱信号的检测问题,水印的提取则可以看做对检测信号的译码问题。常用的数据库水印检测算法有两种:基于假设检验的水印检测算法和基于相关的水印检测算法。

1)基于假设检验的水印检测算法[4]

设要检测的关系数据库数据属于以下两种情况之一:

$$H_0 : r' = r \tag{8.7a}$$

$$H_1 : r' = r + w \tag{8.7b}$$

H_0 假定被检测的关系数据库数据 r' 中没有嵌入水印,称为零假设;H_1 假定被检测的关系数据库数据 r' 中嵌有水印信息 w,称为备择假设[34]。

设 $P(H_0)$ 表示任意一个关系数据库数据中不包含待检测水印 w 的概率，$P(H_1)$ 表示任意一个关系数据集中包含待检测水印 w 的概率，称 $P(H_0)$、$P(H_1)$ 为先验概率。数据库水印检测中常采用基于先验概率的最大后验概率准则来作为假设检验的判别准则。数据库水印检测中的最大后验概率准则可以表述为：对关系数据库数据进行水印检测时，如果它包含待检测水印的概率大于不包含水印的先验概率，即当

$$P(H_1 \mid r') > P(H_0 \mid r') \tag{8.8}$$

时，判定 H_1 成立，否则，H_0 成立。即判定该数据库数据 r' 中嵌有水印位 w，否则数据 r' 中没有嵌入水印位 w。

采用最大后验概率准则判定数据库数据 r' 中是否嵌入水印位 w，就必须确定数据库水印的检测阈值，需要具备先验知识 $P(H_0)$、$P(H_1)$。如果水印生成与嵌入算法的不同，确定的先验概率也不同，这也是数据库水印检测器设计的关键问题之一。

2）基于相关的水印检测算法

相关检测的主要思想是计算待检测的数据与水印信号之间的相似性，通过相似性度量是否超过给定阈值来判断载体数据是否已经嵌入水印[34,35]。若图像作为嵌入的水印信息，那么可以运用下式判断水印的相似性：

$$\xi = \frac{\sum\limits_{i=1}^{P} \sum\limits_{j=1}^{Q} \mid O(i,j) - E(i,j) \mid}{P \times Q} \tag{8.9}$$

$$s = \frac{\sum\limits_{i=1}^{P} \sum\limits_{j=1}^{Q} \mid O(i,j) - E(i,j) \mid \succ \xi : 0 : 1}{P \times Q} \times 100\% \tag{8.10}$$

式中：$P \times Q$ 表示待比较水印图像大小；I 为原始图像；T 为提取出的水印图像；$I(i,j)$ 和 $T(i,j)$ 分别表示两幅图像在 (i,j) 点的像素值；由式（8-9）可知，ξ 为两张图像对应像素之间差的绝对值的均值。式（8-10）中，s 表示相似度；ξ 作为判断两幅图像的像素是否相似的阈。

当相关值在事先设定的阈值之上时，就可以判定关系数据库数据中嵌入了相关的水印序列。

8.4 数据库水印的攻击及对策

对水印系统的攻击是指可能削弱水印信号的处理。所有攻击的实质都是意图导致部分属性值的匹配信息丢失，使得水印检出率降低。考虑到攻击者的目的往往是盗版使用数据库，或者篡改数据而不想被发现，因此，攻击行为也具有隐蔽性的特点，一般以不破坏原始数据库的可用性为前提。数据库水印常见的攻击可分为无意（Unintentional）攻击和故意（Intentional）攻击两大类。因为在故意攻击中会采用到所有无意攻击的手段，所以本节主要针对故意攻击中各种方法和手段进行分析，并相应地提出一些对策。目前，针对数据库水印的攻击主要有算法攻击、水印鲁棒性攻击、可逆攻击和解释攻击等。

8.4.1 算法攻击

攻击者试图获取水印的嵌入和提取算法，这是破坏性最大的攻击形式。一般情况下，

水印的嵌入和提取都有密钥参与控制的,只要保证密钥的安全,即使获取了水印的嵌入和提取算法,攻击者也不能完全破坏数据中的水印信息。

8.4.2 水印鲁棒性攻击

攻击者试图减弱、移去或破坏水印。这种方法主要针对具体的水印算法的弱点来实现攻击。各种类型的数字水印算法都有自己的弱点,例如,时域扩频隐藏对同步性的要求严格,破坏其同步性(如数据内插),就可以使水印检测器失效。典型的攻击方法包括子集选取、子集添加、子集更改、属性更改、合谋攻击等。

1. 子集选取攻击

攻击者不使用水印关系库的全部属性和元组,仅仅使用其属性或元组的子集,从而希望擦除水印。根据攻击选取子集的方式不同,可以分为元组选取(水平攻击)攻击和属性选取攻击(垂直攻击)[5]。

子集选取攻击对水印造成直接破坏,将失去一部分水印信息。但当部分载体数据中的水印信息达到一定阈值的情况下,水印信息还是可以恢复的。对于元组选取攻击,在设计数据库水印嵌入策略时,可以对载体数据进行分组,每组中重复嵌入水印序列,则可以有效防范元组选取攻击。对于属性抽取攻击,由于元组的完整性遭到破坏,一般也会破坏水印与元组的同步关系,所以组织水印嵌入的方法必须体现属性方面的特征,以便在属性选取的攻击后,能恢复数据中的水印。为防范属性选取攻击,可以在水印嵌入时,仅仅由元组主键及密钥来决定嵌入位置(假设主键被删或被篡改会严重影响数据的可用性)。这样水印嵌入位置的确定不依赖于其他属性,则属性选取攻击并不会破坏水印与元组之间的同步关系,水印信息仍可以从部分属性数据中被有效地恢复。

2. 子集添加攻击

攻击者在水印载体数据库中添加了一部分元组[4],增加的元组不会更改原数据库中有价值的属性,其实质是增加了不含水印的数据。对于水印同步仅仅依赖于当前元组的水印而言,增加的元组对数据库水印的检测带来一定的困难,但没有破坏数据库中原有的水印信息,只是降低了水印的嵌入因子;而对于分组嵌入的水印而言,水印的同步一般和分组内其他元组有关,则添加的元组有可能破坏原始载体数据中的水印。因此,防范子集添加攻击的有效方法是尽量使元组内水印的嵌入只与当前元组有关,从而使得水印的同步信息保持在当前元组内,而与被恶意添加的其他元组无关。对于遭到子集添加攻击的载体数据,在水印检测过程中可以采用多数表决等纠错机制来还原水印。

3. 子集更改攻击

子集更改攻击就是修改某些元组属性值的一种攻击方式,子集更改是最常见的水印攻击,根据更改对象与方法的不同,可以分为 LSB 位重置、随机攻击[4]、近似舍入攻击等。

LSB 位重置攻击一般针对采用 LSB 位替换算法的数据库水印,通过重置部分 LSB 位,达到破坏水印的目的。一般的 LSB 位重置手段包括位翻转、随机位替换两种。由于采用 LSB 位重置算法嵌入的水印一般都具有随机性和均衡性的特点,对于 LSB 位翻转攻击,如果攻击者准确地攻击了原有水印的载体位,相当于使原有水印位置比特序列的分布进入小概率区域,反而明显地暴露了攻击者的盗版意图。事实上,攻击者采用更多的是 LSB 随机位替换攻击,即对部分特定的 LSB 位重置随机比特。一般随着位替换比例的增高,对水印的破坏程度增加,但载体数据的可用性也随之下降。同样,随机数据替换及近似舍入等攻击也都会对水印造成破坏,其实质是通过添加噪声来减弱水印信号,同时载体数据的可用性也相应降低。

这种攻击可能导致水印信息的丢失或破坏,只能在水印信息的提取过程中利用纠错机制进行处理,如通过多数选举法来确定原来的水印信息位;数据库正常的数据更新也可能破坏数据库数据包含的水印信息,对于这种情况,可以建立一种重新嵌入水印的机制来解决。当数据库数据更新时,先把更新值保存在 datatemp[k]里,先将水印嵌入机制重新嵌入该数据对应的水印信息,将得到更新后的值覆盖到数据库原来的数据。

4. 属性更改攻击

攻击者得到数据库数据后,仍然可以使用数据库的攻击方式,对其中的一些属性名进行改变。假设数据库的主键是不可以修改的,那么攻击者可以更改普通属性的名称来实施攻击。对于运用属性名称确定水印嵌入的位置时,属性名称非常关键。如果属性名不参与确定水印嵌入位置的计算,则属性更改攻击对水印算法的影响不大。

5. 合谋攻击

攻击者利用几个带有不同水印的相同载体数据库拷贝,采用对比、统计、平均等方法产生一个检测不出水印的盗版拷贝,即合谋攻击。在数据库的数字指纹应用中,会在相同的载体数据库中嵌入包含授权用户标识的隐蔽信息。在这种情况下,载体数据是相同的,而水印标记各不相同,攻击者就可以通过多个数据拷贝得到一个对原始水印的估计值。在平均方法中,攻击者如果能找到嵌入不同水印的统一原始数据的多个版本,有时候只需要简单平均一下,就可以有效地逼近原始数据,减弱甚至消除水印。为了防范这类攻击,可以在载体数据中嵌入多个水印,或限制可用的水印拷贝个数。

以上是有关水印的鲁棒性攻击,冗余嵌入是一种比较有效的对抗方法。经一个水印信号多次嵌入,采用多数表决机制实现水印提取。另外,采用错误校验码技术进行检验,可更有效地抵消攻击者对水印的破坏。冗余嵌入可能影响水印数据嵌入的比特数,实际应用中要折中这种鲁棒性和增加水印数据嵌入比率之间的矛盾。

8.4.3 可逆攻击

攻击者在水印载体数据库中发现了一个虚幻的水印,他就可以采取可逆性攻击,并声称对关系数据库的所有权,而实际上攻击者声称的水印只是随机出现的水印。防范这种攻击的最有效措施就是嵌入有意义的水印信息,使水印包含商标图案、版权文字、版权音频等版权信息。

可逆攻击的另一种情况是,攻击者在数据库中嵌入自己的水印,然后声称他拥有该数据库的所有权。防止这种攻击最简单的方法是嵌入水印时设置时间戳,以证明数据库的实际拥有者先于攻击者嵌入水印信息。

8.4.4 解释攻击

攻击者在面对检测到水印证据时,试图捏造出种种解释来证明提取出的水印信息无效,这就产生了解释攻击。

一种典型的方法是混淆攻击(Ambiguity Attack),也称"二次水印攻击",攻击者在窃取来的已经加水印的数据库上再加上水印信息,试图生成一个伪原始数据源、伪水印混淆含有真正水印的数字作品的版权,并声明对数据库的所有权[16]。攻击者添加的水印会在一定程度上破坏原始水印,后加的水印将覆盖原有的水印位,冲突的概率与水印嵌入强度相关。在水印信息中加入时间戳可以有效地防范二次水印攻击,但必须以水印信道有足够的容量为前提。另一种解决方案是建立第三方认证机制,数据拥有者必须先注册,然后才能发布数据,当发生数据库版权纠纷时,可以根据注册时间的先后很容易地区分盗版者。

混淆攻击还有另外一种情况。即使侵权者并没有在带有水印的主信号中嵌入自己的"水印",仍然存在"二次水印"的可能。给定未嵌有水印的主信号 X,若在其中嵌入水印 $W1$,得到嵌入水印后的主信号 $Y1$,如下式所示:

$$Y1 = X + W1$$

若侵权者从信号 $Y1$ 中减去伪造的水印 WF,得到信号 XF:

$$XF = Y1 - WF$$

并声称信号 XF 是自己合法拥有的原始主信号,而 $Y1$ 则是在信号 WF 的基础上,嵌入水印 WF 之后所得到的带有水印的主信号:

$$Y1 = XF + WF$$

这样,由同一个嵌有水印的主信号,得到两组表面上似乎都"合法"的水印和相应的原始主信号,于是就出现版权纠纷。

以上列举了几种常见的水印攻击形式及其对策。可以看出,防范水印攻击的关键在于提高水印算法的鲁棒性,同时,水印信道容量的扩充对于提高水印的抗攻击能力也有重要意义。

8.5　数据库水印技术的研究现状与进展

2000 年,S. Khanna 等提出利用信息隐藏技术实现对数据库安全控制的新思路[26],使数据库水印技术引起研究者关注。美国国家科学基金会(NSF)于 2002 年开始资助有关数据库水印技术的研究。我国的国家自然科学基金也于 2004 年立项资助"水印关系数据库关键技术的研究"[27]。

8.5.1　两种主要的数据库水印算法

美国 IBM Almaden 研究中心的 R. Agrawal 及 Purdue 大学的 R. Sion 在数据库水印研究方面作了开创性的工作,他们提出了两种最主要的数据库水印算法。

1. 基于一定失真范围内数据变形的水印算法[3]。

IBM Almaden 研究中心的研究员 R. Agrawal 是第一位提出关系数据库数字水印概念的学者,他们的团队提出对关系数据库中数值型属性值进行标记的策略,称为比特位重置方法(Bit-resetting Method)。该标记策略首先假定可以标记的关系数据库的某些数值性属性的属性值允许一定的误差,在其误差范围内不影响关系数据库数据的具体使用。标记策略的基本思想是:首先运用加密中单向 Hash 函数如 MD5 或 SHA 函数,根据用户给定的密钥和元组主键值以及需要标记的元组比例来确定准备标记的元组,然后根据可以标记的属性数和比特位数确定标记的属性及其比特位位置。这样就将关系数据库中符合条件的某些元组的某些数值型属性值的比特位置为 1 或 0，作为一个标记。这样，在整个关系数据库中许多个比特位标记组合的比特位模式就是嵌入的水印信息。所需要加标记的元组、元组的属性、属性的比特位位置以及具体的比特值都是由密钥、元组主键值和要标记的元组比例控制的算法决定。这里密钥、元组标记比例、可标记属性个数和比特位数只有关系数据库的所有者才知道。只有知道密钥，才可以检测出所加的水印（假定攻击者没有修改元组的主键值）。R. Agrawal 的关系数据库数字水印技术与 Duley-Roche 空间图像数字水印技术 Patchwork 算法思想相近。

2. 基于元组排序和子集划分的水印算法[4]。

Purdue 大学 CERIAS 的 R. Sion 给出一种基于数据集合的统计特性保持不变特点的水印算法（Distribution Preserving Method）。该方法不是通过具体修改数据的某一比特位的值来隐藏水印信息，而是通过调整某个数据子集的数据分布以满足特定要求来达到嵌入水印的目的。

1）算法基本思想

目前的水印算法对攻击的免疫力都基于一个事先给出的密钥以及它的秘密程度，这个密钥是用来控制水印的嵌入的。给出集合 $S = \{s_1, s_2, \cdots, s_n\}$，和排序密钥 K_s，先对 S 的每个元素规范化，并根据规范化后元素最重要的一些位数的 Hash 值对 S 进行秘密排序，即

$$\text{Index}(S_i) = H(K_s, \text{MSB}(\text{NORM}(S_i)), K_s)$$

然后对排序后的 S 划分子集，每个子集都由一些相邻的元素组成，子集的大小是在水印编码中给出的秘密数字，一般是集合元素的个数乘以一个给出的百分数。

这增加了抵抗不同形式攻击的能力，包括增加和剪切子集，把这两种攻击的影响分散到整个集合里面。如增加或删除了总元素的 5%，由于攻击者不知道秘密排序的顺序，产生的结果可能是每个子集的元素增加或删除了 5%，而这不会对每个子集里元素的分布造成大的影响，从而不会影响嵌入的水印（水印是指子集里元素的分布情况）。对重新排序的攻击也可通过秘密排序提取每个子集中的水印位。

对每一个子集嵌入一位水印。已经给出子集 S_i 和要嵌入的水印的值 b。

设 V_{false}、V_{true}、$c \in (0,1)$，$V_{\text{false}} < V_{\text{true}}$ 是实数（如 $c = 90\%$、$V_{\text{false}} = 7\%$、$V_{\text{true}} = 10\%$）。称 c 为置信因子（水印检测提取时也用到这些参数值）。

设 $\text{avg}(S_i) = \dfrac{\sum x_j}{|S_i|}$，$\delta(S_i) = \sqrt{\dfrac{\sum (\text{avg}(s_j) - x_j)^2}{|S_i|}}$，$\forall x_j \in S_i$，$V_c(S_i)$ 为 S_i 中大于 $\text{avg}(S_i) + c\delta(S_i)$ 的项目数。则有：

（1）如果 $V_c(S_i) > (V_{\text{true}} \times |S_i|)$，那么 $\text{mark}(S_i) \in \{\text{true}, \text{false}, \text{invalid}\}$ 为 true；

（2）如果 $V_c(S_i) < (V_{\text{true}} \times |S_i|)$，那么 $\text{mark}(S_i) \in \{\text{true}, \text{false}, \text{invalid}\}$ 为 false；

（3）如果 $V_c(S_i) \in (V_{\text{false}} \times |S_i|, V_{\text{true}} \times |S_i|)$，那么 $\text{mark}(S_i) \in \{\text{true}, \text{false}, \text{invalid}\}$ 为 invalid。

设要嵌入的水印位的值为 b。嵌入水印即是对 S_i 中的一些元素作较小的变化（在数据的有效性界限内），来改变 S_i 中元素的分布情况。

（1）若 $b=0$，则修改 S_i 使得 $V_c(S_i)$ 小于 $V_{\text{false}} * |S_i|$；

（2）若 $b=1$，则修改 S_i 使得 $V_c(S_i)$ 大于 $V_{\text{true}} * |S_i|$。

2）水印嵌入过程

（1）将 S 分成一些独立的，不相交的子集；

（2）对每一个子集，嵌入一位水印位，并对数据的有效性进行检查，如果超出了有效性界限，使用各种不同的编码参数 $(V_c, V_{\text{true}}, V_{\text{false}})$，重新嵌入，如果仍不成功，把此水印位记为无效或忽略该子集；

（3）重复步骤（2）直至所有子集都嵌入水印。

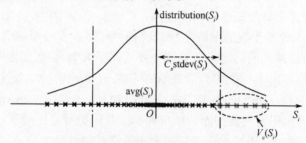

图 8.3　保持数据分布不变的方法

水印可以多次嵌入，得到多个数据库水印的样本。

在嵌入水印时，改变数据应尽可能使它们接近有效性范围的边界，这可提高水印后数据的易碎性。当受到子集改变攻击时，数据很容易就超出了有效性范围，从而使数据变得无用。

设 S 是一个实数集合，$S=\{s_1, s_2, \cdots, s_n\}$，$w$ 是一个有 m 位的位串，是将要嵌入的水印，V 对 S 作了较小改变后得到的水印结果，设 $V=\{v_1, v_2, \cdots, v_n\}$。对 S 定义一个有效性界限，要求 V 在这个界限内。下面是一个例子：

$$(S_i - V_i) < t_i (i=1,2,\cdots,n)$$

$$\sum (S_i - V_i) \times (S_i - V_i) < t_{\max}$$

t_i、$t_{\max}$ 都已预先给出。

在编码过程中还需确定每个子集的大小。每个子集嵌入一位，则总共的水印带宽（位数）为 $|S|/|S_i|$。因此选择的子集大小直接决定了水印的带宽。

子集大小由给出的数据有效性界限来确定。当给出的界限比较严格时，每个子集将需要更多的元素，使之在不超过界限的情况下改变元素的值，同时也改变元素的分布情况（嵌入水印）。因为元素多时，分布密集，可有一部分元素稍加改变就能在 $\text{avg}(S_i) + c \times \delta$ (S_i) 左右两边变动，从而改变 $V_c(S_i)$ 的值。若界限比较松时，每个子集的元素少。

3）水印提取过程

（1）使用密钥和键值（MSB）恢复给出集合中的大部分（或全部，如果没受到攻击）子集（指秘密排序后产生的子集）。

（2）对每一个子集，使用编码方案恢复嵌入的水印值：

$V_c(S_i) < V_{\text{false}} \times |S_i|$，则 $b=0$；

$V_c(S_i) > V_{\text{true}} \times |S_i|$，则 $b=1$；

否则原来嵌入的水印无效。

(3)所得到的是同一水印的一些样本,这些样本都可能含有错误,可使用少数服从多数的投票选举法来更正错误。

8.5.2　主要的数据库水印系统

目前开发成功的水印数据库系统为数不多,见于文献的主要有:

(1)R. Sion 等基于元组秘密排序和划分集合的算法开发了一个名为 WMDB 的水印关系数据库程序包,显示了较好的透明性和抗攻击能力。其主要缺点是对于频繁更新的数据库而言,水印嵌入运算开销巨大。

(2)C. Constantin 等基于数据库数字指纹算法[36],建立了一个名为 Watermill 的水印系统,有较好的抗合谋攻击的能力。该系统主要适用于 XML 数据文档的拷贝跟踪。

(3)E. Bertino 等提出了一个综合隐私保护和版权保护功能的安全数据库系统的框架,基于领域层次树(Domain Hierarchy Tree,DHT)和 k – 匿名(k – anonymity)算法实现推理控制[38],应用鲁棒水印实现数据库的版权保护。其保护对象局限于在逻辑上具有层次关系的隐私数据库,同时对于数据更新后的水印运算开销也很大。

(4)朱勤等基于数据库版权保护认证、盗版追踪及查询验证算法,综合应用数字水印、PKI 体系结构、数字签名及 USBKey 技术,设计并实现了一个外包数据库内容保护系统[5]。该系统构建在 PKI 基础之上,借助 PKI 机制较为容易地实现了身份认证、密钥分发、可信时间戳等必需的安全性要求和功能。水印技术与加密、数字签名等技术的结合弥补了水印在主动安全保护方面的不足,使得水印能够抵抗多种安全攻击。数据库水印协议的设计满足了数据库数据容量大、更新频繁的特点,具有抵抗多种水印攻击的能力。可信硬件模块 USBKey 的引入,增强了系统保护数据及安全交互的能力。

8.5.3　数据库水印研究进展

近年来,国内外研究者在数据库水印方面取得了一些新的进展,主要包括对提高数据库水印的鲁棒性和安全性、水印宿主数据类型的扩展、数据库水印向 XML 数据水印的扩展、数据库数字指纹、流数据水印算法等的研究。

(1)对数据库水印的鲁棒性和安全性的研究。提高数据库水印的鲁棒性和安全性一直是数据库水印研究的主要目标之一。牛夏牧等综合 R. Agrawal 和 R. Sion 的数据库水印算法,在嵌入水印之前引入数值可更改范围的约束限制,对满足该约束限制的属性值的最低有效位嵌入信息[17]。张勇等结合李德毅院士的云模型理论,将图像信息转换成水印云滴嵌入到关系数据中[19],提取时采用了将原始版权图像与云滴进行相似性比较的方法,但在降低对数据的改变量、从关系数据中提取到版权信息等方面仍需进一步研究。朱勤等用混沌二值序列分别作为水印信号和水印嵌入策略控制信号[5],通过修改数值属性低位数值的奇偶性嵌入水印,克服了常用的最低有效位重置算法易产生病态结果的缺点。

(2)对水印宿主数据类型的扩展。现有的大多数据库水印技术是在数值型属性中嵌入水印信息的,而在非数值型属性中很难找到可辨认的冗余空间,给水印的安全嵌入带来困难。R. Sion 将其利用序列数据的分布特性来实现水印嵌入的思想扩展到非数值字段,利用属性数据和主键值之间的关系构造冗余空间,实现了一种非数值型数据的水印嵌入算法[38];文献[39]采用同义词替换的方法实现了一种字符型数据的水印算法;文献[13,14]在同义词简单替换的基础上提出了一种统计特征控制算法,根据原有属性域的统计特征,然后利用部分水印信息对频率值作小波变换,实现水印信息的嵌入。

(3)数据库水印向 XML 数据水印的扩展。XML 正在成为网络时代的数据标准,将关系数据库向 XML 数据库过渡成为未来发展的趋势。目前,已研究出相对成熟的 XML 数据与关系数据之间的相互映射算法,但 XML 数据的信息隐藏与关系数据库数据的水印算法有许多不同。D. Gross - Amblard 应用形式化语言对水印数据库与 XML 数据的查询问题进行了研究,提出一种在数据失真允许范围内实现参数查询的数据库与 XML 的水印算法[40]。W. Ng 等提出了基于选择性方法和压缩方法的 XML 数据水印算法[39]。

(4)对数据库数字指纹(Digital Fingerpinting)的研究。与一般用于数据库版权保护的数字水印不同,数字指纹向被分发的每一份数字拷贝中嵌入代表数据库拥有者的版权与被授权用户的信息,使得该拷贝是唯一的。如果发现盗版,可以通过检测数字指纹追踪非法散布数据的用户,达到保护知识产权、惩戒盗版者的目的,数字指纹可能受到鲁棒性攻击和合谋攻击。Y. Li 等扩展了 R. Agrawal 的数据库水印算法,提出了一种数据库数字指纹嵌入模式[15];在保持数据完整性约束条件下,C. Constantin 等研究了适用于数据库与 XML 文档的数字指纹算法[36];朱勤等提出了一种包含版权水印的抗合谋数据库指纹编码方案[12],设计了一种合谋安全指纹编码。

(5)对流数据水印算法的研究。流数据具有顺序性、连续性、实时性等特点。流数据处理算法是在远小于数据规模的内存空间里实时处理,单遍扫描[41]。Web 网站点击流、传感器网络采集数据、股票交易数据等都是典型的流数据。流数据水印算法的难点在于只能占用有限的时间与空间资源对数据进行单遍处理。文献[42]研究了用于验证流数据完整性的水印算法,安全分析和实验结果表明该算法能有效检测及定位篡改,并能确保流数据的完整性。文献[43]应用数字水印进行流数据的版权保护。

8.6　小结

本章首先介绍了关系数据库与数字水印的相关知识,然后模仿数字水印给出了数据库水印的定义,并分别从信号处理与数字通信的角度阐述了数据库水印的工作原理;分析了数据库水印的主要特征与分类方法,归纳其应用领域;描述了数据库水印系统的框架结构,分析数据库水印的基本技术及其主要特点与实现方法;列举了常见的数据库水印攻击形式,给出相应的防范对策。

参 考 文 献

[1] Komatus N,Tominaga H. Suthentication System Using Concealed Images in Telematics[J]. Memoirs of the School of Science and Engineering Waseda University,1988,52:45 - 60.

[2] 钮心忻. 信息隐藏与数字水印[M]. 北京:北京邮电大学出版社,2004.

[3] Agrawal R,Kiernan J. Watermarking Relational Databases[C]. Proceeding of the 28th VLDB Conference, Hong Kong,

China, 2002:155 – 166.

[4] Sion R, Atallah M, Prabhakar S. Rights protection for relational data[C]. 2003 ACM SIGMOD International Conference, 2003:98 – 109.

[5] 朱勤. 基于数字水印的外包数据库内容保护技术研究[D]. 上海:东华大学,2007.

[6] 谢锐. 数据库水印技术的研究[D]. 广州:广东工业大学,2006.

[7] Zhou Xiang, Huang Min, Peng Zhiyong. An Additive-attack-proof Watermarking Mechanism for databases copyrights protection using image[C], (SAC'07), Seoul, Korea, ACM, 2007:254 – 258.

[8] Chen Xiaoyun, Chen Pengfei, He Yanshan, et al. Self-resilience Digital Image Watermark Based on Relational Database [C]. 2008 International Symposium on Knowledge Acquisition and Modeling,2008:698 – 702.

[9] Zhang Zhi-hao, Jin Xiaoming, Wang Jianmin, et al. Watermarking Relational Database Using Image[C]. Proceedings of the Third International Conference on Maching Learning and Cybernetics, Shanghai,2004:1739 – 1744.

[10] 姚瑶, 黄德才,等. 基于图像的关系型数据库水印算法[J]. 计算机工程,2008,34(15):144 – 146.

[11] Wang Haiqing, Cui Xinchun, Cao Zaihui. A Speech Based Algorithm for Watermarking Relational Databases[C]. 2008 International SymPosiumon Information Processing, Moseow, Russia,2008:603 – 606.

[12] 朱勤,陈继红,乐嘉锦. 一种合谋安全的数据库指纹编码与盗版追踪算法[J]. 计算机科学,2008,35(8):252 – 257.

[13] Solanas A, Domingo-Ferrer J. Watermarking Non-numerical Databases[EB/OL]. http://www.springerlink.com/content/c0vn1423pp165667/fulltext.pdf, 2007:239 – 250.

[14] 董晓梅,田跃萍,等. 非数值型数据的数据库水印算法研究[J]. 武汉大学学报·信息科学版,2008,33(10):1026 – 1039.

[15] Li Yingjiu, Swarup V. Fingerprinting Relational Databases Schemes and Specialties[J]. IEEE Transaction on Dependable and Secure Computing, 2005,2(1):34 – 45.

[16] 郑吉平,秦小麟,崔新春. 基于数字水印的数据库角色访问控制模型[J]. 电子学报,2006,34(10):1906 – 1910.

[17] 牛夏牧,赵亮,黄文军,等. 利用数字水印技术实现数据库的版权保护[J]. 电子学报,2003,31(12A):2050 – 2053.

[18] S Khanna, F Zane. Watermarking maps: hiding information in structured data[C]. Int'l Conf. SODA 2000, San Franciaco, California, USA: 2000:596 – 605.

[19] 张勇,赵东宁,李德毅. 水印关系数据库[J]. 解放军理工大学学报,2003,4(5):1 – 4.

[20] R Sion, et al. Watermarking Relational Databases[R]. CERIAS Technical Report,2002 – 28.

[21] 吴荣,曹加恒,黄敏,等. 关系数据库的数字水印新技术[J]. 武汉大学学报(理学版),2005,51(5):611 – 615.

[22] 周利军,周源华. 基于直接序列扩频码的图像空间域水印技术[J], 软件学报,2002,13(2):298 – 303.

[23] 黄敏,韩南,周祥,等. 一种带有纠错机制的数据库水印技术[J]. 计算机研究与发展,2006,43(Suppl.):276 – 283.

[24] 郑光明,孙星明. 基于差错控制的关系数据库数字水印[J]. 计算机工程与应用,2005,41(18):166 – 168,203.

[25] Sebe F, Domingo-Ferrer J, Castella-Roca J. Watermarking Numerical Data in the Presence of Noise[J]. International Journal of Uncertainty, Fuzziness and Knowledge-Based Systems,2006,14(8):495 – 508.

[26] Cheung W N. Digital image watermarking in spatial and transform domains[C]. TENCON 2000 Proceedings,2000:374 – 378.

[27] Sion R, Atallah M, Prabhakar S. Rights Protection for Categorical Data[J]. IEEE Transactions on Knowledge and Data Engineering,2005,17(7):912 – 926.

[28] Sebe F, Domingo-Ferrer J, Solanas A. Noise-Robust Watermarking for Numerical Datasets[C]. Proceeding of the MDAI 2005, LNAI 3558:134 – 143.

[29] Li Yinjiu, Guo Huiping, Jajedia SuShil. Tamper Detection and Localization for Categorical Data Using Fragile Watennarks [C]. ProceedingoftheDRM'04, Oetober25, 2004, Washington, DC, USA.

[30] 黄冬梅,朱仲杰,王玉儿. 基于水印的数据库自适应信息隐藏算法[J]. 计算机工程,2008,34(18):191 – 193.

[31] Wang Yuer, Zhu Zhongjie, Liang Feng, et al. Watermarking relational data based on adaptive mechanism[C]. Proceed-

ings of the 2008 IEEE International Conference on Information and Automation, Zhangjiajie, China, June 20 – 23, 2008:131 – 134.

[32] 朱勤,刘良旭,乐嘉锦. 一种基于 m 序列的关系数据库鲁棒水印算法[J]. 小型微型计算机系统,2008,29(8): 1486 – 1490.

[33] Li Yingjiu,Deng Huijie. Publicly Verifiable Ownership Protection for Relational databases[C]. ASIACCS'06,Taipei, Taiwan,China, March 21 – 24, 2006:78 – 89.

[34] 孙圣和,陆哲明,牛夏牧. 数字水印技术及应用[M]. 北京:科学出版社,2004.

[35] Cox L J 等. 数字水印[M]. 王颖,等译. 北京:电子工业出版社,2003.

[36] Constantin C,Gross-Amblard D,Guerrouani M. Watermill:an Optimized Fingerprinting Too; for Highly Constrained Data [C]. ACM Workshop on Multimedia and Security(MMSec), New-York, USA,August 1 – 2 2005:143 – 155.

[37] Bertino E,Chin Ooi B,Yang Yanjiang,et al. Deng:Privacy and Ownership Preserving of Outsourced Medical Data[C]. International Conference on Data Engineering(ICDE 2005),Tokyo,Japan,2005.

[38] Sion R,Atallah M,Prabhakar S. Rights Protection for Categorical Data[J]. IEEE Transactions on Knowledge and Data Engineering,2005,17(7):912 – 926.

[39] Ng Wilfred,Lau Ho-LAM. Effective Approaches for Watermarking XML Data[C]. Proc. Of DASFAA, 2005,LNCS 3453:68 – 80.

[40] Gross-Amblard D. Query – preserving watermarking of relational databases and xml documents[C]. Proc. Nineteenth ACM AIGMOD – SIGACT – SIGART Symposium on Principles of Database Systems,2003.

[41] 金澈清,钱卫宁,周傲英. 流数据分析与管理综述[J]. 软件学报,2004,15(8):1172 – 1181.

[42] Guo Huiping,Li Yingjiu,Jajodia Sushil. Chaining watermarks for detecting malicious modifications to streaming data[J]. Information Sciences,2007,177:281 – 298.

[43] Sion Radu,Atallah Mikhail,Prabhakar Sunil. Protection for Discrete Numeric Streama[J]. IEEE Transactions on Knowledge and Data Engineering, 2006,18(5):699 – 714.

第9章 可信记录保持技术

目前,国内外很多法律都要求企业和政府部门在商业和公共事务中,必须要保持电子记录在其生命周期中的可信。就是在电子记录的建立、保存、迁移和删除的过程中,无论外部还是内部攻击者都无法篡改记录。事实上,在很多记录篡改或泄密案件中,攻击者往往是本组织中拥有最高用户权限的人。然而传统的安全技术把威胁来源定位于外部攻击者,对于内部攻击者却无能为力。可信记录保持就是应对内部攻击提出的。可信记录保持需要新的存储服务器、数据库管理系统和新的存储、索引、迁移及删除技术。本章主要介绍可信记录保持的现有技术。

9.1 可信记录保持概述

9.1.1 可信记录保持的定义

可信记录保持是指在记录的生命周期内保证记录无法被删除、隐藏或篡改,并且无法恢复或推测已被删除的记录。这里,记录主要是指文件中的非结构化的数据逻辑单位,随着研究的深入,可信记录技术的研究对象逐步扩展到结构化的记录,如 XML 数据记录和数据库记录等。

9.1.2 可信记录保持相关的法律法规

针对记录的可信保持,国内外制定了很多相关的法律法规。

在国内,2005 年修订的《证券法》对投资者在证券公司开户以及开户时所提供的各种信息规定了 20 年的保存期限。在医疗领域,我国规定"门(急)诊病历档案的保存时间自患者最后一次就诊之日起不少于 15 年"。2006 年,中国注册会计师协会对上市公司年度会计报表审计规则中,对于形成的审计工作底稿,会计师事务所应当自业务报告日起至少保存 10 年。被称为"中国萨班斯法案"的《企业内部控制基本规范》也于 2009 年 7 月 1 日起在中国上市公司正式实施,中国企业将面对更为严格的外部环境。

国外主要的法律法规见表 9.1 [1]。

表 9.1 可信记录保持相关的法律法规

	法 律 法 规	相 关 内 容
美国	《Sarbanes-Oxley Act of 2002》	规范了上市公司和会计事务所的管理、财务信息的泄露和账目公布的方式
	《健康保险落实与责任法》(HIPAA) [2]	规范了个人卫生保健信息的保存及传输
	《证券交易委员会(SEC)的第 17a - 4 条规定》	规定了商人、经纪人和财务公司要在几年内保存他们的商务、事务和通信记录

	法 律 法 规	相 关 内 容
美国	《The Gramm-Leach-Bliley Act of 1999》	规定了金融机构必须尽可能地保护信息和数据的安全
	《联邦信息安全管理法案》	规范了政府和有关政党对信息系统的使用,要求每年对信息系统进行审计、风险评估、论证和持续的监测
	《国防部记录管理纲要的第5015.2条款》	规范了国防部对信息管理自动化系统的使用
	《食品及药物管理局的21 CFR第11部分》	规范了药品检验记录的保存
	《家庭教育权和隐私法案》	要求可靠保存学生从小学到大学的学习记录
欧洲	欧洲议会《2006/24/EC法案》	规范了公共电子通信服务和大众网络传播有关的数据产生和处理
	《欧洲金融市场工具法规》(MiFID)	调控管理欧洲的金融市场,引入了严格的电子记录保持制度
	英国2004年的《企业审计和调查法案》	规定了企业要有严格的安全检测措施确保财务记录的准确和完整
其他国家	日本2006年的《金融手段和交易法案》(JSOX)	规范了财务报表制度,要求公司自动对财务报表进行审计
	澳大利亚2004年的《公司经济改革计划法》	规范了财务报表制度
	加拿大2002年的《关于政府主动进行预算测算的法案》(C–SOX)	规范了财务报表和审计制度
	加拿大安大略省证券事务监察委员会议事规则多边文书的52–111条款	进一步规范了公司内部财务报表制度和处理措施

总结上述法律法规,可以发现法律上对可信记录保持通常有下列要求[3]:

(1)定期保存。必须在规定期限内保存记录,一般是几年甚至是几十年。

(2)数据保密性。只有授权的主体才能访问记录。

(3)数据完整性。记录必须保持完整,不被篡改。

(4)有效访问数据。授权的访问请求必须被及时地响应。

(5)可靠删除。一旦记录被删除,所有相关的信息将无法直接或间接地被恢复。

(6)诉讼证据保持。当电子记录作为诉讼证据时,即使它到了保持期限,也要一直保留到被出示。

(7)内部攻击者。把拥有高权限的内部人员也视为可能的攻击者。

(8)审计。要定期对记录进行审计。

(9)严厉处罚。发现违规行为后,有严厉的处罚措施。

通常,将能够提供遵从这些法律、法规(Compliance)功能的存储产品称为遵从存储产品。

9.2 安全威胁分析

可信记录保持的重点是防止内部人员恶意地篡改和销毁记录，即防止内部攻击。我们从以下几个方面来分析可信记录保持面临的威胁：

9.2.1 可信保持的威胁

首先，合法用户 A 根据有关规定创建和储存了一个记录。之后监管人员 B 想提取记录并进行审计，用户 C 发觉该记录可能会威胁到自身的利益。这里的 C 是拥有超级用户权限的攻击者，也可能就是 A 本身。C 想利用他的超级用户权限修改或删除记录，或者通过修改索引隐藏记录，使 B 无法获取记录。可信记录保持要防止 C 对记录进行修改或删除，并且 B 可以完整地获取到该记录。

9.2.2 可信迁移的威胁

假设 A 需要把记录迁移到一个新的存储服务器。由 C 负责迁移，他想在迁移期间删除记录。可信记录保持要求 B 能够检测到 C 的攻击行为，保证迁移后记录安全可信。

9.2.3 可信删除的威胁

当记录到了它的保持期限，并且也没有作为诉讼证据被延长，记录就会根据保持规则被删除。之后 C 可能会想要恢复或推测该记录的相关信息。可信记录保持要防止 C 根据当前系统中的信息，获得任何有关该记录的信息。

9.3 遵从产品的存储体系结构

9.3.1 传统的存储体系结构

传统文件存储系统通常使用访问控制机制和数据外包技术。在数据外包的模型中，数据所有者通过签名来保证数据的完整。这种基于签名的方法，只能检测数据是否被篡改，而不能预防篡改。对于拥有超级用户权限的攻击者，也可以轻易通过访问控制机制，获取私钥，并对记录进行修改或重签名。所以传统的存储体系无法满足可信记录保持的需要。

9.3.2 WORM 存储设备

WORM(Write Once Read Many)即一次写入，多次读取。就是说存储在 WORM 介质中的数据，写入后只能读取而不能被修改，这符合可信记录保持的需求，当前针对可信记录保持的商业化产品大都是基于 WORM 存储设备的[4]。目前主要的存储器厂商都有这方面的产品，如 IBM、惠普、EMC、日立数据系统公司、Zantaz 公司、StorageTek 公司、Network Appliance 公司和昆腾公司。下面介绍几种 WORM 存储设备产品[5]。

(1)光盘产品。WORM 光盘依赖于不可逆转的物理写入，以确保内容无法改变。然而，随着信息的大量产生，以及商业环境对低延迟的需求，需要有一种可扩展的光学WORM的解决办法。另外，光盘容易受到简单数据复制的攻击，因此它们不能提供强壮的安全功能。WORM光盘的性价比也不高，因为目前的技术不适应大量数据进行存储。目前容量最大的蓝光光盘的容量只有27GB。然而，因为速度比磁带快，价格比硬盘便宜，WORM光盘往往作为中级的应用。

（2）磁带产品。由于基于磁带的存储成本较低，磁带成为海量数据存储的首选。因此，存储器厂商首先发展磁带存储器。昆腾公司的DLTSage套件是一个典型产品，并且能对磁带存储环境进行预测、预防和诊断。DLTSage套件提供的WORM功能，给每个磁带设置一个电子密钥，确保WORM的完整性。这个唯一的识别码不能更改，如果能提供一个防篡改的存档磁带，就能够满足严格的法规遵从，通过可靠的复制以确保完整性和完全可达性。但是，由于磁带的特性，攻击者可以通过破坏磁带的塑料外壳，利用特殊的读取设备，获取基本数据，从而损害其完整性。磁带还存在无法快速定位的问题。

（3）磁盘产品[6]。WORM磁盘设备是基于传统的可复写磁盘，通过WORM软件（soft-WORM），根据一定的保持策略，一次性写入。它拥有速度快、延迟低、保存长久的优点。目前的研究重点也都是基于磁盘的。下面介绍几种较为流行的WORM软件：

①EMC Centera。EMC Centera遵从版是一个内容寻址存储产品（CAS）。它的每个数据记录由：内容和内容描述文件（CDF）两部分组成。CDF包含记录的一些属性（如建立日期、时间、格式）和对象的内容指针（由内容得出的数字指纹，直接链接到存储对象）。CDF的作用是管理和获取记录。在CDF中，程序将为每个记录指定一个保持期限。当到达保持期后，Centera将删除记录指针。一旦最后的记录指针被删除，对象也将被删除。这种机制容易受到简单软件攻击和物理攻击。通过替换一张内容略微改动的磁盘，数据完整性容易受到攻击。

②日立公司的遵从消息档案。提供一种"虚拟WORM"机制的存储系统，该系统允许用户锁定存档数据，在一定的时期内使其不可擦除和不可修改，从而促进其服从政府或行业的管理法规。这种方案与EMC公司的产品具有相同的弱点。

③IBM公司的金库锁遵从软件。IBM公司提供多种soft-WORM产品。金库锁遵从软件运行在IBM系统N系列的存储器上，它提供针对无结构化数据的基于磁盘的遵从解决方案。这种方案也与EMC公司的产品具有相同的弱点。

④IBM系统存储文档管理器。IBM Tivoli存储管理器是IBM总存储软件的一部分，它使记录在保持期限内的删除极为困难。只要没有存储媒介或服务器的物理删除，或者恶意地数据破坏，或者通过文档管理器进行的整个文档数据库的删除，在保持期限内，文档管理器将不允许删除数据。从安全角度看，它依赖于主系统的正确行为，这是不理想的。

⑤Network Appliance公司的SnapLock遵从/企业软件。NetApp的SnapLock软件套件运行在NetApp临近存储器和FAS存储系统上，在预定的保存期限内防止文件被更改或删除。跟其他厂商不一样，NetApp的SnapLock支持开放的产业标准协议，如NFS和CIFS。

⑥Sun公司的StorageTek遵从存档软件。该软件运行在SUN公司StorageTek 5320的NAS设备上，以提供soft-WORM功能。

9.3.3　强 WORM

当前的遵从存储产品并不完全符合可信记录保持的需求[6]。它们容易受到无意行为或恶意攻击者的攻击,数据会被修改或删除。研究人员提出了强 WORM 的概念,它有以下需求[8]:

(1)要有抗篡改的硬件以确保数据的完整性,防止磁盘替换等物理攻击。

(2)高效存取。由于存在大量的记录,意味着需要通过索引快速找到记录。这些索引不能用传统的存储技术,因为一个超级用户可以通过移除索引项隐藏记录。可信索引的设计是一个有待研究的领域。

(3)全生命周期的可信。当前产品解决了备份过程中的可信性问题,但是它们不能保证记录在整个生命周期是可信的,如迁移和删除。

(4)支持结构化的数据存储。当前遵从存储产品只提供了无结构化或半结构化的记录保持,还无法支持结构化数据的保持。

9.4　抗物理攻击

内部攻击者往往可以较轻易地对服务器进行物理存取。为了防止这种危害,一种容易想到的方法是把存储器存放在一个封闭的盒子中。然而这样会大大降低其散热性能,使得存储服务器以较低的速度和效率运行。因此,用户或供应商都不愿意采用这种方法。另外,如果磁盘坏了,也无法进行更换。

IBM 公司的基于磁盘的 WORM 存储系统,其驱动器利用可编程只读存储器(PROM)电路,通过以下两种方法选择性地或者永久性地禁用写模式:①选择性地熔断硬盘驱动器中 PROM 熔断器,防止写入到硬盘驱动器相应的磁盘表面;②选择性地熔断可达处理器内存中 PROM 熔断器,防止写入到硬盘驱动器中相应各自数据扇区的一段逻辑块地址(LBAs)。

然而这两种方法不能提供强 WORM 保证。内部攻击者可以利用现有技术,打开存储介质外壳获得原始数据和闪存校验码。然后通过在相同的地方复制一个篡改的版本秘密地进行替换。攻击者能获得完整性校验码密钥,在替换的设备上为修改的数据伪造一个新的校验码。

另一种可能的办法是加入主动的和抗篡改的构件,如多用途安全协处理器(SCPU)。在存储服务器中加入一个 SCPU,这样即使记录后来经过了不安全的环境,也都可以确保该服务器中记录的可信性。SCPU 可以检验认证码,以较低的代价提供较强的安全保证。

然而,SCPU 也不是万能的。由于 SCPU 的防篡改保护壳,散热受到了限制。无论是计算能力还是内存容量,SCPU 都是不完善的,它比普通的 CPU 要慢。因此,商家为了使其产品在市场上有竞争力,只让 SCPU 运行部分存储服务器代码,而用其他普通的 CPU 来承担大部分的计算任务。尽管如此,执行一个简单任务,如为每一个新的记录建立索引,其效率也是很低的。一种好的执行策略必须较少地占用安全硬件,以尽量高的效率进行文件记录的插入、删除和读取。

目前,一个单独的 SCPU,使用延迟签名的策略,每秒可以支持超过 2500 条记录的插入和删除。针对可信存储和数据迁移,研究人员提出了一种基于廉价 CPU 的架构。其记录级 WORM 分层根据单调递增序列辨别记录,它不支持命名空间、可信索引或是基于内容的寻址,所有这些在记录级 WORM 上的是可以分层的。

为了达到较高的处理效率,SCPU 专门从事文件记录的插入和删除,而不读取。因为,如果考虑读取、查询的工作量,其工作效率就会降低。执行读取任务的用户只需要通过 SCPU 认证,如果读取成功,说明模块没有被篡改;如果读取失败,说明模块已经被篡改了,就要根据保持策略删除它,或者存到其他服务器。

可以利用 Merkle 树来验证存储服务器上记录的内容,Merkle 树的条目被 SCPU 标记。用这种方法,插入或删除记录的开销是 $O(\lg n)$,其中 n 是文件数量。即使 SCPU 和其他 CPU 一起更新 Merkle 树,也会降低系统的处理能力。为解决这个问题,用连续的单调递增序列来代替标签数据块,同时引入"滑行窗口"的概念,以 $O(1)$ 的开销标记窗口的边界。这被证明是有效的[8]。

为了提高高负荷运行时的处理能力,还有一种方法是用低开销的短期的安全变量(如 512 位的签名)临时替换高开销的 SCPU 签名(如 1024 位的签名)。这样有助于系统减轻签名的开销,以便应对突然大量文档的插入。

9.5 可信索引技术

9.5.1 可信索引的特征

可信记录保持针对的是海量记录的可信存储。为了能在大量数据中快速查找记录,需要对记录建立索引。然而攻击者可以通过对索引项的篡改或隐藏,达到攻击记录的目的。因此,必须保证索引也是可信的。可信索引必须具备下列性质[9]:

(1)索引本身必须是可信的。这就要求在记录的整个生命周期中,索引项的搜索路径必须保持不变。

(2)索引码要保存在其他存储服务器上。

(3)索引的建立需要原子地完成,确保记录被准确地记入索引。

(4)当记录被删除后,索引中就不能有该记录的相关信息。

9.5.2 几种常用的索引结构

在可信记录保持的发展过程中,研究人员提出了多种索引结构。有很多后来被证明是不可信的。下面来讨论这些索引结构[10]。

1. 基于 B – 树的索引结构

先来看一次性写入 B – 树。图 9.1(a)是一次性写入 B – 树的插入操作,要插入 45,发现节点已经满了,这时要保留先前的节点,同时把原节点分裂成两个新节点插入 45 后复制到旁边,并在父节点添加两个指针,取代先前的指针,如阴影部分所示。攻击者可以在复制节点时对其进行篡改。如图 9.1(b)所示,攻击者在复制过程中略去了 51。所以这种方法不能保证可信。

163

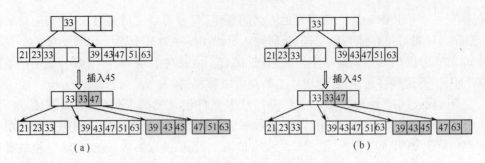

图 9.1 被篡改前后的一次性写入 B - 树

(a)一次性写入 B - 树;(b)被篡改的一次性写入 B - 树。

2. 基于 Hash 函数的索引结构

在 Hash 函数维护更新的过程中,当 Hash 表中记录的数目超过一定数值,就要分配一个新的 Hash 表,所有记录重新 Hash 后录入新表。然而这样搜索路径也随之改变了,同时在重新分配过程中,攻击者可以对其进行修改。这种基于 Hash 函数的架构也是不可信的。

3. 基于广义 Hash 树的索引结构

研究人员又提出了基于广义 Hash 树(Generalized Hash Tree,GHT)的索引结构,它可以保证固定的搜索路径。广义 Hash 树适用于基于属性值的匹配索引。

GHT 是一种平衡的基于树的数据结构。在 GHT 中,记录属性值的 Hash 值确定了其插入或查询的位置。在 GHT 中,要插入或查询记录时,记录关键值经过 Hash 后,得到一个节点上的位置。如果该节点上相应的位置是空的,记录就插入到那。如果位置被占用,属性值要重新 Hash。这是一个反复的过程,直到找到一个空的节点位置。如果现有节点都没有空的位置,就添加一个新的子节点。图 9.2 是插入元素 k 到 GHT 的例子。图中阴影节点表示已经被占用,白色节点表示是空的。首先将 k 用 h_0 进行 Hash,得 $h_0(k)=1$,但是对应的节点 1 已经被占用了,需要用 h_1 再次进行 Hash。$h_1(k)=0$,但是对应的节点 0 也被占用了,用 h_2 再次进行 Hash。$h_2(k)=6$,就将 k 插入到节点 6 的位置。这种方法,记录的搜索路径是固定不变的。

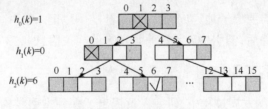

图 9.2 插入 k 到 GHT

4. 文本搜索

文本搜索(也称关键字搜索),通常使用倒排索引结构,是查询非结构化记录最简便的方法。如图 9.3(a)所示 ,倒排索引包括关键字字典,加上每个关键字的记录表单,表单中包含记录的标识符(如记录中关键字出现的频率、关键字的类型和关键字出现的位置)。标识符经特定的函数运算生成一个数值,按顺序排列到记录表单中。文本搜索通过扫描记录表单进行查询。

164

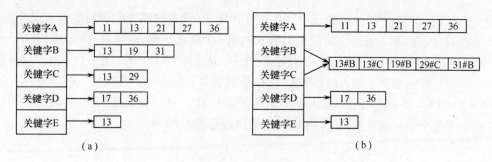

图 9.3　倒排索引

(a)普通的倒排索引；(b)合并的倒排索引。

　　每个记录表单作为一个单独的只添加文件被保存在 WORM 设备上。在普通的倒排索引中，更新是分批处理的，包括排序所有条目和重建记录表单。然而这种方法效率很低，不支持实时插入。可以通过合并记录表单来提高其效率[11]，如图 9.3(b)所示，合并后，关键字或其 Hash 值也必须存储在记录表单中。这种方法通常会用一个基于 B + 树结构的辅助索引来指示记录表单。与普通的倒排索引相比，合并的倒排索引的工作效率会提高 10% 。

　　5. 基于 B + 树结构的索引

　　图 9.4(a)是一个 B + 树的构造图，以文档 ID 递增的顺序，从底部开始构造，不需要任何节点分裂或合并。然而，合并倒排索引中基于 B + 树的辅助索引也是不可信的。与 B - 树一样，攻击者可以在插入新条目的复制过程中进行篡改。如图 9.4(b)所示，攻击者在根节点添加 25，并将其指向一个虚假的不含 31 的子树，这样就成功地隐藏了 31。所以，这种基于 B + 树的架构是不可信的。

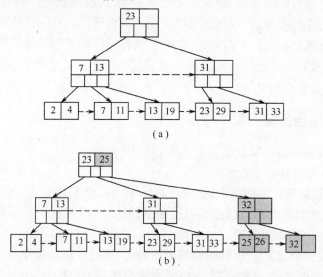

图 9.4　被篡改前后的 B + 树

(a) B + 树；(b)被篡改的 B + 树。

　　6. 跳跃索引

　　跳跃索引适合用来指示单调序列[12]，如记录表单中的文档 ID，研究人员提出了用跳跃索引来替代基于 B + 树的辅助索引。如图 9.5 所示,没有被填充的阴影的指针是空的。每个节点只显示前 5 个指针。跳跃索引项 n 的第 i 个跳跃指针,指向最小的索引项 n',n' 由公式 $n+2^i \leqslant n' < n+2^{i+1}$ 得到。以查寻 15 为例,从索引项 1 开始,把 1 代入公式 $1+2^3 \leqslant 15 < 1+2^4$,根据不等号前 2 的指数是 3,找到索引项 1 的指针 3 指向 10,再把 10 代入公式 $10+2^2 \leqslant 15 < 10+2^3$,根据索引项 10 的指针 2 找到了 15。实验结果表明,跳跃索引的搜索性能是等价 B + 树性能的 1.4 倍,其搜索路径是固定的。

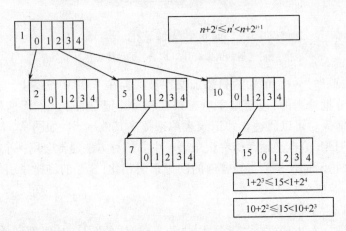

图 9.5　跳跃索引

9.6　可信迁移技术

因为存储服务器有使用寿命,企业也可能被兼并、转型或重组,一条记录在其生命周期中可能会在多台存储服务器中存储过,因此记录需要迁移。可信迁移就是要保证,即使迁移的执行者就是拥有最高用户权限的攻击者,迁移后的记录也是可信的。

到目前为止,研究人员已经开发了两个可信迁移方案[13],这两个方案都需要安全协处理器(SCPU)和监管机构(RA)。

9.6.1　一对一可信迁移方案

一对一可信迁移方案需要如下五个步骤,如图 9.6 所示。

(1)数据拥有者向 RA 提出迁移请求。

(2)RA 根据数据拥有者的请求,生成迁移证书 MC,然后传给 SCPU1 和 SCPU2。MC 是含有对 SCPU1、SCPU2 的相关信息签名的证书,包括 SCPU1 和 SCPU2 的时间戳特征。

(3)SCPU1 和 SCPU2 对收到的 MC 进行鉴别,通过后 SCPU1 和 SCPU2 交换密钥。

(4)SCPU1 和 SCPU2 再对收到的密钥进行验证,通过后建立起安全通道。

(5)SCPU 的工作完成,数据通过主 CPU 在安全通道上传输。

9.6.2　多方可信迁移方案

多方可信迁移方案支持多台服务器的文件迁移,迁移过程分为四个阶段:

(1)负责迁移的一方制定一个迁移计划,这个计划的日志包括管理迁移的策略。

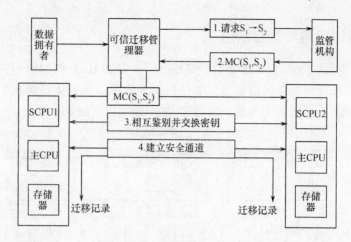

图 9.6 一对一可信迁移方案

（2）负责迁移的一方生成一个证书，证明当前的目录树和文件内容情况，并增加到日志中。

（3）负责迁移的一方移动文件，同时也复制签名了的日志到新的服务器。

（4）迁移后，任何一方都可以利用公钥，检验迁移是否完整。

一个记录可能会有很多次迁移。如果每次迁移时，迁移所有以前的记录，那么整个迁移链的任何一点都可以被验证。这样也有不足，日志中会包含大量关于删除记录的重要信息。例如，如果记录在迁移之前已经被删除，日志中就必须提供足够的信息给验证者，证明之前的删除是可信的。

9.7 可信删除

WORM 设备是主要被用来防止数据删除的，因此想要完全地删除记录是困难的。WORM 设备用多次覆盖数据模块的方法来删除记录。但是仅仅删除记录是不可信的。例如，倒排索引中存有记录的关键字，记录被删除后，关键字的信息还存在，攻击者就可以根据索引中的信息得知记录的相关内容。因此，索引项必须也被删除，然而当前的WORM 设备还不支持短字节序列的删除。

即使将来 WORM 设备支持删除相应的索引项，索引的结构化特性也会让攻击者推断出一些相关的信息。因为在索引中关键字都是按照一定序列插入的，攻击者可以根据删除的索引项在索引中位置，推断出删除记录的关键字。

9.7.1 可信删除的要求

$$\forall w, P(w \in d \mid w \in S) = P(w \in d)$$

$$\forall w, P(w \in d \mid w \notin S) = P(w \in d)$$

式中：d 表示已被删除的记录；w 表示任意词语；S 表示记录中词语的重构集；$P(w \in d)$ 表示单词 w 属于 d 的概率；$P(w \in d \mid w \in S)$ 表示 w 属于 S 时 w 属于 d 的概率。就是说，攻击者无法根据记录重构集中的词语来判断该词语是否属于原记录。

167

9.7.2 根据保持期限建立索引

早期的可信索引方案不支持强的可信删除[14],广义 Hash 树的索引只是弱的可信删除,倒排索引和跳跃索引在可信删除上也存在很多问题。研究人员提出了根据记录的保持期限来建立索引,如图9.7所示。当到达保持期限时,就删除该索引。

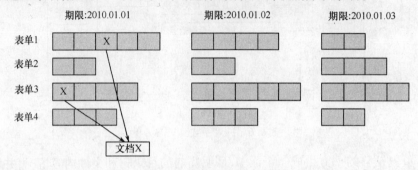

图 9.7 根据保持期建立的索引

但是,如果记录成为诉讼证据后,就要求被保留到出示证据。该方案仅根据保持期限就删除记录和索引项,显然不符合证据保持的要求。

9.7.3 重建索引

研究人员又提出了重建索引的方法。当记录删除时,也删除相应的索引,同时建立新的索引。该方案要求索引的重建速度要等于索引的删除速度。然而如果有大量索引要删除,其工作量是非常大的。这种方法代价太高不实用。

9.7.4 倒排索引的可信删除

目前,一种满足可信删除的方法是对倒排索引进行改进[15],如图9.8所示。记录元素中的关键字编码与一个随机密码执行异或运算,替换关键字编码存入表单。随机序列存储在一个单独的文件中,记录到期后随机序列一起被删除。一旦随机序列被删除,关键字编码就无法从存储的异或值中被恢复,攻击者就无法推断记录的内容。该方法不要求记录在期限内被删除,因此它可以支持诉讼保持。

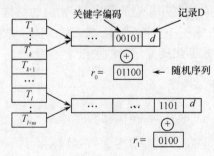

图 9.8 改进的倒排索引

9.8 小结

可信记录保持技术是一个起步不久的技术,在很多方面还不成熟,存在一些问题。

(1)删除。针对可信记录删除,不存在完全令人满意的方案。信息的痕迹会通过索引或迁移日志被保持,存在潜在的风险。

(2)结构化信息。目前可信记录保持只支持非结构化或半结构化的数据。数据库中大多是结构化的数据,迄今还无法解决这个问题。

(3)修改。现实中的很多情况常常需要修改记录,当前的模型不支持修改。

相信随着研究的不断深入,可信记录保持技术会越来越满足法律法规对记录保持的需求。

参 考 文 献

[1] Kahn R. Blair B T. The Law and Technology of Trustworthly Electronic Records[R]. Special Report:The Law and E – Records,2003.

[2] Hasan R,Winslett M,Sion R. Requirements of Secure Storage Systems for Healthcare Records[R]. Secure Data Management , 2007 : 174 – 180.

[3] Olson J. Best Practices for Emerging Compliance Challenges:Electronic Messaging & Communications [R]. ReymannGroup White Paper , 2004.

[4] Hsu W W,Huang Lan,Ong Shauchi. Content Immutable Storage:Truly Trustworthy and Cost-Effective Storage for Electronic Records [J]. Computer Science , 2004, RJ10332(A0410 –018).

[5] Hsu W W,Ong Shauchi. Fossilization:A Process for Establishing Truly Trustworthy Records [J]. Computer Science , 2004 , RJ10331(A0410 –017).

[6] Wang Yongge, Zheng Yuliang. Fast and Secure Magnetic WORM Storage Systems [C]. Security in Storage Workshop, 2003.

[7] Mitra S. WORM is not enough! . Department of Computer Science [J]. UIUC , 2006.

[8] Sion . R Strong WORM [C]. The 28th International Conference on Distributed Computing Systems, 2008.

[9] Zhu Qingbo,Hsu W W. Fossilized Index:The Linchpin of Trustworthy Non – Alterable Electronic Records [C]. ACM SIGMOD International Conference on Management of Data, 2005 : 395 –406.

[10] Mitra S,Winslett M,Hsu W W, et al. Trustworthy keyword search for compliance storage [C]. The VLDB Journal, 2008.

[11] Buttcher S, Clarke C L A. A Hybrid Approach to Index Maintenance in Dynamic Text Retrieval Systems [C]. Proceedings of the 28th European Conference on Information Retrieval, 2006.

[12] Huang He,Liu Fengchen,Liu Qingwen. Random Jump Index:A Trustworthy Index for Random Insertion [C]. International Conference on Computational Intelligence and Security Workshops, 2007.

[13] Mitra S,Winslett M,Hsu W H,et al. Trustworthy Migration and Retrieval of Regulatory Compliant Records [C]. Proceedings of the 24th IEEE Conference on Mass Storage Systems and Technologies table of contents , 2007:100 –113.

[14] Mitra S,Winslett M,Borisov N. Deleting Index Entries from Compliance Storage [C]. ACM International Conference Proceeding Series , 2008,261 : 109 – 120.

[15] Borisov N,Mitra S. Restricted Queries over an Encrypted Index with Applications to Regulatory Compliance [C]. ACNS 2008, LNCS 5037, 2008 : 373 –391.

第10章 入侵容忍与数据库的可生存性

传统的数据库安全研究集中在多级安全数据库、访问控制、数据库加密与推理通道控制等领域,这些安全技术的主要目的是防御攻击或入侵,但是实际上这些防御措施有时对于一些恶意攻击是无效的。为了在防御失败的情况下,数据库系统仍然能持续地为预期的用户提供及时的服务,就需要入侵容忍和可生存性技术。

数据库安全研究的重点在于如何保护数据的机密性、完整性和可用性。过去的数据库安全研究强调将攻击者拒之门外,通过加密和严格的存取控制保护信息的机密性、完整性和可用性,多级分类安全系统、边界控制、入侵检测以及物理安全措施能够满足部分用户的保密需求。但是,这些安全技术的主要目的是防御攻击或入侵,但是实际上这些防御措施有时对于一些恶意攻击是无效的。因为攻击者在攻击失败后仍然会不断地寻找新的系统漏洞,使用新的攻击手段,从新的地方发动新的攻击,对系统造成新的威胁,这使得系统防不胜防,必须不断寻找防御技术。入侵容忍技术的出现,为解决上述威胁提供了很好的方案。与传统的安全技术更强调保护系统免受入侵不同,入侵容忍的设计目标是系统在受到攻击的情况下,即使系统的某些部分已经被破坏,或者被恶意攻击者操控时,系统仍然能够触发一些防止这些入侵造成系统安全失效的机制,从而仍然能够对外继续提供正常的或降级的服务,保证系统基本功能的正常运行,同时保持了系统数据的机密性与完整性等安全属性。

入侵容忍对于数据库系统的可生存性是极其重要的,一些关键部门如交通、银行等的数据库系统在社会中占有非常重要的地位,它们可能需要提供 7×24 的不间断服务,数据库系统一旦被攻陷瘫痪,将造成极大的经济损失和社会影响。而对于军队所使用的各种战时实时数据库系统,其一旦受到攻击或破坏,将会影响到战争进程乃至战争的胜负,危害性极大。

可生存性要求系统在发生诸如硬件失效、软件错误、操作失误或恶意攻击时仍旧能提供部分基本服务或替代服务。作为信息系统的重要组成部分,数据库的可生存能力也正在成为研究的热点之一。提高数据库的可生存性重点之一是提高数据库的入侵容忍能力,数据库的入侵容忍是指数据库在受到攻击的情况下继续提供基本服务的能力,现存的数据库安全机制对于入侵容忍能力的作用是很有限的,如身份认证和存取控制机制无法完全防止所有的攻击;实体和域约束可以保证数据的存在和合法性,但不能保证特定数据的合理性和精确性;参考完整性,攻击者可以同时修改参考和被参考数据,如果使用级联删除等规则,这些规则甚至有可能帮助攻击者传播恶意事务;事务机制也无法区分恶意事务和正常事务。

应该说,数据库可生存性的概念要比数据库入侵容忍的概念大,前者不仅包括了入侵或攻击所造成的破坏,而且还包含如系统自身软硬件故障、意外事故(如自然灾害)等造成的破坏等。但是入侵容忍是可生存性的核心,是其亟待研究解决的最为重要的问题。此外,数据库入侵容忍作为信息系统入侵容忍的特例,既有一般性,又具特殊性。

本章将首先介绍入侵容忍的相关概念,然后介绍实现入侵容忍的通用技术,之后对典型入侵容忍数据库系统模型进行了描述与介绍,最后对入侵容忍及数据库可生存技术做了总结与展望。

10.1　入侵容忍与可生存性的相关概念

第一代安全技术主要包括密码学、可信计算、认证、授权和访问控制;第二代安全技术包括防火墙、入侵检测系统、公钥基础设施等。第一代和第二代目标在于构建具有防御机制的系统,以使得系统可以免遭攻击者的非法入侵。但是这些技术都不能保证信息系统完全不受攻击,因此需要研究以可生存技术为核心的第三代信息安全技术,其目标是系统在攻击存在的情况下能够持续不断地提供关键服务能力,而入侵容忍技术是提供这种能力的关键技术。

10.1.1　入侵容忍及系统可生存性

入侵容忍(也称作容忍入侵或容侵)概念最早由 Fraga 和 Powell 在 1985 年提出,主要研究当文件系统部分受到破坏时的可生存能力[2]。

入侵容忍所要达到的目标:

对于一个入侵容忍系统,如何判断它是否符合安全需求? 主要是检验该系统是否达到以下标准:

(1)能够阻止或预防部分攻击的发生;

(2)能够检测攻击和评估攻击造成的破坏;

(3)在遭受到攻击后,能够维护和恢复关键数据、关键服务或完全服务。

图 10.1 形象的说明了防御保护、入侵检测、入侵容忍三者之间的关系。入侵容忍就是指当一个网络系统遭受入侵,而一些安全技术均失效或者部分失效时,入侵容忍可以作为系统的最后一道防线。即使系统的某些组件遭受攻击者的破坏,但是整个系统仍能提供全部或者降级的服务。与传统的网络安全技术相比,入侵容忍技术为系统提供了更大的安全性和可生存性,它是继防火墙、入侵检测系统后的第三代网络安全技术。

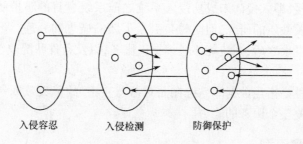

图 10.1　入侵容忍示意图

入侵容忍和容错的区别在于[3]，容错技术关注的是随机发生的自然故障，而入侵容忍关注的是智能和不可控的恶意攻击。容错和入侵容忍都是使系统在异常情况下能连续提供可接受的服务，所以，一些关键的容错机制能用于入侵容忍，这些容错机制包括：①冗余的复制、多样性和重配置等；②冗余组件的独立性（设计的多样性），例如，通过采用不同操作系统，减少通用模式安全漏洞的概率和通用模式攻击的概率。容错技术的错误检测、破坏程度评估、错误恢复、错误处理和连续服务几个阶段，也可作为设计和执行一个入侵容忍系统的参考。但是，容侵和容错系统毕竟有所区别，在入侵容忍中很好地结合容错技术并不容易，这是因为：

（1）容错技术在设计和执行阶段对可能发生的偶然和恶意的错误都已预先考虑，对一些能预料到的错误行为可做一些合理的假设。入侵行为从动机上都是恶意的，从形式上很难预料。

（2）入侵行为通常是由系统组件外部攻击引起的，传统的容错系统很少考虑这方面行为。

（3）目前的容错技术主要处理已有的软硬件模块错误故障，它们的错误模式相对容易定义，然而面对攻击的分布式服务环境的每一个组件都包含很复杂的功能，定义错误模式更为困难。

（4）系统攻击是有意的、系统的、可重复的，单纯的容错冗余将使错误存在于所有的复件里，入侵者基于相同攻击可系统攻击所有的备用组件，从而不能提供入侵容忍；同样，简单的容错重配使得系统为了应对无数相似的攻击而不断地进行重配，从而系统变得不稳定甚至不能提供服务。

如何将适应（Adaption）、重构（Reconfiguration）和恢复（Rejuvenation）等容错技术用于入侵容忍系统的设计，以及用解析和测量的方法评估相关系统的安全性能是有待进一步研究的问题。

可生存性[4]是用来表明系统在面对蓄意攻击、故障失效或偶发事故时仍能完成其任务并及时恢复整个服务的能力。可生存性的目的是保证系统即使在发生故障的情况下也能够正确运转，当系统由于故障原因不能运作时，应以一种无害的、非灾难性的方式停止。可生存性的概念与入侵容忍的概念基本一致，但其内涵更大，不仅包括了入侵容忍，还包括了系统故障、外力损害等发生以后系统的可用性。

可生存性有别于可靠性及安全性，但与其存在一定的关联。可靠性是指在给定时间内，系统不间断提供服务的能力。它更适合用来评估系统对灾难的防御能力。安全性研究重点在于抵御入侵，即入侵尚未成功侵入系统之前系统自身的防护能力。可生存性的研究是基于这些相关性质的研究，但同时又引入了新的概念和原理。可生存性强调的是入侵成功或者灾难发生之后，系统能够继续提供服务，以及条件状况改善时系统能够自动恢复的能力。

数据库可生存性是指当数据库系统在面对蓄意攻击、故障失效或偶发事故时仍能完成其任务并及时恢复整个服务的能力。

10.1.2 系统故障模型

有了入侵容忍的概念以后，为了更进一步了解入侵容忍的工作机制，再来看看系统故

障模型[3]。如图9.2所示,在遭受攻击的情况下,一个系统或系统组件被攻破的原因主要有两个:

(1)安全漏洞(Vulnerability)。本质上是软件在需求、规范、设计或配置方面存在的缺陷,如不安全的口令、使得堆栈溢出的错误编码等,随着软件规模的不断扩大及功能的不断扩充,安全漏洞的存在几乎不可避免;大部分的安全漏洞都是由用户及黑客发现的。安全漏洞是系统被入侵的内部原因,也是主要原因。

(2)攻击者的恶意攻击。这是系统被入侵的外部原因,是攻击者针对安全漏洞的恶意操作,如端口扫描、DoS攻击等方法。攻击者对系统或系统组件的一次成功入侵,能够使系统状态产生错误,进而会引起系统的服务失效。为了把传统容错技术用到入侵容忍上面来,可把任何攻击者的攻击、入侵和系统组件的安全漏洞抽象成系统故障。一个系统从面临攻击到系统失效的过程中,通常会出现以下事件序列:故障(Fault)——错误(Error)——失效(Failure)。为了推理用于建立阻止和容忍入侵的机制,有必要对系统故障进行建模。在实践中,常用的故障模型是如图10.2所示的AVI混合故障模型(Attack,Vulnerability,Intrusion Composite Fault Model)[4]。

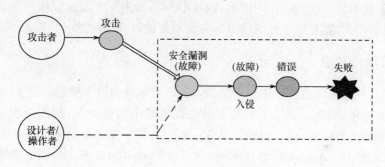

图10.2　AVI系统故障模型

由图10.2可见,故障是引起系统产生错误的原因,错误是故障在系统状态方面的表现,而失效是一个错误在系统为用户提供服务时的表现,即系统不能为用户提供预期的服务。为了实现入侵容忍,防止系统失效,可以对事件链的各个环节进行阻断。

如图10.3所示,为了防止系统失效可以综合应用多种安全技术[4],包括:

(1)攻击预防。包括信息过滤、禁止含有恶意的脚本、并对入侵行为进行预测等技术。

(2)漏洞预防。包括完善的软件开发、预防配置和操作中的故障。

(3)漏洞排除。针对程序堆栈溢出的编码错误、弱口令、未加保护的TCP/IP端口等漏洞,采用漏洞修复手段,从数量和危害程度上减少和降低安全风险,然而完全排除系统安全漏洞是不可能的,因为漏洞是在软件的后序使用中才逐渐被发现出来的。

(4)入侵阻止。针对已知形式的攻击,采取防火墙、入侵检测系统、认证和加密等手段,可以对这些攻击进行预防和阻止。

(5)入侵容忍。作为阻止系统失效发生的最后一道防线,入侵容忍意味着能检测到入侵引起的系统错误,并采用相应机制进行错误处理。

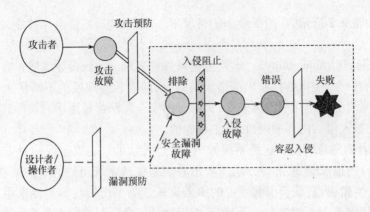

图 10.3　阻止系统失效的 AVI 系统故障模型

10.2　入侵容忍研究的分类

入侵容忍技术是一项综合性的技术,涉及的问题很多。下面从应用对象、应用层次、研究问题、服务模式,以及所依赖的技术等方面对其进行分类阐述[5-7]。

10.2.1　应用的对象

在实际应用中,入侵容忍应用可根据被保护的对象分为以下两类:

(1)对服务的入侵容忍。主要研究系统在面临攻击的情况下,仍能为预期的合法用户提供有效服务的方法和机制。目前,具有入侵容忍的服务有入侵容忍的交易服务、入侵容忍的 CA(Certificate Authority)认证服务、入侵容忍 Web 服务和入侵容忍的网络基础设施服务等。对服务的入侵容忍策略常用故障避免策略和可重配策略,对服务的入侵容忍机制常用安全通信机制、入侵检测和遏制机制、错误处理机制。

(2)对数据的入侵容忍。主要研究系统面临攻击的情况下如何保证数据的机密性、完整性和可用性。目前涉及的数据类别主要是入侵容忍的文件系统和入侵容忍的数据库系统。对数据的入侵容忍策略常用可重配策略和机密性操作策略,对数据的入侵容忍机制常用安全通信机制、入侵检测机制和错误处理机制。

10.2.2　应用的层次

按照网络和应用体系分层的思想,入侵容忍研究在物理层之上分为以下几个层次。

(1)网络和传输层。研究针对网络基础设施(路由器、域名服务器等)的入侵容忍方法,以提供网络环境下安全和可靠的路由、域名解析服务。

(2)中件间系统。研究基于中间件的入侵容忍解决方案,帮助应用程序在面临攻击的情况下能够幸存,包括:异构的入侵容忍系统;能对系统的可用性和质量进行感知和反应的中间件技术;在恶意环境下,用于入侵容忍服务复制的中间件体系结构;结合系统症状,在变化的环境和操作条件下能提供自适应的和攻击者无法预测系统反应的中间件技术,基于复制的自适应容错中间件平台等。

(3)特定服务和设施。研究面向特定类型应用的入侵容忍服务和设施。包括:用于网络上认证服务的 CA;入侵容忍的 PKI 等。

(4)应用解决方案。研究基于入侵容忍的特定应用,包括:容错和容侵的文件系统;能够提供高安全性和可用性的入侵容忍 Web 应用;能提供完整性和可用性的入侵容忍数据库应用等。

10.2.3　服务的模式

按照服务器的工作模式也可以把已有的入侵容忍系统分为两大类:

1. 主从(Primary-Backup)模式

在主从模式中,在任何时刻只有一个主服务器和 $N(N \geqslant 1)$ 个从服务器。在该模式中,用户通过前端(往往是一个代理服务器或者请求处理模块)只与主服务器通信。主服务器执行用户的请求并发送更新后的数据副本给从服务器。如果主服务器失败,那么通过预定的选举机制从服务器中选出一个提升为新的主服务器来继续为用户提供服务,从而保证了系统服务的持续性。

2. 全激活(Active)模式

在该模式中,前端将接收到的用户请求多播给冗余服务器群,所有的服务器都独立地处理该请求。如果某个服务器失效,可能会影响到整个系统的性能,但是其余的服务器仍可以提供持续的服务。

10.2.4　实现的方法

按照实现的基本方法可将入侵容忍系统分为两大类:

(1)抗攻击设计。采用这种方法,一般要对现有系统进行重新设计,通过重新设计使得系统本身就具有抗攻击的能力,使得系统在受到攻击时,依然能维持系统的正常功能。例如,在设计时就制造足够的冗余,以保证当部分系统被攻击时,整个系统仍旧能够正常工作。门限密码技术、Byzantine 协议技术、多方安全计算的技术是实现这种系统抗攻击设计的理论基础。

(2)入侵响应。采用这种方法,一般不需要事先对系统进行重新设计,而是在系统受到攻击之后,对攻击做出响应与处理。攻击响应的入侵容忍系统一般都包括一个基于风险概念的入侵预测子系统、一个高正确率的入侵判决子系统、一套系统资源控制子系统和一个修复管理子系统。当判断或检测到有攻击发生时,系统将对攻击做出响应:或对攻击进行隔离,或对攻击造成的损害进行修补,但如何修补是该类型入侵容忍技术的一个难点。

10.3　入侵容忍的实现机制

10.3.1　入侵容忍触发机制

1. 入侵检测

入侵检测是安全领域中的一个经典的框架,它包含了各种尝试去检测目前或者可能的入侵。入侵检测可以实时也可以离线执行。因此,入侵检测系统是一个监督系统,它跟踪并记录系统活动,实时的检测以下的情况:攻击(通过端口扫描检测)、弱点(扫描)和入侵(通过相关引擎检测)。它的发展已经很成熟,在入侵容忍系统中很有必要借鉴其成功的部分。

在入侵容忍系统中使用入侵检测技术,首先需要认清入侵容忍和入侵检测的一个主要区别:当入侵被检测到之后,入侵检测系统主要是通过警告系统管理员去人工恢复,而入侵容忍系统则是在检测到入侵的时候屏蔽入侵,继续为用户提供服务。

所以在有些系统中,把它作为入侵容忍的触发器。即当外部攻击者的攻击行为被入侵检测系统检测到之后,入侵检测系统不再汇报这个入侵给系统管理员,而是传递检测结果和相应的信息给入侵容忍处理模块,由该模块来对入侵进行处理。

实际上,入侵检测和容侵是一个有机的整体。不应该把它们分割开来,缺少他们中的任何一个,系统都是不安全的,从某种意义上说,容侵属于入侵检测的一部分,或者说,广义的入侵检测就包括容侵在内。

但是,由于入侵检测系统本身的不足,它不可能检测到所有的攻击,因此很有必要研究新的入侵容忍触发机制。而下面将要介绍的表决机制就是一个非常有效的触发机制。

2. 表决机制

冗余组件是入侵容忍系统中十分关键的组件。在入侵容忍系统中具有冗余组件的结果是:在组件出现错误的情形下,可以判定出没有错误的组件。表决机制用于解决冗余响应中结果不一致的问题,并在系统中非错误的组件之上达成一个多数同意的结果。表决机制还有两个补充的目标:屏蔽入侵,然后对它进行容忍并提供数据的完整性。这个过程包括了冗余响应的比较和在结果中发现正确响应所达成的一致性。

一般的表决算法有以下几种:

(1)大数表决。这是最常用的算法,也被称作多数赞成或者多数表决。如果分区中组件复制的结果形成了绝对的大多数,那么这个输出被选中为最终的响应。

(2)广义中值表决。这种方法是通过系统判定组件的不同,从 n 个组件复制集合中选出一个中间值。

(3)形式化的大数表决。这种方法与大数表决类似,但是它使用一个相对的大数来取代绝对的大数。

(4)动态表决。动态表决是静态表决的改进,用来自适应的选择主组件。当一个分割出现,如果先前的主组件的大部分都处于连接状态,在选取一个新的并且可能更小的主组件时,那么,每一个新形成的组件必须包括先前主组件的大多数,但是不一定是进程的大多数。

表决机制是入侵容忍系统中一个非常重要的触发器机制,该机制和冗余,多样性技术的联合使用可以很好地容忍 Byzantine 错误。但是,如果在系统设计中选择了表决机制,那么就需要在性能和机密性之间作一个折中。这是因为为了确保表决结果的正确性,需要对所有的服务器响应都进行比较,这很可能会破坏系统的机密性。这种方法的另外一种限制是它要求系统中的关键部件具有一定数目的冗余,因此会增加系统的代价。

10.3.2　入侵容忍处理机制

传统的入侵检测系统通常在攻击被检测到后采取修正和恢复行动,这通常是由管理者人工完成的,并且在恢复期间服务器处于停滞。但是对于入侵容忍系统,其目的是确保为客户提供的服务没有停止或者停止的时间较短。系统重构具有动态性和自适应性,可以使服务不被中断。重构可以是先应的或者后发的,可以在容忍的同时实现屏蔽、阻止。

重构主要有以下几种不同的形式:

(1)回滚(Rollover)。受影响的组件明显的被它的一个原先的副本所代替。

(2)转向(Shifting)。所有的指向受影响服务器的消息路由到另外一个安全的服务器上。

(3)负载分配(Load Sharing)。如果系统的失效或者降级是由高负载所引起,那么通过负载分布或者平衡的方法来解决。

(4)阻塞(Blocking)。如果某个工作站违反了规则或者有入侵系统的迹象,系统可以停止为其提供服务。

(5)毫无隐秘的场所(Fish Bowling)。这个方法与阻塞很相似。然而,与阻塞不同的是,它为有攻击企图的用户继续提供服务。但是,前提是首先要保证正常的用户不受攻击者意图的影响。

(6)改变系统的状态(Changing the System's Posture)。系统的多层防御手段根据操作环境和威胁迹象关闭或者打开。

(7)恢复(Rejuvenation)。发生故障的组件重新启动,恢复到原始的安全状态,在这个状态里内存中任何常驻的或者不稳定的攻击都被去除。

通过以上的介绍,可以看到在入侵容忍处理机制中可以使用多种重新配置策略。设计重新配置机制的一个挑战是保护这些机制不被攻击者所利用。这个处理过程很重要,因为重新配置过程是不可预测的,所以在处理过程中系统很可能会受到攻击。与重新配置伴随的另外一个重要问题是振荡(重新配置的一刹那系统被入侵),这个问题如果不能很好地解决,系统也可能会发生问题。

10.4　实现入侵容忍的通用技术

入侵容忍技术是一项综合性的技术,涉及的问题很多,其中实现入侵容忍的技术很大一部分是建立在传统的容错技术(软件和硬件)之上,诸如多样性、冗余、表决机制、群组通信、复制、中间件技术、门限密码学、代理等。

10.4.1　冗余组件技术

冗余组件技术的原理[9]是:当一个冗余组件失效的时候,其他的冗余组件可以执行该失效组件的功能直到该组件被修复。冗余是增强系统服务的一种技术,通过冗余可以确保系统的安全特性,即使所使用的一些方法被攻破,所保障的特性仍然有效,因此冗余技术可以改善服务的性能,增强其可用性。冗余的目的是使用多个部件共同承担同一项任务,当主要模块发生故障时,用后援的备份替换故障模块,使系统完好无损,也可以用缓慢降级切除故障模块,让剩下的正常模块继续工作。

10.4.2 冗余复制技术

冗余复制是容错中的一种主要机制,它可以提高系统的可靠性和可用性。复制技术是在系统里引入冗余的一种常用方法。服务器的每个复制称为一个备份。一个复制服务器由几个备份组成,如果一个备份失败了,其他的备份仍可以提供服务。复制又可分为主动复制与被动复制。

主动复制,也称为状态机复制。所有的备份都按相同的顺序准确地执行相同的操作,从而保持同一性。主动复制的主要优点是即使在发生故障时反应时间也比较快。但是,它也存在两个缺点:①要求所有的操作都要在确定的方式下进行。确定是指一个操作的结果仅仅取决于一个备份的初始状态和它已经执行的操作顺序。②处理冗余资源开销比较高。

被动复制技术,也称为主席(Primary)备份。主席备份的作用是:接收客户请求并返回应答。其他的备份只受主席备份的影响,只能从主席备份得到状态更新消息。被动复制技术所需要的资源开销比主动复制技术少,且可以在非确定的方式下执行。但是,被动复制要求一个机制来和主席一致(通常是组成员服务)。如果主席失败,其他备份会接替主席。但如果主席在发送一个应答给客户前崩溃,那么此客户就会被永远终止。这个客户必须学习新主席的身份,并重发它的请求。这将导致在出现故障时会大大增加应答时间。而且被动复制不能对客户隐藏故障。

10.4.3 多样性

多样性实质上是组件的一个属性,即冗余组件必须在一个或者多个方面有所不同。用不同的设计和实现方法来提供功能相同的计算行为,防止攻击者找到冗余组件中共同的安全漏洞。多样性的种类主要有:

(1)硬件多样性。系统硬件采用不同的类型。

(2)操作系统的多样性。采用不同的操作系统,实现操作平台的多样性。

(3)软件实现的多样性。其根本思想是不同的设计人员(组)对同一需求会采取不完全一致的实现方法,而不同的设计者对同一需求说明的理解不大容易出现相同的误解,所以利用设计的多样性原则可以有效地防止设计中错误。多版本程序设计技术是一个经典的错误容忍技术,可以提供有效的多样性实现去防止同一漏洞,使用该技术可以对同一需求(技术要求)生成不同版本的程序。这些程序同时投入处理,会得到不同的处理结果,最终按多数决断逻辑决定输出结果。

(4)时间和空间的多样性。空间多样性要求服务必须协同定位多个地点的冗余组件去阻止局部的灾难,而时间多样性则要求用户在不同的时间段向服务器提出服务请求。

使用冗余,可以消除系统中的单一安全漏洞,同时由于使用了多样性方法,系统之间以异构的方式组织,减少了相关的错误风险,加大了攻击者完全攻克系统的难度。但是,需要注意的是多样性的使用也有不利的因素。

(1)多样性增加了系统的复杂性。这是因为,为了获得高级别的多样性,对于一个服务必须有多种完全不同的实现方式。这包括了在一个混合的硬件系统上运行一个混合操作系统,使用隔离方法的实现应用服务软件。系统的复杂必然带来维护上的困难。

（2）多样性的代价是昂贵的，这些代价主要有以下几个方面：

①不同的站点需要使用不同的专家团队来维护。许多系统管理员只知道一部分系统，而那些了解完整系统的管理员很少而且代价更大。

②站点必须为这些系统打上补丁。由于系统中的漏洞是不相同的，随着系统多样性的增加，为系统打补丁的工作也将会更复杂。

③多版本的服务需要额外购买或者开发费用，这必然会增加系统的费用。

最后不成熟的多样性可能存在潜在的危机，所以对系统的每一个部分都必须进行正确的多样性等级评估。这可能需要对阻挡和容忍之间做一个适当的折衷。

10.4.4　门限方案

门限方案[11]实质上是一种秘密共享机制。该方法的基本思想是把数据 D 分成 n 份，使用其中的 k 份可以重新还原出数据 D；如果得到的份数少于 k，就不能还原出原始信息。

门限方案在入侵容忍系统中的使用，主要是通过两种方式：

（1）它本身的方式，数据共享份额被分布式的存储在不同的物理位置，即使 $n-k-1$ 个共享被攻击而且已经威胁到系统安全，数据的机密性仍可以保持并且可以重构原始的数据，这样就可以实现入侵容忍。实际上门限方案本身也是一种冗余技术。

（2）数据使用同一个密钥加密，这个密钥使用门限方案分成 n 份。这种方法实际上并没有给原始数据提供任何冗余，然而，为了对信息进行访问，必须要把加密密钥的 k 份重构来得到原始的密钥，这实质上提供了信息的"联合控制和监管"。

门限方案的一个主要限制是选择 n 和 k。在性能、可用性、机密性和存储需求之间有一个折中。如果 n 的值比较大，可以确保可用性，但是会使性能降低并且存储要求高。k 的值较低，可以得到较高的性能，可是这会使机密性降低。如果适当地选取 n 和 k 而且通过传统的方法严格保护，门限方案就很难被攻击。

这类入侵容忍方法比较符合机密性要求，但是并不完全满足信息可生存性的要求。虽然门限密码方法也包含冗余这样的容错计算思想，但是，这种方法并不能对受故障或者入侵影响的系统进行适当的重构和恢复。

目前使用门限密码技术构建的入侵容忍系统大都是基于 Shamir 的秘密共享方案[11]，采用的数学原理是拉格朗日插值方程，主要思想是：将系统中任何敏感的数据或系统部件利用秘密共享技术以冗余分割的方法进行保护。该方法的一个基本假设就是在给定时间段内被攻击者成功攻破的主机数目不超过门限值。

其实现过程一般是将门限密码学方法和冗余技术相结合，在一些系统部件中引入一定的冗余度，基于门限密码技术将秘密信息分布于多个系统部件，而且有关的私钥从来都不在一个地方重构，从而达到容忍攻击的目的。

10.4.5　代理

代理服务器，通常是透明的，一般是系统的第一道防御线[13]。代理服务器接收所有的请求，使用自身的处理模块去执行多项任务，如负载平衡、有效性测试、基于签名的测试、错误屏蔽等。代理是客户的访问点，所有从客户端发来的请求首先由代理接收。因此代理的效率是影响性能瓶颈的一个重要因素。

10.4.6　中间件技术

容忍中间件也是构造系统入侵容忍的重要技术途径[14]。

中间件是构件化软件的一种表现形式。中间件抽象了典型的应用模式,应用软件制造者可以基于标准的中间件进行再开发,这种操作方式其实就是软件构件化的具体实现。中间件具有以下优点:

(1)中间件产品对各种硬件平台、操作系统、网络数据库产品以及 Client 端实现了兼容和开放。

(2)中间件保持了平台的透明性,使开发者不必考虑操作系统的问题。

(3)中间件实现了对交易的一致性和完整性的保护,提高了系统的可靠性。

(4)中间件产品可以降低开发成本,提高工作效率。

(5)基础软件的开发还是一件耗时费力的工作,如果使用标准商业中间件,大部分的编程工作将得以节省,用户可以将注意力集中于个性化的增值应用方面,并缩短开发周期50% ~75% ,从而更快地将产品投放市场。

10.4.7　群组通信系统

在有些入侵容忍系统中,群组通信系统是建立入侵容忍系统非常关键的一个构件。群组通信系统框架一般由以下三个基本的群组管理协议组成[16]。

(1)群组成员协议。其目的是保持各对象组和复制品间状态信息的一致,对各对象组成员进行管理。实际上,群组成员管理是一个很复杂的问题,就目前来看,以下的三个问题是群组成员设计中需要集中解决的问题:①如果一个组成员崩溃,实际上它就离开了这个组。问题是,与自愿离开不一样,它没有对这一事实进行宣告。其他成员只有在发往它的消息得不到任何应答后,才发现这个崩溃成员已离开。一旦确定这个崩溃的成员已经停机,就从这个组中删去该成员。②加入与离开一个组它必须与发送的消息同步。换句话说,从进程加入到组的瞬间开始,它必须接收所有发往该组的消息。同样,一旦进程已经离开该组,它就不应收到该组的任何消息。组内任何成员也不应收到该成员发出的消息。③当一个进程组中过多的进程失败,使得该组不能继续提供相应的任务,就需要某个协议来重建该进程组。

(2)可靠的多播协议。用于保证各对象之间安全、可靠的消息传递。使用该协议,即使在入侵存在的情况下消息仍能正确地传递给各组并保证了消息完整性。

(3)全序协议。用于保证消息按一定的顺序发送。在入侵容忍系统中,为了确保所有的服务器同时执行相同的请求,就必须要某种机制来保证传递给所有服务器的请求都是有序的。全序协议一般是通过产生一个全局的序列数来解决这一问题的。

群组成员协议确保了所有正确进程即便在入侵存在的情况下仍能保持各群组成员的一致信息;可靠的多播传送协议保证了向各组成员间一致、可靠的多点消息传送,同时保证了消息的完整性和一致性;全序协议使得多播传送的消息在配置变化时仍能得到一致的传输。

当前已有许多专门针对群组通信系统的研究,如 Ensemble 和 Secure Ring 都是典型的群组通信系统。许多入侵容忍系统在具体实现时,都是根据系统的特定需求,在原有群组通信系统的基础上对功能进行扩展,或者只是使用群组通信系统中的某些协议。

10.5　数据库入侵容忍技术

数据库系统的入侵检测借鉴了现有入侵检测的思想,如异常检测和误用检测在数据库入侵检测中就有着广泛的应用。但由于数据库有其特殊性,所以在具体实现上还是有所区别的。这些区别主要体现在:①数据库入侵检测系统的检测对象是数据库;②需要感知应用语义(如一个普通的银行员工月薪由 2000 元直接提升至 20000 元,对此类事件的应用语义分析是必需的,且数据库的异常检测和操作系统或网络的异常检测的一个很大的区别就是应用语义对入侵检测的准确性影响更为显著);③主要工作在事务层;④采用了异常检测技术并将其作为一个组件无缝地集成到数据库入侵容忍模型中去。

数据库入侵容忍技术借鉴了现有的操作系统和网络的入侵容忍技术,并根据数据库的自身特点形成了一套自己独特的安全方案,现有的方法主要有两类[16]。

(1)对用户可疑入侵行为进行隔离,从行为上来说属于提前预防入侵所可能带来的影响。对可疑入侵行为进行隔离的核心思想是在一个可疑入侵行为被确认之前,先将其隔离到一个单独的虚拟环境中去,这样就限制了该行为可能对真实系统造成的破坏,同时,如果判定该行为不是恶意的攻击时又保留了其操作结果,节省了资源,提高了系统性能。具体来说,该方法把数据库分成真实数据库和虚拟数据库两类版本。当发现某个用户的行为比较可疑时,系统就透明地把该用户和真实数据库分开以防止其对真实数据库可能造成的破坏扩散,然后将其访问重定向到虚拟数据库中,将其对真实数据库的操作转变为对虚拟数据库的操作。当发现该可疑用户的行为不是恶意事务时,再将该用户的可疑数据库版本与真实数据库版本进行合并,从而减轻恶意攻击可能造成的危害。但该方法的一个问题是真实数据库版本和可疑虚拟数据库版本可能存在不一致,在合并的时候要消除这些不一致。此外,由于入侵隔离是基于对用户行为是否可疑的判断,它在一定程度上弥补了访问控制和入侵检测的不足,这是因为访问控制是基于用户身份的,而入侵检测对用户行为是否合法做出一个十分准确的判断确实十分困难、耗时的,而如果入侵检测失去准确性的保证,那么检测的意义也就随之消失了。对一个用户的行为是否可疑的判断就相对容易很多,而且不需要苛求其准确性,即使可疑的行为最后被认定是错误判断,仍然可以将其合并到真实数据库当中去。

(2)对受到攻击破坏后的数据库系统进行破坏范围评估和恢复,从其行为上来看属于事后补救。其难点是如何解决那些入侵没有能够被检测出来或是因较长的检测,从而导致恶意攻击影响数据库系统的破坏范围评估和恢复问题。该方法可以分为两类:①基于事务的数据库恢复的方法。它的思想是消除一个恶意攻击事务影响的最简单方法就是撤销掉历史中自恶意攻击事务开始时间点之后的所有事务,然后重新执行这段事务历史中所有被撤销的合法事务。这种方法的缺点是许多合法事务可能被不必要地撤销而不得不重新执行,影响了系统的可用性与效率。②基于数据依赖的数据库恢复方法。它的核心思想是,一个恶意事务或受到影响事务并非其中所有的操作都对数据库产生破坏。所以在系统恢复的时候并非要将所有的操作都撤销重做,而只需要撤销重做对数据库产生影响的那部分操作即可。这种方法的优点是能够及时判定未受恶意事务影响的数据项的最大集合,从而使它们能够尽快地为其他合法事务所用,从而提高了系统的可用性;但这种方法的缺点是如何判断事务中操作是否独立是困难的。

10.6 典型的入侵容忍数据库系统方案

10.6.1 基于诱骗机制的入侵容忍数据库

文献[17]中,提出了一种基于诱骗机制的入侵容忍数据库安全模型。该模型从入侵容忍机制所关注的触发器进行考虑,利用入侵检测系统的触发器或嗅探器,采用入侵诱骗策略来迷惑和拖延入侵者,增强了数据库系统的安全性能。

基于诱骗机制的入侵容忍数据库安全模型由“防御”、“入侵检测”、“入侵容忍”、“诱骗”四个层次构成,如图10.4所示。

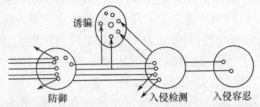

图 10.4　基于诈骗机制的入侵容忍数据库系统模型

第一层,防御。防御的主要策略有防火墙、认证、访问控制、加密、消息过滤、功能隔离等,以防范非授权用户的攻击和破坏。

第二层,入侵检测。入侵检测系统(IDS)监视系统的运行情况,分析系统日志和应用程序日志等信息以检测入侵,并对攻击进行识别以确定攻击造成的影响。

第三层,入侵容忍。入侵容忍技术使系统在入侵存在的情况下仍然能够继续运行,提供基本的系统服务。

第四层,诱骗。诱骗主要采用 Decoy Systems 等陷阱系统,利用系统本身所具有的大量漏洞引诱已突破防御体系的非法入侵者或 IDS 检测到的可疑攻击行为,使它们将假冒的系统组件误当作真正的攻击目标。

基于诱骗机制的入侵容忍工作原理如图10.5所示。

入侵检测 IDS 子系统监视实际数据库系统的运行情况,根据系统安全策略将系统行为分为正常的用户行为和异常的用户行为(其中异常的用户行为又分为可疑行为和入侵行为)。当用户行为正常时,向其提供真实数据库服务,同时继续进行入侵检测。当 IDS 子系统检测到可疑行为时,则迅速将可疑行为的数据复制一份并将复制的数据流向诱骗环境中,实际的数据库系统依然向可疑行为提供服务;而对于入侵行为,则将入侵者的数据流通过环境切换模块强行重定向到诱骗环境中,断绝它与实际数据库的联系。接下来诱骗环境在环境控制模块的监控下代替真实的数据库服务对异常行为进行响应,此时信息收集模块对所有事件做严格、详细的记录。数据融合模块定期地对收集到的数据按照统一的格式进行整理、融合,然后提交行为分析模块。行为分析模块对可疑行为及入侵行为进行进一步的分析,得出最终的行为报告和系统调整策略。对判断为正常的行为,通过操作恢复模块将其切换至真实数据库系统环境中,恢复执行操作命令,给出正常的访问结

182

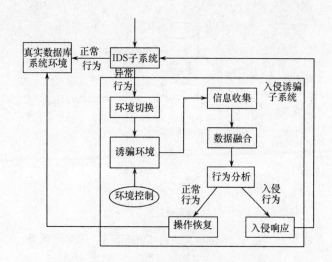

图 10.5 基于诱骗入侵容忍的机制原理

果。对判断为入侵的行为,启动入侵响应采取响应措施,并将行为分析发现的新的攻击模式反馈给 IDS 子系统以便更新它的知识库。

而至于诱骗环境如何实现,文献给出了三种实现的方法。

(1)利用有限状态机构造诱骗环境;

(2)利用 ManTrap 构造诱骗环境;

(3)利用 VMware 构造诱骗环境。

具体实现过程请参阅文献[17]。

10.6.2 基于冗余的安全数据库系统模型

这种系统模型,在系统设计的过程中贯彻可生存的思想,通过进行可生存性的设计,使得系统在受到攻击时,依然能维持系统的正常功能[18]。

典型办法有以下两种:

(1)采用冗余技术,也即将数据复制多份,每份都同时存放于多个数据库当中,当个别数据库出现故障不能响应,或已被攻陷而提供虚假数据之时,可采用表决的方案来实现整个数据库系统提供服务的正确性。典型的表决算法为 Byzantin 表决方案,系统模型如图 10.6 所示。

(2)采用(n,t)门限技术,将数据划分成 n 块,然后将 n 块数据分布于 n 个数据库中,当且仅当有超过 t 个数据库提供数据时,才能恢复出正确的数据来,且这样即使在 $n-t$ 个数据库受到攻陷的情况下,也能确保整个数据库系统数据的正常提供,而攻击者要获得正确的数据其至少要攻陷 t 个子数据库,这就提高了数据的安全性,也提了整个数据库系统的可生存能力。为进一步提高系统的安全及可生存性,可对每块数据进行加密,还可在每个子数据库不仅保存 n 块数据中的 1 块,而是随机保存其中的 k 块(k 一般小于 t)。系统模型如图 10.7 所示。

10.6.3 基于破坏恢复的事务层入侵容忍数据库系统

在面对用户获取合法的身份与权限后对数据库进行恶意篡改时,以往的数据库安全

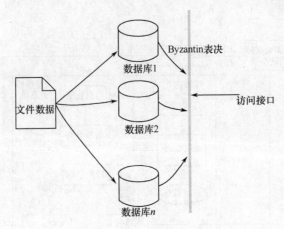

图 10.6　基于 Byzantin 表决的冗余数据库入侵容忍模型

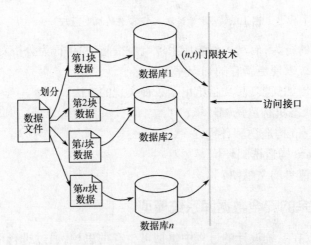

图 10.7　基于门限的数据库入侵容忍模型

技术都显得无能为力,而事务层的入侵容忍技术却可以通过对用户应用语义的分析限制恶意用户的行为。

　　事务是一系列读写操作的序列,执行过程要么全部提交要么全部放弃;其具体形式是可由诸如一系列的 SQL 语句构成。一个事务的执行会导致数据库状态的变迁。恶意事务是指虽然事务的提交者具有合法的身份及权限,但其行为异常的事务。恶意事务的异常行为会影响数据库的正确性,甚至更为严重的情况会导致数据库不可用。

　　文献[19]中给出一种事务层入侵容忍数据库模型,如图 10.8 所示。

　　图中,PEM(Policy Enforcement Manager)为策略执行管理器,其主要功能是执行系统的安全策略,并负责入侵容忍数据库中,如入侵检测器、破坏评估器等其他组件间的通信交互。

　　整个系统的工作流程如下:

　　(1)当户用要想数据库提交一个事务时,PEM 会通知隔离管理器到用户可疑表中查询该用户的可疑级别。

　　(2)若此用户不是可疑用户,则 PEM 通知事务记录器记录该事务到事务日志中,并通知读操作提取器通过分析该事务的 SQL 语句提取出可能产生读写依赖的读操作,然后

184

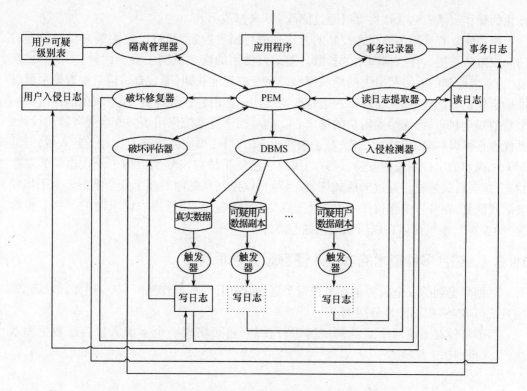

图 10.8　事务层入侵容忍数据库模型的体系结构

将其写入到读日志中。

（3）在该事务执行过程中布置在数据库中的触发器来记录该事务的写操作到写日志中。

（4）在以上过程中，如果入侵检测器发现该事务合法，则结束本次操作，事务成功提交。如果入侵检测器发现该事务为一个恶意事务，则 PEM 会通知破坏评估器来确定破坏的范围，然后通知破坏修复器通过重新执行该事务等方法来修复破坏，将正确的结果写到数据库中。

（5）若判定此用户为一个可疑用户，则需要进行隔离操作。隔离管理器会通过分析该事务 SQL 语句的方法，在数据库中创建一个临时表作为副本，用以存放此次事务要访问的数据对象，并将该事务的操作对象改为此临时表，并在临时表中布置触发器。如果入侵检测器发现用户提交的此次事务为一个恶意事务，则直接丢弃该数据副本。而如果发现此事务为一个合法事务则要将数据结果合并回真实数据库并检验数据的一致性。

与其他入侵容忍数据库系统相比，该系统模型关键部件为"隔离管理器"、"破坏评估器"与"破坏修复器"，这也是系统实现的难点。

损害评估的作用是在 IDS 确定一个恶意事务之后，找出依赖于该事务的所有事务。通过记录用户的请求，并对每个提交的事务加时间戳的方式来确定事务间的关系。

损害恢复可按如下模型进行：①数据库是一组数据项的集合，它的状态由这些数据项的值来决定；②事务是一个读或写操作的命令序列，或者执行完成或者全部放弃；③事务的并发执行是通过可串行化的操作来模拟的；④每个可串行的操作记录 H 等价于一个串

185

行化的操作记录 HS。所以,可以通过修改 HS 来修改 H。

损害恢复宜采用多级损害控制的方式来进行损害控制,通过严格限制对受损数据的访问权限防止损害在数据库中的扩散。系统可使用的恢复机制主要有两种:①向前式恢复,当系统受到的入侵和损失的性质可以被完全准确地获知,那么自适应重配置模块可以准确定位系统的故障,从而可以通过修改系统的一些内容去除该故障;系统向前推进到一个新的安全状态,继续接受用户的请求。②向后式恢复系统采用了多冗余服务器的设计,其优点是可以容忍未知的攻击。对于未知的攻击,可用确定系统是否已经受到入侵,但是却无法确切的定位系统的故障,最好的解决思路就是把它恢复到以前未受攻击时的安全状态,即向后式恢复。通过向后式恢复,系统可以恢复到先前的某个安全状态。为了实现向后式恢复,在日志中保留了一些"检查点"。系统响应、执行用户请求时的一些点被称为"检查点",系统可以在以后恢复至这些点。

10.6.4 综合多种技术的多级入侵容忍数据库系统

数据库受到的安全威胁主要来自四个层面,即用户层、操作系统(OS)层面、数据库管理系统(DBMS)层面和事务层面。

因而可针对上述四个层面的威胁进行设防,进而实现一个多级入侵容忍数据库系统[20],如图 10.9 所示。

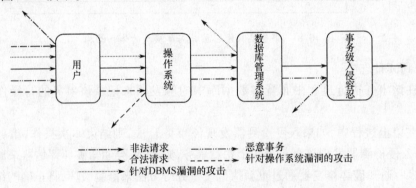

图 10.9　基于多级入侵容忍的数据库安全模型

第一级:对用户采用间接访问、认证、访问控制、加密、消息过滤、防火墙等技术,以防范非授权用户的攻击和破坏。客户访问数据库系统时,首先要经过防火墙过滤,客户与服务器进行互相认证,必要时对机密信息进行加密。

第二级:不同类型 OS,采用 Windows、Unix、Linux 等多种操作系统。由于一种恶意攻击往往只对一种 OS 有效,引入多种 OS 能有效防止恶意攻击对数据库造成破坏。

第三级:冗余异构的 DBMS,采用 Oracle、DBZ、SQL Server、Sybase 等多种数据库管理系统存储数据。由于攻击者不可能对所有 DBMS 都熟悉,一种恶意攻击往往只对一种 DBMS 有效,因此将机密数据存放在不同类型的 DBMS 中能有效防止恶意攻击对数据库造成破坏。

第四级:事务级入侵容忍。入侵容忍技术主要考虑在入侵存在的情况下系统的生存能力,保证系统关键功能的安全性和健壮性。而对于数据库的攻击往往来自系统内部成员的攻击。事务级入侵容忍能很好地抵御来自内部的攻击,保障数据库的数据安全。

需要说明的是:可综合利用多种入侵容忍技术,如代理技术与冗余技术或损害恢复技术相结合,来构造综合性入侵容忍数据库系统,多管齐下,提高数据库系统的可生成性,但这样会使整个系统变得非常复杂。

10.7　小结

目前,许多政府、军事部门和企业、公司都将大量信息存储在数据库系统上,而数据库一旦攻陷瘫痪将造成极大的损失,因此提高数据库的可生存性显得非常重要。本章从通用入侵容忍技术的介绍开始,对数据库系统入侵容忍技术进行了描述,列举了几种典型的入侵容忍数据库模型。

与传统的数据库安全机制主要关注数据的机密性不同,以入侵容忍为核心的数据库可生存性技术主要关注的是数据的完整性和可用性,以及数据库系统在遭受攻击后仍能提供服务的能力。但是对于入侵容忍数据库系统的研究还存在不少问题,以下问题值得做进一步的研究:

(1)准确高效的入侵检测机制。

(2)有效的损坏隔离及数据恢复算法。

(3)基于"围堵"的数据库入侵容忍方法。"围堵"是指如果发现数据项 x 可疑,则把 x 和与其有关的外围数据项 y 和 z 全部围堵起来,围堵范围内的数据不再对范围外的数据产生影响。这样既使受到牵连的 y 和 z 也成为不可信任的,但它们都在围堵范围内,不会把受影响的范围扩大。

(4)可进化的入侵容忍数据库系统,结合入侵检测和自动恢复体制的数据库入侵容忍技术值得研究。

(5)可实现数据库入侵容忍的新技术手段。

本章以数据库的入侵容忍为重点,探讨了数据库的可生存性。文献[21-23]对于系统可生存性也做出了深入的探讨,值得参考。

参 考 文 献

[1] 刘启源,刘怡. 数据库与信息系统的安全[M]. 北京:科学出版社, 2000.

[2] Fraga J, Powell D. A fault and intrusion-tolerant file system[C]. Proc. of the 3rd Intel. Conf. on Computer Security, 1985:203 – 218.

[3] 张险峰,张峰,秦志光,等. 入侵容忍技术现状与发展[J]. 计算机科学, 2004, 31(10): 19 – 22.

[4] Ellison R, Fisher D, Linger R, et al. Survivable Network Systems: An Emerging Discipline[R]. CMU/SEI – 97 TR – 013, 1997.

[5] Verissimo P E, Neves N F, Correia M P. Intrusion Tolerant Architecture: Concepts andDesign [EB/OL]. http://www. di. fc. ul. pt/techreports/03 – 5. Pdf, 2003.

[6] 李鹏. 基于入侵容忍技术的数据库安全的研究[D]. 北京:北京化工大学, 2006.

[7] 郭渊博. 容忍入侵的理论与方法及其应用研究[D]. 西安:西安电子科技大学, 2005.

[8] Castro M, Liskov B. Practical Byzantine Fault Tolerance [C]. Proc. of OSDI, 1999.

[9] 郭渊博,马建峰. 容忍入侵的国内外研究现状及所存在的问题分析[J]. 信息安全与通信保密, 2005: 337 – 341.

[10] 赵洁,田炼,宋如顺. 网络入侵容忍技术分析[J]. 计算机时代, 2005, 6:1-2.

[11] 张险峰,张峰,秦志光,等. 一个基于门限 ECC 的解密方案及其应用[J]. 计算机科学, 2004, 31(8):64-67.

[12] Shamir A. How to Share a Secret[J]. Communications of ACM, 1979, 22(11):612-613.

[13] 朱建明,史庭俊,马建峰. 基于多代理的容忍入侵体系结构[J]. 计算机工程与应用, 2003, 39(11):19-21.

[14] Umar A, Anjum F, Ghosh A, Zbib R. Intrusion tolerant middleware[C]. IEEE. Proceedings of the DARPA Information Survivability Conference and Exposition, 2001:242-256.

[15] Bartoli A,Prica M, Etienne Antoniutti. Reliable Communication[R]. ADAPT project, 2004.

[16] Liu P, Jing J, Luenam P, et al. Intrusion Tolerant Database Systems [R]. US:School of IST, Penn State University, 2002.

[17] 何璘琳. 入侵容忍数据库系统的研究[D]. 西安:西安电子科技大学, 2007.

[18] 杜皎,冯登国,李国辉. 可生存系统的两类研究方法[J]. 计算机工程, 2006, 32(2):13-15.

[19] 楚大鹏. 一个事务层入侵容忍数据库的设计与实现[D]. 吉林:吉林大学, 2008.

[20] 孙玉海. 多级入侵容忍数据库研究[D]. 济南:山东大学, 2005.

[21] 郑吉平. 具有可生存能力的安全 DBMS 关键技术研究[D]. 南京:南京航空航天大学, 2007.

[22] 张艳. 信息系统灾难备份和恢复技术的研究及实现[D]. 成都:四川大学, 2006.

[23] 胡方炜,李千目,许满武. 信息系统的可存活性[J]. 计算机科学, 2008, 35(10):269-271.

第 11 章　数据隐私保护

随着现代科学技术的迅猛发展,特别是因特网的迅速发展以及电子商务这样一种全新的经营模式的广泛应用,人类已进入以计算机和网络技术为基础,以多媒体技术为特征的网络时代。但任何技术都具有两重性,网络时代在造福人类,改变传统的生活方式,扩展信息交流的空间,带给人们极大便利的同时,也使人们置身于一个自由、开放、无国界的、几乎透明的"玻璃社会",时刻面临着网络隐私权被侵犯的严峻挑战,其中网络个人隐私权被侵犯的现象比比皆是。近年来,大量数据库信息泄露事件层出不穷。这其中相当大的一部分是个人、企业的敏感信息。例如,2005 年 6 月,万事达信用卡中心,4000 多万信用卡用户的姓名和卡号被泄露。2006 年 5 月,美国退伍军人事务处理部门,2600 多万退伍军人的姓名、社保号码、出生日期存放的磁盘从这个部门的一个雇员家中被窃取。2007 年 5 月,金士顿公司掌握的全球近 2.7 万客户的在线资料(包括客户的姓名、通讯地址以及信用卡号等详细信息)受到黑客攻击,存在泄露的可能性。

这种敏感信息泄露,可能造成身份被盗用、个人财产丢失或者其他严重损害个人的欺诈活动,并造成恶劣的社会影响。除此以外,许多与日常生活密切相关的信息系统存在着安全隐患,例如,医院的医院信息管理系统(HIS),系统中保存的病人个人档案及详细病历记录均为高等级个人隐私,同时 HIS 系统中保存了药品、医疗器械等的采购与使用记录,这些信息一旦被非法盗取或使用,将给患者、医院带来无法弥补的损失。因此,在日益追求尊重知识产权的时代,如何构建一个集宏观、中观、微观于一体的网络个人数据隐私权保护体系,以有效地保护网络个人数据隐私权,已成为当前急需解决的课题。

本章首先概述了隐私保护的发展和相关概念,介绍了隐私保护常用的相关技术,对数据挖掘中的隐私保护和数据库隐私保护的研究进行了初步的探讨。

11.1　隐私保护概述

11.1.1　信息隐私权的发展

1890 年,美国哈佛大学法学院教授 Samuel D. Warren 和 Louis D. Brandeis 在《哈佛法学评论》上发表的题为《隐私权》的论文中指出:"时至今日,生命的权利已经变得意味着享受生活的权利——即不受干涉的权利,新的科学发明和行事方法使人们意识到对人的保护的必要。"意思是说,每个人都应该有权决定"他的思想、观点和情感在多大程度上与他人分享"以及"在任何情况下,一个人都被赋予决定自己的所有是否公之于众的权利",这就是隐私权。该文的面世标志着隐私权理论的诞生。

为确保公民隐私权状况的改善,1948 年联合国大会通过的《世界人权宣言》就在第

12条明文规定："任何人的私生活、家庭、住宅和通信不得任意干涉,其荣誉和名誉不得加以攻击。人人有权享受法律保护,以免受干涉或攻击"。1966年联合国大会通过的《公民权利和政治权利国际公约》在第17条中作了几乎相同的规定,只是在"干涉"的前面加上了"非法"字样,即"不得加以任意或非法的干涉",使其含义更加确切。

我国宪法虽然没有出现"隐私权"的字样,但从宪法的有关条文看,也是承认隐私权的。我国刑法、刑事诉讼法、民事诉讼法等对隐私权问题也作了相关的规定,最高法院的司法解释将侵犯隐私权的行为视为侵害名誉权。最高人民法院《关于贯彻执行〈中华人民共和国民法通则〉若干问题的意见(试行)》第一百四十条规定:"以书面、口头形式宣传他人隐私,或者捏造事实公然丑化他人人格,以及用侮辱、诽谤等方式损害他人名誉,造成一定影响的,应当认定为侵害公民名誉权的行为。"1993年最高人民法院《关于审理名誉权案件若干问题的解答》规定:"以书面或口头形式侮辱或者诽谤他人,损害他人名誉的,应认定为侵害他人名誉权。对未经他人同意,擅自公布他人的隐私材料或以书面、口头形式宣扬他人隐私,致使他人名誉受到损害的,应认定侵害他人名誉权。"2001年最高人民法院《关于确定民事侵权精神损害赔偿责任若干问题的解释》规定:"违反社会公共利益、社会公德侵害他人隐私或看其他人格利益,受害人以侵权为由向人民法院起诉请求赔偿精神损害的,人民法院应当依法予以处理。"可见,对于隐私权的规定是不断发展和变化的。

由于计算机处理能力、存储技术以及互联网络的发展,使得电子化数据急剧增长,这样传统上对隐私权保障的思考,就必须转向以"数据保护"为重心的思路上,于是就出现了"信息隐私权"的概念,以应对信息时代隐私权所受到的冲击。如由于工作、生活、学习的关系,人们要在政府、学校、银行、医院、警察、司法机关、工作单位等地方留下个人资料和信息,这些资料都被存入了计算机,彼此传递运用,只要键入身份证号码后,就可将一个人所有资料一览无遗,而这些都与人格、尊严、隐私有着密切的关系。国外已经发生了多起由于个人信息泄密,而造成个人账号被冒用的例子,以及由于个人电话号码被一些机构出卖,而遭到一些中介、盈利机构频频骚扰的例子,所以说信息时代的隐私权保护要比传统的隐私权保护重要得多。信息隐私权保护的客体可分为以下四个方面。

(1)个人属性的隐私权。如一个人的姓名、身份、肖像、声音等,由于其直接涉及个人领域的第一层次,可谓是"直接"的个人属性,为隐私权保护的首要对象。

(2)个人资料的隐私权。当个人属性被抽象成文字的描述或记录,如个人的消费习惯、病历、宗教信仰、财务资料、工作、犯罪前科等记录,若其涉及的客体为一个人,则这种资料含有高度的个人特性而常能辨识该个人的本体,可以说"间接"的个人属性也应以隐私权加以保护。

(3)通信内容的隐私权。个人的思想与感情,原本存于内心之中,别人不可能知道;当与外界通过电子通信媒介如网络、电子邮件沟通时,即充分暴露于他人的窥探之下,所以通信内容应加以保护,以保护个人人格的完整发展。

(4)匿名的隐私权。匿名发表在历史上一直都扮演着重要的角色,这种方式可以保障人们愿意对于社会制度提出一些批评。这种匿名权利的适度许可,可以鼓励个人的参与感,并保护其自由创造力空间;而就群体而言,也常能由此获利,真知直谏的结果,是推动社会的整体进步。

11.1.2 隐私保护的定义

"隐私"在字典中的解释是"不愿告人的或不愿公开的个人的事",这个字面上的解释给出了隐私的保密性以及个人相关这两个基本属性。此外,哥伦比亚大学的 Alan Westin 教授指出[1]:隐私是个人能够决定何时、以何种方式和在何等程度上将个人信息公开给他人的权利。这一说明又给出了隐私能够被所有者处分的属性。结合以上三个属性,隐私概念可以定义如下:

定义 11.1 隐私是与个人相关的具有不被他人搜集、保留和处分的权利的信息资料集合,并且它能够按照所有者的意愿在特定时间、以特定方式、在特定程度上被公开。

根据这一定义,与互联网用户个人相关的各种信息,包括性别、年龄、收入、婚否、住址、电子信箱地址、浏览网页记录等,在未经信息所有者许可的情况下,都不应当被各类搜索引擎、门户网站、购物网站、博客等在线服务商获得。而在有必要获取部分用户信息以提供更好的用户体验的情形中,在线服务商必须告知用户以及获得用户的许可,并且严格按照用户许可的使用时间、用途来利用这些信息,同时,也有义务确保这些信息的安全。

隐私保护概念如下:

定义 11.2 隐私保护是对个人隐私采取一系列的安全手段防止其泄露和被滥用的行为。

根据这一定义,隐私保护的对象主体是个人隐私,其包含的内容是使用一系列的安全措施来保障个人隐私安全的这一行为,而其用途则是防止个人隐私遭到泄露以及被滥用。

11.1.3 隐私泄露的主要渠道

1. 数据搜集

互联网上存储了大量的数据资料,政府、法律执行机关、国家安全机关、各种商业组织甚至包括个人用户都可以通过各种各样的方法或途径对在线用户的资料,其中包括大量的用户个人隐私材料进行搜集、下载、加工整理甚至用作商业或其他方面的用途,其方式可通过用户的 IP 地址进行,也可通过 Cookies 技术来搜集用户信息。而因特网服务提供商在搜集、下载、集中、整理和利用用户个人隐私资料方面,利用得天独厚的有利条件,可以在第一时间搜集、存储用户在使用因特网上的服务时,或者是根据其要求,或者是在无意间泄露出来的个人隐私材料,对用户的个人隐私权造成侵害。

2. 数据挖掘

数据挖掘就是从大量的、不完全的、有噪声的、模糊的、随机的实际应用数据中,提取隐含在其中的、人们事先不知道的、但又是潜在有用的信息和知识的过程。数据挖掘在医学、电信、零售业等多个领域应用广泛,特别是通过网络数据挖掘,根据网络服务器访问记录、代理服务器日志记录、浏览器日志记录、用户简介、注册信息、用户对话或交易信息、用户提问方式等了解用户的网络行为数据所具有的意义。数据挖掘在提高系统的决策支持能力的同时,也带来网络隐私的忧患。

3. 信息服务

越来越多的网络信息服务致力于用户定制和智能化、个性化需求的开发,即直接面向用户,针对用户需求的各种反应,如个人喜好和需求等,创造、构建、定制他们的 Web 信息,维系着实体和远程信息资源的链接,进行满足用户个性化需求的信息服务。而这些个性化的服务前提,需要用户提供自己更多的个人信息,这势必会造成隐私的问题。

4. 搜索引擎

各种各样的搜索引擎以其巨大的覆盖范围,强劲的搜索功能以及丰富的查询结果成为网络检索的必备工具得以人们的青睐。但是个人姓名、出生年月、电话号码和住址等个人信息都会在搜索引擎覆盖范围内,这些信息很可能被别人用来盗用信用卡、银行账户等。据 ZDNet China 报道,Google 能够搜索到许多提供信用卡号的网站。这些网站上不仅提供信用卡所有人的姓名、地址、电话,还包括信用卡的卡号。2008 年 7 月,Google 公布互联网网页检索数量达到一兆,他们无法对自己搜索到的网页数据库信息进行监督,不会对搜集到的内容信息负责。

目前,隐私保护技术研究涉及的范围很广,如网络个人隐私信息的保护、隐私保护相关的法律法规,本章仅探讨与数据库相关的隐私保护问题。

11.2 隐私保护技术

数据库系统使用的隐私保护技术是用于保护用户隐私的各种安全策略的功能集合,主要包括用户认证、访问控制、数据库加密、推理控制、数据变换、隐匿和泛化等。

11.2.1 访问控制

隐私数据库的访问控制决策根据所发布隐私数据的内容做出,而要发布的隐私数据的内容则与隐私数据的用途相关。因此,实现隐私数据库的访问控制机制有两种途径:一种是使用已有的基于视图的访问控制机制,它是数据库中实现基于内容的访问控制最常用的方法;另一种是根据隐私数据库中所特有的用途(Purpose),构造新的访问控制机制[2]。

1. 基于视图的访问控制

隐私数据模型基本都是通过使用多个视图来表现同一隐私数据的多个不同的侧面。因此,一些隐私数据库原型系统的访问控制模块直接通过限定用户/角色能访问的视图范围来实现对隐私数据的保护。基于视图的访问控制机制已经非常成熟,这里不再详述。

2. 基于用途的访问控制

在基于用途的访问控制机制中,所有用途被组织为一个层次结构,称为用途树,如图 11.1 所示。对隐私数据的访问用途必须被限定在数据提供者所定义的预期用途之中。因

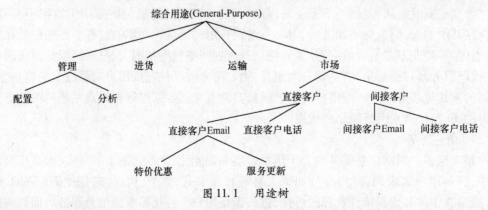

图 11.1　用途树

此,基于用途的访问控制要解决的关键问题是如何判断访问用途是否与预期用途相匹配。其与基于视图的访问控制机制的比较见表11.1。

表 11.1　两种隐私数据库访问控制机制的比较

	基于视图的访问控制	基于用途的访问控制
访问控制特点	在隐私数据库中,为每个用途及其对应接收的信息集合,构造相应的视图,通过多个视图来表现同一隐私数据的不同侧面,访问控制机制通过限定用户/角色能访问的视图范围来实现对隐私数据的保护	一个用户能为某种用途访问隐私数据,当且仅当隐私数据上所定义使用角色和预期用途蕴含该用户所具有的角色和提交的访问用途
优点	1. 实现简单,可以通过与查询语言相一致的高层语言来定义 2. 提高了数据库相对于应用程序的独立性,当隐私数据模式发生改变时,可以通过改变视图定义来保持视图结构的不变 3. 使用广泛,所有的数据库都支持视图机制	1. 数据库管理系统能根据隐私策略自动地进行管理 2. 便于隐私数据库管理员的维护
缺点	1. 视图的数量随角色和用途的数量呈指数增长,对数据库管理员的工作造成很大压力 2. 视图管理的开销太大	1. 需要重新开发,开发难度较大 2. 考虑的隐私语义还比较少,不够成熟

隐私数据库中的访问控制解决了什么样的查询能访问隐私数据的问题,而没有解决隐私数据的推理问题。因此在隐私数据库中,仅有访问控制机制是不够的。

11.2.2　推理控制

数据库安全中的推理是指用户根据低密级的数据和模式的完整性约束推导出高密级的数据。造成未经授权的信息泄露。这种推理的路径称为推理通道。常见的推理通道有以下四种[3]:

(1)执行多次查询,利用查询结果之间的逻辑联系进行推理。用户一般先向数据库发出多个查询请求,这些查询大多包含一些聚集类型的函数(如合计、平均值等),然后利用返回的查询结果,在综合分析的基础上,推断出敏感数据信息。

(2)利用不同级别数据之间的函数依赖进行推理分析。数据表的属性之间常见的一种关系是“函数依赖”和“多值依赖”。这些依赖关系有可能产生推理通道,如同一病房的病人患的是同一种病,由参加会议的人员可以推得参与会议的公司等。

(3)利用数据完整性约束进行推理。关系数据库的实体完整性要求每一个元组必须有一个唯一的键。当一个低安全级的用户想要在一个关系里插入一个元组时,如果这个关系中已经存在一个具有相同键值的高安全级元组,那么为了维护实体的完整性,系统会采取相应的限制措施,低级用户由此可以推出高安全级数据的存在,这就产生了一条推理通道。

(4)利用分级约束进行推理。一个分级约束是一个规则,它描述了对数据进行分级的标准。如果这些分级标准被用户获知,用户有可能从这些约束自身推导出敏感数据。

推理控制是指推理通道的检测与消除。迄今为止,推理控制问题仍处于理论探索阶段,没有一个一劳永逸的解决方法。这是由推理通道问题本身的多样性与不确定性所决定的。目前常用的推理通道检测与消除方法可以分为五种:语义数据模型方法、形式化方法、多实例方法、数据修改方法和查询限制方法。

(1)语义数据模型方法。Hinke 在 ASD Views 工程中描述了构建一个语义关系图来表达数据库中可能的推理[4]。数据项被表示为节点,它们之间的关系由连接节点的边表示,如果两个节点之间有两条路径,并且从一条路径可以看到所有的边,而从另外一条路径却不能,那么就可能存在一条推理通道。相应的解决方法是提升边的级别,直到所有的推理通道被关闭。

(2)形式化方法。Su 和 Ozsoyoglu 给出了消除函数依赖和多值依赖推理的形式化算法[5]。在该算法中,函数依赖的安全级粒度是属性级,多值依赖的安全级粒度是记录级,对于函数依赖推理,采用提高属性安全级的算法来消除推理通道:对于多值依赖推理,其核心思想是把存在多值依赖推理的关系实例中的某些元组的安全级升高,经过元组的安全级调整后,新的关系实例不再存在多值依赖推理。

(3)多实例方法。多实例即数据库中允许存在关键字相同但安全级别不同的元组,即把安全级别作为主关键字的一部分。这样,即使数据库中存在高安全级别的元组,也允许低安全级别的数据插入,从而解决了利用主关键字的完整性进行推理的问题。多实例方法的缺点是使数据库失去了实体完整性,同时增加了数据库中数据关系的复杂性。

(4)数据修改方法。选取特定的数据,基于启发性规则(Heuristic-based)不断进行修改和调整,其用途是在保护隐私的前提下,将数据的效用性损失降到最小[6]。数据修改的主要方法包括:扰动(Perturbation)——用假值替换属性的真实值;屏蔽(Blocking)——用未知值代替属性的真实值;聚集或归并(Aggregation or Merging)——对多个值进行聚集或归并;交换(Swapping)——交换多个数据记录的值;取样(Sampling)——只公开某一部分的数据。

(5)查询限制方法。Thurasingham 提出了查询限制的方法[7]。当系统接受了用户提交的查询的时候,首先判断该查询是否可以导致敏感信息的推理。如果可以,那么必须对查询进行转换,使其不能导致敏感信息的导出。Donald G 提出了通过检查用户 SQL 语言来分析推理通道的方法[8],该方法假定数据库由一个全局关系组成,全局关系可以通过所有关系的笛卡儿积得到。从查询、谓词和模式在表示数据库元组等价的角度出发,通过检查 SQL 语言的 Where 子句,可以发现大部分推理通道。这类方法的缺点是运行代价比较高,另外,用户可能从合法查询和非法查询的区别上形成推理。

需要指出的是,以上几类方法并不是相互孤立,而是可以综合运用,从整体上达到消除更多推理通道和保护隐私的目的。

11.2.3　数据变换技术

数据变换技术的主要思想是将用户的真实隐私数据进行伪装或轻微改变,而不影响原始数据的使用。常见的数据变换技术有随机扰动方法、数据几何变换方法等。

(1)随机扰动方法

随机扰动方法[9]是把单个节点的原始值 $x_1, x_2, \cdots, x_n$ 看做是 n 个具有相同分布的独

194

立随机变量 $X_1, X_2, \cdots, X_n$ 的值,密度函数是 $F(x)$。真实提供给系统的数据是 $x_1 + y_1, x_2 + y_2, \cdots, x_n + y_n$,其中 y_i 是加入的噪声数据,对应随机变量 Y_i 值,Y 的密度函数是 $F(y)$(均值为 0 的正态分布或者均匀分布)。对于挖掘算法,已知 $x_i + y_i$ 和 $F(y)$,要推断出 X_i 的取值,才能进行挖掘计算。重构 X_i 的主要思路是利用贝叶斯规则迭代进行近似估算 $F(x)$,利用随机扰动技术进行隐私保护的数据挖掘方法有决策数构造法、关联规则发现等。

(2)数据几何变换方法

这种方法利用计算机图形学中的几何变换思想来对数据进行变换以达到保护原始数据的目的。经过几何变换的数据与原始数据相差较大,对部分挖掘方法的挖掘结果影响较大。常见的几何变化方法有数据平移、缩放、旋转等。该类数据转换方法在聚类挖掘技术中应用较好。原始数据的平移、缩放、旋转等都不会改变数据间的相对距离的大小。实践证明其对聚类方法的挖掘结果影响较小[10]。

11.2.4　密码和密码协议

密码和密码协议是利用密码和密码协议的安全性来保护用户隐私,常见的有安全多方计算和盲签名等。

1. 安全多方计算

安全多方计算是一种为了完成某种计算任务而采用的分布式计算协议。在协议运行前,参与计算的各方(假设为 n)各自拥有一个保密的输入。协议中,各方保持隐私输入不为它方(包括任何第三方)所知,协议运行后,各自获得其输出。除此之外,各方均不知道它方输入的任何信息。

安全多方计算是解决分布式计算安全性的重要技术。在分布式环境中,为了保护隐私,参与数据挖掘的各个节点间互相不知道对方的原始数据,这样就能保证用户隐私不被泄露。安全多方计算是针对某个数据挖掘技术或挖掘目标而采取一系列算法步骤的执行协议。基于安全多方计算的协议通常是根据挖掘技术来制定的,例如基于数据库横向分割和纵向分割的分类挖掘算法[11],基于安全多方计算的聚类方法和关联规则算法[12,13]等。

2. 盲签名

盲签名技术[14]是 David Chaum 为解决电子商务中电子现金的匿名性,保护用户隐私而提出的,匿名性是指不提供可以用于追踪以前持币人的信息,即电子货币应当可以从一个人转到另一个人,而且不会留下任何有关谁在过去曾拥有这些电子货币的痕迹。盲签名与通常的数字签名的不同之处在于签名者并不知道所要签发文件的具体内容,并且签名者事后不能追踪其签名。

11.2.5　匿名化技术

共享和发布自己的数据是一个机构生存和发展的需要。例如医疗结构可以发布医疗记录,用于流行病发展趋势方面的研究等。然而发布数据时会涉及个人隐私,为了保护隐私信息,目前通常会采用将发布数据中的姓名、身份证号等敏感信息删除,防止隐私泄露,但是这种方法并不能完全实现隐私保护。假设被发布共享的数据集中每条数据记录均与某一个体相对应,且存在涉及个人隐私的敏感属性值(如医疗记录数据中的疾病诊断信息);同时,数据集中存在一些称为准标识符的非敏感属性的组合,通过准标识符可以在数据集中确定与个体相对应的数据记录。这样,当直接共享原始数据集时,攻击者如果已知数据集中某个体的准标识符值,就可能推知该个体的敏感属性值,造成个人隐私泄露。例如:通过将员工的工资单与员工基本信息表进行链接(图11.2),几乎可以唯一确定工资信息。然而员工的工资信息是需要保护的隐私数据。

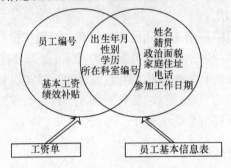

图 11.2　链接攻击示例

匿名化(Anonymization)是目前数据发布环境下实现隐私保护的主要技术之一。该技术通过对需要保密的数据进行泛化和隐匿处理,防止攻击者通过准标识符将某一个体与其敏感属性值关联起来,从而实现对共享数据集中敏感属性值的匿名保护。

为了更好地理解匿名化技术,首先介绍一些基本概念:

数据发布中的数据集可视为包含 n 个元组数据表文件,其中每个元组包含个体的 m 个属性,属性按其功能可被分成互补相交的四种[15]:

(1)标识符(Identifiers)。唯一标识个体身份,如身份证号、姓名、在特定单位的员工编号等。

(2)准标识符(Quasi-Identifiers,QI)。与其他数据表进行链接以标识个体身份,如性别、出生日期、邮政编码等。准标识符的选择取决于进行链接的外部数据表,如图11.2中,QI={出生年月,性别,学历,所在科室编号}。

(3)敏感属性(Sensitive Attributes)。发布时需要保密的属性,如工资、信仰、家庭住址等。

(4)非敏感属性(Non-sensitive Attributes)。可以公开的属性,又称普通属性。

1. 泛化

将数据表中的属性的具体值用概括值来代替,使其意义变得更加广泛。例如:将生日从"年/月/日"抽象成"年/月";将民族从"蒙古族"抽象成"少数民族";将数据 1、3、9 抽象成区间[0,10]等。泛化的优点在于虽然泛化处理使得数据精确性有所降低,但是在一定程度上可以保留数据原有的语义信息。

泛化处理首先要对每一个属性定义一棵泛化树,泛化树的叶子节点就是具体的属性值,数值型属性泛化树的非叶子节点则是包含所有子节点的一个区间;而对于描述型属性,其非叶子节点则是含义更为广泛的信息。当属性沿着从叶子节点到根节点的路径进行抽象,越接近根节点,则泛化程度越高,隐私信息的安全性也越高。由于这种泛化方法使数据表中相同属性值必然泛化成为叶子节点到根节点路径上的某个值,所以也叫做全局泛化。

例如,如图 11.3 所示,属性邮编 = {41075} 被泛化成邮编 = {410 * *},泛化后的数字在语义上表示更大的地理区域。如果经过一次泛化后还不能满足匿名要求,那么就需要对该属性连续泛化,直到满足匿名要求为止。

根据图 11.3 可知,属性邮政编码和属性性别的域泛化过程分别为 $41075 \xrightarrow{f_1} 410 *$ $* \xrightarrow{f_2} * * * * *$ 和 $20 \xrightarrow{f_1} [20-21] \xrightarrow{f_2} [20-25]$,因此,属性邮政编码(ZIP)和年龄(Age)的域泛化等级都为 2。

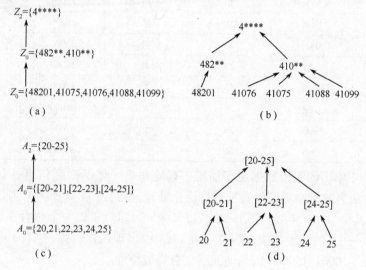

图 11.3 属性的泛化过程

(a)对邮政编码域进行多级泛化的集合表示法; (b)对邮政编码域进行多级泛化的泛化树表示法;
(c)对年龄域进行多级泛化的区间集合表示法; (d)对年龄域进行多级泛化的区间泛化树表示法。

2. 隐匿

可以看做是一种特殊的泛化方法,被隐匿的相应属性值所在记录要么从数据表中删除,要么相应属性值用若干"*"填充,即用空值来代替原始数据值,经过匿名处理后,可以使多个数据记录在准标识符上具有相同的属性值,从而阻止链接攻击,达到数据匿名化的目的。

泛化和隐匿的核心思想是以数据的可用性为代价,换取隐私信息的安全性,其过程使得原本不同的准标识符属性值变成相同值,从而达到了匿名化的目的。但是它们都降低了数据的精确性和可用性,减少了记录以及整个数据表所携带的信息量。

匿名策略的研究就是用来解决生成什么样的同 QI 等价的 QI 组,以及 QI 组内元组的隐私属性值满足什么样的条件才能使隐私信息足够安全。匿名策略有很多[15],如 K - 匿名策略、L - 多样性匿名策略、P - 灵敏度 K - 匿名策略、个性化匿名策略、动态数据匿名化策略等,本书将主要介绍 K - 匿名和 L - 多样性这两种匿名策略。

1)K - 匿名

1998 年 P. Samarati 和 L. Sweeney 在文献[16 - 18]中提出了 K - 匿名策略。该策略要求在数据共享前对其进行匿名化处理,使得对于每条数据记录,都至少有 $K-1$ 条其他数据记录与其具有完全相同的 QI 值。这样,即使攻击者已知数据集中某个体的 QI 值,也不能将该个体与特定数据记录对应起来。

通过下面的例子来对 K - 匿名模型进行说明。

表 11.2　原始数据表

序　号	姓　名	年　龄	性　别	邮　编	疾　病
1	Andy	5	男	12000	流感
2	Bill	3	男	14000	消化不良
3	Ken	6	男	18000	肺炎
4	Nash	9	男	19000	支气管炎
5	Joe	12	男	22000	肺炎
6	Sam	19	男	24000	肺炎
7	Linda	21	女	58000	流感
8	Jame	26	女	36000	糖尿病
9	Sarah	28	女	37000	胃溃疡
10	Mary	56	女	33000	肺炎

表 11.2 中给出的原始数据由于能唯一确定每个个体的隐私信息,因此不能直接发布,按照 K - 匿名的策略对原始数据进行泛化处理,得到表 11.3 所列的满足 2 - 匿名特性的数据表。其中 QI = {年龄,性别,邮编}以及 K = 2,即对于每一个包含在表 11.3 中元组而言,包含同一 QI 的元组的值至少要在表 11.3 中出现两次。如表 11.3 中元组 t_1 = t_2 = {[1,10],男,[10001,15000]},其他元组也有类似特性。

对于上述情况可以进行简单地证明,如果所发布数据表 T 满足关于 QI 的 K - 匿名,那么所发布数据表 T 与 QI 为基础的外部源的结合不能够连接到 QI 或是 QI 属性的一个子集上,并以此来匹配出少于 K 个个体,也就是说,匿名后推断出基于 QI 的记录个体最多为 $1/K$。

表 11.3　2 - 匿名处理后的数据表

序　号	年　龄	性　别	邮　编	疾　病
1	[1,10]	男	[10001,15000]	流感
2	[1,10]	男	[10001,15000]	消化不良
3	[1,10]	男	[15001,20000]	肺炎
4	[1,10]	男	[15001,20000]	支气管炎
5	[11,20]	男	[20001,25000]	肺炎
6	[11,20]	男	[20001,25000]	肺炎
7	[21,60]	女	[30000,60000]	流感
8	[21,60]	女	[30000,60000]	糖尿病
9	[21,60]	女	[30000,60000]	胃溃疡
10	[21,60]	女	[30000,60000]	肺炎

2) L - 多样性

虽然 K - 匿名策略较好地防范了链接攻击,但是它还是不能够完全保证数据表中的个体不被识别出,因为这里可能存在其他的推理攻击可以揭示包含在数据中的个体的身份。如在表11.3中,第五个和第六个元组是一个QI组,满足2－匿名特性,然而攻击者在获得Sam的准标识符QI＝{[11,20],男,[20001,25000]}后,查表11.3发现,QI＝{[11,20],男,[20001,25000]}的两个个体他们得的都是肺炎,据此显然可以推断出Sam得的一定是肺炎。之所以会出现这些问题,究其原因是在一个QI组中没有足够多样性的敏感属性值。

Machanavajjhala等人发现K－匿名存在着因敏感值多样性不够而导致同质攻击和背景攻击的重要缺陷,并针对这一缺陷提出了L－多样性模型[19]。该模型在要求对于每个元组,共享数据集中都存在多个与其具有相同QI值的元组的基础上,还要求具有相同QI值的元组在敏感属性值上具有一定的多样性。

表11.4是在满足2－匿名特性的表11.3的基础上,进一步做泛化处理,对敏感值属性多样性缺乏的QI组进行重新划分,从而得到表11.4所列的满足2－多样性的可以发布的数据表。

表11.4 表11.3的2－多样性数据表

序　号	年　龄	性　别	邮　编	疾　病
1	[1,8]	男	[10001,19000]	流感
2	[1,8]	男	[10001,19000]	消化不良
3	[1,8]	男	[10001,19000]	肺炎
4	[9,21]	男	[19001,25000]	支气管炎
5	[9,21]	男	[19001,25000]	肺炎
6	[9,21]	男	[19001,25000]	肺炎
7	[21,60]	女	[30000,60000]	流感
8	[21,60]	女	[30000,60000]	糖尿病
9	[21,60]	女	[30000,60000]	胃溃疡
10	[21,60]	女	[30000,60000]	肺炎

由于匿名化技术能够在数据发布环境下防止用户敏感数据被泄露,同时又能保证发布数据的真实性,在实际应用领域受到广泛关注。但由于对该技术的研究起步较晚,匿名化技术的执行效率、度量和评价标准等问题仍值得深入探讨。

11.3　数据挖掘中的隐私保护

数据挖掘(Data Mining,D M)就是从大量的、不完全的、有噪声的、模糊的、随机的数据中,提取隐含在其中的、人们事先不知道的、但又是潜在而有用的信息和知识的过程。它是以模式识别、统计学、数据库和人工智能等众多学科为基础的一门综合学科。

然而数据挖掘在挖掘有用信息的同时,也会威胁个人的隐私数据的安全。本小节将重点介绍在数据挖掘的同时如何保护隐私的问题。

11.3.1　数据挖掘中的隐私分类

数据挖掘是一门新兴交叉性学科,融合了人工智能、数据库技术、模式识别、统计学和数据可视化等多个领域的理论和技术。数据挖掘通过仔细分析大量数据来揭示有意义的新的关系、趋势和模式。不论在研究领域还是技术应用,数据挖掘都取得了可喜的成果。然而,任何事情都有其两面性,数据挖掘研究和应用领域的情况也不例外,在挖掘数据产生知识的同时,随之产生的就是隐私泄露的问题。数据挖掘领域中的隐私被划分为两类:

(1)原始数据本身具有的。由于传统的数据挖掘技术是基于存储在信息系统数据库中未加密的原始数据来进行的,也就是说,必须将包含个人/企业隐私的原始数据交给数据挖掘者才能挖掘出有用的知识,如个人的家庭电话、银行账号、财产状况、信用等级等信息,这些信息一旦泄露的话,极有可能会对个人的生活产生不良影响。

(2)原始数据所隐含的知识。如某公司优质客户的行为特征等规则,这些知识如果被别有用心的人非法获得,将会严重影响企业的核心竞争力。

鉴于以上两类隐私可能会被泄露,致使在构建信息系统数据库时,人们由于担心隐私被泄露而拒绝提供任何信息资料。为了了解人们对隐私保护的态度,1999 年 AT&T 实验室对网上用户作了一个普查,结果表明:在回应者中,17% 的网上用户是正统的隐私保护主义者,他们即使在采取保护隐私下也不愿提供自己的真实信息;56% 的网上用户是实用主义者,在采取保护隐私措施的情况下,他们提供真实信息的可能性有一定的提高;其余的 27% 的网上用户虽然也考虑隐私,但还是愿意提供自己的真实信息。该调查说明,人们并没有因噎废食,在数据挖掘能够提供的益处面前,只要数据采集和处理过程中能积极采取相应措施保证个人的隐私,大部分网上用户还是愿意参与调查并提供自己的隐私数据。同时也说明保护隐私程度的高低将直接关系到信息系统数据库是否能够收集到足够真实的信息,从而进一步关系到挖掘出来的信息和知识是否可靠有用,能够对相应的社会和经济活动提供何种程度的决策支持。

11.3.2　隐私保护数据挖掘方法

由于隐私保护的重要性和迫切性,早在 1995 年召开的第一届 KDD(Knowledge Discovery in Database)会议上,隐私保护的数据挖掘就被提出并成为知识发现中的一个专门研究主题。1999 年 Rakesh Agrawal 在 KDD99 上做了一场精彩的主题演讲,将隐私保护的数据挖掘作为未来的研究重点之一[20]。自此以后,隐私保护的数据挖掘越来越得到人们的重视,迅速成为近年来数据挖掘领域研究的热点之一,各种新方法和新技术层出不穷,主要包括:

1. 数据预处理

针对数据库系统中的数值进行变换处理的方法,C. Clifton 等讨论了几种防止对数据过分挖掘的方法[21],主要包括对数据增加噪声、消除数据中的附加信息、故意增加错误数据等。

(1)对数据增加噪声。其基本思想是通过对数值进行修改,使对这些被修改了的数据所进行的数据挖掘难以得到有用的结果。

(2)消除数据中的附加信息。一些数据由于其产生方式等原因往往具有一些隐含的其他信息,如果某些用户知道这些数据所含的额外信息的规律,就可以对其进行利用,得到许多其他信息。

例如,以公司电话号码簿为例,如果知道该公司的电话号码是根据电话在公司大楼里的位置而定的,另外还知道存在这样一条规则:即在同一项目组工作的人,他们的电话号码具有一定的规律。那么,可以通过发现公司雇员电话号码的规律来将雇员进行分组从而知道(大约)有几个项目组存在。对于某个需要保密的敏感项目组,可以根据每个组中成员的专业背景和工作性质进一步推断出这些项目组所进行工作的大内容是关于什么方面的。要解决这个问题,一个办法就是尽量减少数据所隐含的附加信息。只有这样才能防止数据挖掘时,对其的使用不至于偏离它的本来用途。

(3)故意增加错误数据。在某些应用中,可以在原有的数据中有意识地引入一些错误的数据。其方法是在很明确地知道这些数据将会被如何使用的前提下,可以在系统数据中添加一些起误导作用的数据,它们在正常的系统许可的使用方式下是不会遇到的,而在一些"不适合"的查询里可能会碰上,它们既能误导攻击者,又能作为系统被攻击的标志。例如,在电话簿里添加一些不存在的人名。如果该电话簿的使用者知道公司里确实有某个人,就可以得到他的电话号码。反之,如果用户不知道公司里的情况,只是凭借这本电话簿,那他就完全可能查到的是某个根本不存在的人的电话号码。如果这个公司是通过接线员来进行人工转接,在这个外部人员要求接线员转接到某个根本不存在的分机号(那个根本不存在的公司雇员的分机号)时就表示了一个安全事件。这种方法要求所增加的数据难以被系统外部用户所区分,否则这些人完全可以重新恢复原有的数据集。

2. 数据安全分级

Steven Dawson 等提出了一种对信息系统数据库中的数据按照其中信息敏感度进行分级的新方法[22],它不仅可满足数据库系统对数据安全的直接要求,而且还考虑了防止推理攻击和聚集攻击的要求。他提出了一个形式化的框架,用以对数据库中客体的安全级别所必须满足的约束进行描述。

这些约束既描述了单个数据对象必须满足的由系统安全策略所明显表达的安全要求,又有针对数据对象集合的关联约束(Association Constraints)和针对不同数据对象的安全级别之间所存在的逻辑联系的推理约束(Interference Constraints),这部分约束定义了每个(或一组)数据对象必须满足的信息敏感度级别的下界。

3. 保护隐私的数据挖掘算法

可以从数据分布方式、数据修改方式、数据挖掘算法、隐私保护的对象和隐私保护技术五个角度对现有的一些隐私保护数据挖掘算法作一个归纳。

(1)数据分布方式。有的是研究集中式数据库,有的是研究分布式数据库。

(2)数据修改方法。现有四种数据修改方法,①按不可倒推的方法修改数据为一个新值;②用"?"来代替存在的值,以保护敏感数据和规则;③合并或抽象详细数据为更高层次的数据;④对数据进行抽样。

(3)数据挖掘算法。适用于不用知识的挖掘算法,如关联规则、分类、聚类、孤立点挖掘等。

(4)隐私保护的对象。即隐藏原始数据或其隐含的规则。规则比原始数据的层次更高,通过保护敏感规则,同样可以保护重要的原始数据。

(5)隐私保护技术。即修改原始数据所采用的技术。主要包括:

①启发式技术。通过仅仅修改特定值,而非全部值来减少挖掘效果的失真。

②密码技术。采用密码学技术来进行数据加密,如多方安全计算。

③重建技术。从变换后的数据中恢复原有数据的分布。

11.3.3 隐私保护数据挖掘技术

1. 基于启发式的隐私保护技术

启发式隐私保护技术针对的数据对象是集中式的。修改数据的方法主要有:值替代和分组。Stanley R. M. Oliveira 提出了一种频繁项集挖掘算法,通过一个基于倒排文件索引和布尔查询的检索引擎来过滤数据[23]。举例来说:设 D 是源数据库,R 是能从 D 中挖掘出的重要的频繁模式,RH 是 R 中需要隐藏的规则,RP 是需要隐藏的模式,NP 里可公开的非限制模式。RP = R,则当且仅当 RP 能够推导出 RH。如何将 D 转换为向外界公开的 D',同时也能从 D' 中挖掘出除了 RH 以外的所有规则? 为了达到这个目的,必须有选择地修改数据,使得敏感规则的支持度降低。数据处理方法是,从 D 中找出所有 R,将 R 根据安全规则分成 NP 和 RP,再根据检索引擎将 D 中的敏感规则找出来,运行删除限制模式的处理算法,将 D' 找出来。

2. 基于密码学的隐私保护技术

基于密码学的隐私保持技术针对的数据对象是分布式的。因此,它包括分布式数据的垂直分割与水平分割两种情形。对于数据垂直分割的情形,Wenliang Du 根据安全标量积协议提出了一个系统转换结构,允许将一个计算转换为安全的多方计算[24]。假设有分布站点 a、b,S 表示其代表的数据集;$B[i]$ 表示第 i 个属性;E_a 表示仅与 a 站点有关的属性的表达式,E_b 表示仅与 b 站点有关的属性的表达式;V 表示 N 维向量,$V_a(i) = 1$ 表示 a 站点第 i 个记录满足 E_a,$V_a(i) = 0$ 表示 a 站点第 i 个记录不满足 E_a;同理假设 V_b;$V_j(i) = 1$ 表示第 i 个记录属于类 j,$V_j(i) = 0$ 表示第 i 个记录不属于类 j;P_j 表示 S 中类 j 的记录数。则一个非零项 $V = V_a V_b$ 表示同时满足 E_a 和 E_b,因而属于数据集 S。为了创建判定树,需找出 V 中非零项的记录数个数,即求 $P_j = V_a(V_b V_j)$,为了不向 a、b 站点对方互相暴露属性,提出了通过第三方生成随机 N 维向量经计算后互换的方法。根据 P_j 计算 Entropy(S) 和 Gain(S,$B[i]$),从而不断找到最佳分裂属性和分裂点,直到建立判定树。对于数据水平分割的情形,Yehuda Lindell 提出依据不经意求值协议依赖一个半可信第三方,通过寻求双方站点中的最佳属性来建立判定树[25]。

3. 基于重构的隐私保护技术[26]

重构技术都是针对集中式分布的数据源,主要分为数值型数据的重构技术以及二进制数据与分类数据的重构技术。Rakesh Agrawal 提出了用离散化的方法与值变形的方法[27],通过添加随机偏移量来修改原始数据,然后用重构算法构造原始数据的分布,这种算法只针对集中式分布的数值型数据有效。对于二进制数据与分类数据的重构技术,Alexander Evfimievski 利用了随机化技术对部分数据进行修改的关联规则挖掘算法[28],S. J. Riziv 等人则是利用伯努利概率模型对数据进行修改的关联规则挖掘算法[29],既保证了数据的使用率又达到了隐私保护的目的。

11.4 数据库隐私保护

11.4.1 隐私保护数据库的设计原则

Agrawal 等提出了数据库隐私保护的十条规则(Ten Principles)[30]。

（1）用途定义（Purpose Specification）：对收集和存储在数据库中的每一条个人信息都应该给出相应的用途描述。

（2）提供者同意（Consent）：每一条个人信息的相应用途都应该获得提供者的同意。

（3）收集限制（Limited Collection）：对个人信息的收集应该限制在满足相应用途最小需求内。

（4）使用限制（Limited Use）：数据库仅运行与收集信息的用途相一致的查询。

（5）泄露限制（Limited Disclosure）：存储在数据库中数据不允许与外界进行与信息提供者同意的用途不符的交流。

（6）保留限制（Limited Retention）：个人信息只有为完成必要用途的时候才加以保留。

（7）准确（Accuracy）：存储在数据库中的个人信息必须是准确的，并且是最新的。

（8）安全（Safety）：个人信息有安全措施保护，以防被盗或挪作他用。

（9）开放（Openness）：信息拥有者应该能够访问自己存储在数据库中的所有信息。

（10）遵从（Compliance）：信息拥有者能够验证以上规则的遵从情况，相应地，数据库也应该重视对规则的执行。

具有隐私保护功能的数据库系统能够在保证系统安全性的前提下，有效提高系统的可用性。例如，零售业公司可以集中保管客户信息，而不会有泄露客户隐私的危险；医院可以对研究机构提供经过隐私保护处理的病历信息而不会侵犯隐私；企业在网络信息系统被入侵时所遭受的信息泄露风险也得以降低。

11.4.2　Hippocratic 数据库

Hippocratic 数据库（HDB）是一类通过防止非法用户的访问和信息的外泄来实现信息隐私和安全的数据库系统。HDB 是 IBM Almaden 研究中心针对现代技术条件下，随着个人信息可用度的提高而带来的个人的隐私安全威胁设计的。HDB 确保只有授权用户才拥有对敏感数据的访问权限，任何对该信息的公开都要满足恰当的用途。HDB 数据库允许用户指定自己信息的使用和公开权限。HDB 中也采用了一些安全防护技术来保证了用户数据的信息安全。而且，HDB 数据库通过采用高级的信息共享和分析方法，使得在不损耗原来的安全和个人隐私特性的情况下达到最大的数据访问权限。

HDB 应该满足常规使用，个人信息的公开也应该与隐私和安全方面的法律、法规、企事业单位的政策以及个人的选择保持严格一致。另外，HDB 数据库应该设计成对隐私信息的安全防护体系，在不妨碍合法用户使用信息的基础上保护个人隐私的安全。HDB 是在十条数据保护原则的基础之上建立起来的，而这种原则需要多种技术策略来实现。

1. 主动执行策略（Active-Enforcement）

HDB 数据库优化技术之一是设置一个自主执行的策略系统，根据细粒度的（Fine-Grained）个人策略、应用原则以及用户 opt-in 和 opt-out 选择设置个人信息的访问和公开的权限。HDB 主动执行策略系统将实体的隐私策略和用户的选择存储在数据库的一张表中。当用户访问数据时，系统在数据库级截获用户的这些请求并将其转化为与隐私级别和选择相符的请求，保证只有授权用户才能对他允许访问的资源进行访问。通过主动执行策略系统实现了 HDB 数据中用途定义、一致性、使用限制和泄露限制等原则。由于它的操作处于数据库级别，HDB 主动执行策略让用户不用改变其应用程序，就能让原本与数据库兼容不好地应用很好的实现各种复杂策略。在目前的实现过程中(图11.4)，HDB主动执行访问策略的实现分为三个不同的阶段：①策略创建；②偏好协商；③应用数据转换。

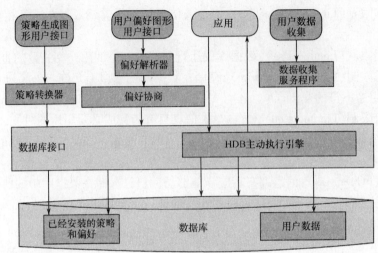

图11.4　HDB的主动执行策略结构

在策略创建阶段，保护个人信息的数据库指明隐私策略，根据用户的访问权限、访问用途来管理信息的访问和公开操作，而且在与发出访问请求与实体访问策略不同时，预测可能的访问结果。策略机制可以为用户提供他们的部分信息opt-in和opt-out选择的接口。例如：某位用户可以因为研究的需要和某大学共享他的医疗记录，但是却因为市场原因不愿意将这些信息对药物公司公开。实体采用某种秘密的语言通过一个策略描述接口表述出来。主动执行组件编译策略并在数据库中以一种解释数据形式完成策略安装。然后，数据库在不记录他的任何应用情况下，一步完成隐私策略的更新或替换工作。数据库中存有所有策略的版本用来实现准确的一致性检查。

在偏好协商阶段，主动执行策略组件通知数据库的隐私策略的用户。用户系统阐述其个人隐私需求并在客户端通过一个小插件以自己喜欢的语言表达出来。在发布任何用户信息之前，系统将这些用户需求与数据库的隐私策略相匹配，并将所有的冲突通知给用户。系统或者解决这些冲突，或者终止本次处理过程。如果他们处理结束后，系统为每一个实体分一个选择访问和公开信息选项，用户选择都记录在数据库中，对访问进行管理。成功的偏好协商可以使得各部分协议功能进一步加强。

在应用数据转换阶段，主动执行策略组件截获一个正在进行的访问并将其转换为与应用隐私策略相匹配的访问请求。数据库运行转换后的访问请求，并返回权限匹配操作的结果。通过这种方式，系统根据请求者的操作权限、访问用途、可能的接收者和用户opt-in和opt-out选择，在单元级信息公开控制能力上得到了明显的增强。访问的用途和接收的信息既可以从应用程序中得到，也可以由发出请求的访问者直接指出。这种方式确保了应用能够收回被授权的特定用途的访问和可能接收者的所有信息。

2. 一致性审计(Compliance Auditing)

第二种增强HDB安全的技术叫做一致性审计，通过对信息的公开记录来调查可能的泄密者。这个 HDB 审计组件要求数据库为每一位数据库的信息访问者分配一个恰当的标识，并记录下他们每一次访问数据库信息的日期和时间、访问的用途、最终接收者以及被公开的确切信息。这项功能大大增强了数据库系统的安全防护能力，防止了误操作以及泄密的发生。数据库产品能够对私人策略进行一致性检查，对用户定制个人策略做出反应，这个审计组件也应该符合 HDB 一致性原则。

HDB 一致性审计组件与传统的审计系统相比，它的一个重要创新点是它对每一次操作的结果进行了登记。但在具体使用中，由于额外的存储空间以及计算资源，经常关闭了结果录入系统。在 HDB 中，通过仅对数据库的查询和更新操作进行记录来解决这个问题。对一次查询操作记录了查询的语句及相关的上下文信息（标识、时间、用途和结果）。然后，通过将资源表（Source Tables）中的记录插入到访问记录表（Backlog Tables）中来记录所有更新、插入和删除操作，用来在数据库触发器或要求回滚功能时使用。查询记录和访问记录表保存了重建以前任意数据库状态的足够信息，用来跟踪过去的信息公开行为。由于 HDB 审计组件并没有为读操作付出额外开销，所以他它比结果录入系统要求更少的存储空间。

HDB 允许产品使用一种灵活的类查询审计语言对"审计表达式"作了规范详细的说明。用户使用"审计表达式"来指明要求审计的信息。在审计的时候，HDB 通过对一个已登记的查询的静态分析，为将来的分析生成一个候选查询子集。如果候选查询通过审计表达式共享一个"必需元组"，那么这个候选查询就被标记为可疑查询。系统将这些查询组合并转化为一个 SQL 审计查询，让它因与访问记录表相冲突终止对审计表达式所标明数据的访问。对于每一个可疑的查询，审计结果记录了请求者的标识、时间、用途、接收者和实际泄露的信息。这个强大而有效的审计功能使得数据库产品可以对过去信息的公开进行调查和处理，对策略的一致性进行检查，甚至可以对较长时间前更新的数据进行处理。

3. 高级信息集成

另一项 HDB 数据库的增强技术叫做高级信息集成（Sovereign Information Integration，SII），它能够保证不使用可信第三方而在多个独立数据库之间安全的共享信息。

SII 支持两个或更多应用通过他们的数据库执行查询而不泄露此查询结果以外数据库之间的任何信息。设计这项技术是用来在不违背任何 HDB 原则的情况下促进信息的共享。图 11.5 显示了一个典型 SII 应用的基本结构。SII 的数据提供者（Data Provider，DP）为他的数据提供高级信息共享支持。SII 服务器拥有为从数据提供者获得信息的必要的辅助信息。SII 客户端提供必要的功能来实现应用进程与数据提供者之间的映射，针对多个数据提供者组建并发出查询请求，接收查询响应。应用层是在 SII 客户端以上的一层，用来发出必要的 SII 操作。例如，假设一个商业航空公司和一个政府机构想要查看一位与可疑人员数据库中有相同姓名乘客的载货单，而不显示那些不一样姓名信息。SII 通过在不同顺序和不同位置申请一组交替加密函数来处理这些安全信息的共享。在所有参与者之间仅仅只是传递加密信息。数据提供者双方均应该参与数据的加解过程和标识双方共同数据。SII 比较多重加密数据并在保证每个数据的安全和隐私设置的情况下提供查询结果。这项技术在临床基因领域也十分有用。它允许用户在高级数据库之间实施安全联合操作来发现和调查原始序列与样本数据之间的相关性。

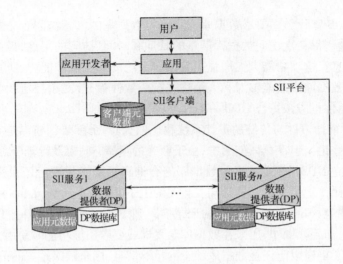

图 11.5　高级信息集成结构

　　与其他一些数据集成化技术,如集成数据仓库和基于中介的数据联合,显示数据库中的所有数据不同,SII 仅对查询结果进行显示。SII 作为一种软件解决方案,可以与现行的数据环境无缝结合而不必对原始数据作任何改变。它支持多用户在独立数据库上实施一组有用的操作。SII 已经在一个 Web 服务基础设施上实现,用来处理高级联合操作。最近的研究也发展了一个有趣的理论方向,即假设一个非诚实的 SII 参与者不能通过提供假的输入数据来获得一个诚实参与者的任何信息。

　　4. 数据加密

　　HDB 的一个重要特征就是它的安全性,也就引入了防止偷窃和滥用的安全敏感数据。加密可以防止数据库安全机制的非授权用户绕过数据库软件而直接对数据库文件进行的访问。然而,大部分加密技术明显影响了系统的性能,因为它们无法维持加密数据原有的顺序,因此,也就不支持范围查询中索引操作。为了解决这个问题,提出了一种顺序维持加密方案(OPES)用来处理范围查询中的数字数据,不用解密数据就能在服务器上处理 MIN,MAX 和 COUNT 查询。OPES 算法将行值的源(明文)部分和作为密文的用途部分,在保持它们顺序不变情况下,将明文行值转换成密文。最终生成密文行值与目标部分一致。使用用于加密的两部分输入,OPES 解密算法将目标值映射成相应明文值。

　　暴露明文值的顺序并非在所有场合都适合。而且,行级顺序保持加密与标准加密显示副本值一样,可能不能为所有应用环境提供足够安全。为了解决效率与副本的这个问题,加利福尼亚大学的 B. Lyer 等[32]引入了一种称作部分明文密文模式(PPC)的全新存储模式,这种方法把页面分成两个区域,一个区域存储加密字段值,而另一个区域存储未加密字段值。PPC 支持数据库系统将保存在缓冲池中的存储页进行较低级别的加密,而将加密页面保存在磁盘上。因此,数据库系统更高层的软件仍然保持不变,维持对明文数据的操作。这种数据保护方式至少保证了防止攻击者绕过数据安全机制为用户带来的危险。PPC 通过将数据分解成明文和密文微小页面降低了计算和存储开销。所有的敏感数据都以密文微型页的方式存储。当一个页面写入磁盘时只需一次加密操作,当一个密文页调入内存时也仅需一次解密操作。这种 PCC 存储模式采用了标准和有效的密码算法来对个人信息进行加密。

206

11.5　小结

本章介绍了有关数据隐私方面的知识,隐私保护是对网络环境下的个人隐私的保护,它采取一系列的安全手段防止个人隐私的泄露和被滥用。目前比较成熟的用于隐私保护的方法包括密码学相关方法、访问控制和推理控制等,另外还有许多跟数据发布相关的方法正处在快速的发展之中,如 K - 匿名和 L - 多样性等,这两种方法主要是通过数据隐匿和数据泛化的途径达到对敏感数据和敏感知识进行保护的目的。K - 匿名有几个明显的缺陷,容易受到同质攻击和背景攻击的破坏,L - 多样性正是为了克服这样的缺陷而设计的,虽然相对 K - 匿名而言,L - 多样性有了很大的改善,但它本身仍然存在一些缺点,需要继续进行改进。

数据挖掘是现在应用比较广泛的一种对大量数据进行分析的方法,它在为人们提供便利的同时也造成了隐私的泄露,这其中包括隐私数据的泄露和隐私规则的泄露,为了克服数据挖掘中的隐私泄露,出现了很多方法,包括数据的预处理,对数据安全进行分级等。

本章的最后一节对隐私保护数据库进行了介绍,总结了隐私保护数据库设计的十条原则,并对隐私保护数据库中最成功的实例 Hippocratic 数据库进行了详细的说明,分析了 Hippocratic 数据库中的四种用于隐私保护的技术策略:主动执行策略、一致性审查、高级信息集成和数据加密等。

参 考 文 献

[1] Westin A. Privacy and Freedom[M]. Boston:Atheneum Press,1967.

[2] 任 毅,彭智勇,唐祖锴,等.隐私数据库——概念、发展和挑战[J].小型微型计算机系统,2008,8(29):1467 – 1474.

[3] 朱 勤,韩忠明,乐嘉锦.基于推理控制的数据库隐私保护[J].南通大学学报(自然科学版),2006,5(3):65 –71.

[4] Hinke T H. Inference Aggregation Detection in Database Management Systems[C]. Proc IEEE Symp Research in Security and Privacy, Oakland, CA, New York, 1988:96 – 106.

[5] Su T,Ozsoyoglu G. Controlling FD and MVD inferences in multilevel relational database system[J]. IEEE Transactions on Knowledge and Data Engineering,1991,3(4):474 –485.

[6] Verykios V S,Bertino E,Fovino I N. State-of-the-art in privacy preserving data mining [J]. SIGMOD Record,2004,33(1):50 –57.

[7] Thruaisingham B. Recursion theoretic properties of the inference in database Security[R]. Bedford:MITRE Corp,1990:21 –33.

[8] Marks D G. Inference in MLS Database Systems[J]. IEEE Transactions on Knowledge and Data Engineering, 1996:8(1):46 –55.

[9] Agrawal R,Srikant R. Privacy Preserving Data Mining[C]. Proc. of ACM SIGMOD Conf. on Management of Data. Dallas, Texas,USA,2000.

[10] 黄伟伟,柏文阳.聚类挖掘中隐私保护的几何数据转换方法[J].计算机应用研究,2006,23(6):180 – 181.

[11] Lindell Y,Pinkas B. Privacy Preserving Data Mining[M]. Berlin:Springer-Verlag,2000 – 08.

[12] LIN Xiaodong,Clifton C. Privacy Preserving Clustering with Distributed EM Mixture Modeling[J]. Knowledge and Information Systems,2005,8(1):68 –81.

[13] Kantarcoglu M, Clifton C. Privacy Preserving Distributed Mining of Association Rules on Horizontally Partitioned Data [C]. Proc. of DMKD'02. Madison, WI, USA, 2002.

[14] Chaum D. Blind Signature Systems[C]. Advances in Cryptology, Crypto'83, Plenum, 1983:153.

[15] 王平水,王建东. 匿名化隐私保护技术研究进展[J]. 计算机应用研究,2010,27(6):2017-2019.

[16] Samarati P. Protecting respondents's identities in microdata release[J]. IEEE Transactions on Knowledge and Data Engineering,2001,13(6):1010-1027.

[17] Sweeney L. k-anonymity: A model for protecting privacy[J]. International Journal on Uncertainty, Fuzziness and Knowledege-based Systems, 2002, 10(5):557-570.

[18] Sweeney L. Achieving k-anonymity privacy protection using generalization and suppression[J]. International Journal on Uncertainty, Fuzziness, and Knowledge-based Systems, 2002, 10(5): 571-588.

[19] Machanavajjhala A, Gehrke J, Kifer D. l-diversity: Privacy beyond k-anonymity[C]. Proc. of International Conference on Data Engineering (ICDE), 2006.

[20] Agrawal R. Data mining Crossing the Chasm[C]. 5th Int'l Conference on knowledge discovery In Databases and Data Mining, San Diego, Caliform, August 1999.

[21] Cliftion C, Marks D. Security and Privacy Implications of Data Mining. [C] ACM SIGMOD Workshop on Data Mining and Knowledge Discovery, Montreal, Canada, June 2, 1996.

[22] Dawson S, et al. Maximizing Sharing of Protected Information. Journal of Computer and System Sciences, 2001.

[23] Oliveria S R M, Zaiane O R. Privacy Preserving Frequent Itemset Mining. In Workshop On Privacy, Security, and Data Mining at The 2002 IEEE International Conference on Data Mining (ICDM'02), Maebashi City, Japan, 2002.

[24] Du Wenliang, Zhan Zhijun. Using Randomized Response Techniques for Privacy-Preserving Data Mining. [C] Proceedings of the 9th ACMSIGKDD International Conference on Knowledge Discovery in Databases and Data Mining, Washington, DC, USA, August, 2003.

[25] Lindell Y, Lysyanskaya A, Rabin T. On the composition of authenticated Byzantine Agreement[J]. Journal of the ACM, 2006, 53(6):881-917.

[26] 葛伟平. 隐私保护的数据挖掘[M]. 上海:复旦大学出版社,2005.

[27] Afrawal R, Srikant R. Privacy-Preserving Data Mining[C]//Weidong C, Jeffrey F, eds. Proc. Of the ACM SIGMOD Conf. on Management of Data. Dallas: ACM Press, 2000:439-450.

[28] Evfimievski A, Srikant R, Agrawal R, et al. Privacy Preserving Mining of Association Rules [C]//Hand D, Keim D, Ng R, Proc. of the 8th ACM SIGKDD Int'l Conf. on Knowledge Discovery and Data Mining. Edmonton: ACM Press, 2002:217-218

[29] Rizvi S, Haritsa J. Maintaining data privacy in association rules[C]. Proc of 20th International Conference on Very Large Data Bases, August 2002.

[30] Afrawal R, Srikant R. Privacy-Preserving Data Mining[C]//Weidong C, Jeffrey F. Proc. of the ACM SIGMOD Conf. on Management of Data. Dallas: ACM Press, 2000:439-450.

[31] Agrawal R, Kiernan J, Srikant R, et al. Hippocratic Databases, Proceedings of the 28th International Conference on Very Large Databases, Hong Kong, China, August 2002.

[32] Lyer B, Mehrotra S, Mykletun E, et al. A Framework for Efficient Storage Security in RDBMS [C]. Proceedings of the 9th International Conference on Extending Database Technology (EDBT), LNCS 2992, 2004:147-164.